步进频率波形及其
高分辨雷达成像技术

吕明久　杨军　马晓岩　王党卫　陈文峰　等著

国防工业出版社
·北京·

内 容 简 介

步进频率波形是一种常用的雷达发射波形，具有波形设计灵活、抗干扰能力强以及可实现大带宽等优点，在现代雷达系统中得到成功应用。本书较为深入地论述了步进频率波形的基本原理以及在雷达高分辨成像领域的应用技术，全书共8章。重点介绍了著者在该领域多年研究成果，主要包括步进频率波形的分类、合成带宽原理以及稀疏步进频率波形的优化设计、运动补偿、一维距离像合成方法以及二维逆合成孔径成像方法等内容。

本书可作为高等学校信息与通信工程学科特别是信号检测与识别专业高年级本科生及研究生学生的教学参考书，也可供从事信号处理等领域科技工作者与工程技术人员学习参考。

图书在版编目(CIP)数据

步进频率波形及其高分辨雷达成像技术 / 吕明久等著. -- 北京：国防工业出版社，2024. 6. -- ISBN 978-7-118-13386-8

Ⅰ. TN957. 52

中国国家版本馆 CIP 数据核字第 2024Z60472 号

※

国防工业出版社出版发行

（北京市海淀区紫竹院南路 23 号　邮政编码 100048）

雅迪云印(天津)科技有限公司印刷

新华书店经售

*

开本 710×1000　1/16　**印张** $13\frac{3}{4}$　**字数** 242 千字

2024 年 6 月第 1 版第 1 次印刷　**印数** 1—1500 册　**定价** 139. 00 元

国防书店：(010)88540777　　书店传真：(010)88540776

发行业务：(010)88540717　　发行传真：(010)88540762

前　言

随着现代信号处理技术的不断发展以及实际应用需求的不断拓展，现代雷达系统可采用的波形样式得到极大丰富与发展。其中，步进频率波形是一种常用的雷达信号设计和处理技术，其波形一般包含若干个子脉冲，每个脉冲的工作频率在中心频率周围步进变化，且子脉冲可以是单载频也可进行复杂调制。因此，具有波形设计灵活、抗干扰能力强等优势。尤其是可以通过多个窄带子脉冲合成得到大宽带，更易实现高分辨能力，因此在雷达成像领域得到成功运用。目前，关于步进频率波形的专著不多，现有书籍大多将其作为某一个章节重点介绍步进频率波形的基本原理以及处理技术等。在本书中，著者将近年来较为流行的稀疏重构理论特别是压缩感知理论引入至步进频率波形信号处理领域，不仅对步进频率波形的基本原理进行概括总结，而且进一步解决步进频率波形设计以及高分辨雷达成像问题。为了系统性地总结成果并向读者介绍步进频率波形及其相关的高分辨雷达成像相关知识与研究体会，特编写此书，以飨读者。全书共8章，其主要内容如下。

第一章为绪论，综合介绍步进频率波形的技术发展、波形分类、处理过程、关键参数解析、模糊函数以及传统距离合成方法。

第二章介绍步进频率波形参数设计准则。分析影响步进频率波形重构性能的因素，得出不同条件下步进频率波形优化的参数设计准则，为步进频率波形优化提供参考。

第三、四章主要介绍随机步进频率波形以及非线性步进频率波形的设计方法。初步探索了传统波形设计方法与稀疏重构理论之间的内在关联，基于此提出一种基于感知矩阵设计的稀疏随机步进频率波形设计方法。并进一步研究了非线性步进频率波形的设计方法，通过对子脉冲载频步进量进行设计，实现了波形性能的提升。

第五章介绍步进频率波形运动补偿方法。首先分析运动对步进频率波形距离合成的影响，总结出运动补偿的边界条件。基于此，提出一种采用“全局补偿”思想的步进频率波形运动补偿方法，解决了波形稀疏条件下运动补偿难度大的问题。

第六章介绍步进频率波形距离像合成方法。一方面，针对传统步进频率波形距离合成方法无法解决距离像混叠问题，提出一种基于压缩感知技术的距离像抗混叠合成方法，在此基础上，为充分利用距离向联合稀疏结构稀疏特性，提出一种基于分布式压缩感知技术的距离像合成方法；另一方面，为克服基于压缩感知技术的距离像合成方法存在的网格失配问题，将连续压缩感知技术引入至步进频率波形距离像合成领域，避免了压缩感知技术网格离散化操作带来的网格失配问题。进一步构建了基于多量测向量模型的原子范数最小化距离像合成方法，提升了基于连续压缩感知技术的步进频率波形距离像合成性能。

第七章介绍步进频率波形高分辨二维逆合成孔径成像方法。首先，针对步进频率回波信号不同稀疏条件，分别提出了基于距离-方位二维联合成像方法以及基于矩阵填充理论的二维高分辨成像方法；其次，为解决剩余二维相位误差条件下的步进频率波形成像问题，提出一种联合自聚焦与二维成像的高分辨成像算法；最后，在此基础上，基于深度学习技术，将上述算法进一步展开为深度网络形式，解决了算法参数的最优化选取问题。

第八章对本书的研究内容进行总结概况，并对下一步的研究工作进行展望。

本书在成稿与修订过程中，得到了马建朝副教授的悉心指导与帮助，并提出了很多宝贵的意见建议。与此同时，得到了夏赛强讲师、龙铭博士以及韩俊副教授等人的大力支持和帮助，在此表示衷心的感谢。由于本书源自著者教学和科学研究之体会，也借此机会感谢国家自然科学基金委、空军预警学院“托青工程”等研究课题的资助。

由于作者的理论水平和能力有限，书中难免存在疏漏和不足之处，敬请广大同行和读者批评指正。

作　者

2024年元月于武汉

目　录

第一章　绪　论

1.1　引　言

雷达通过发射电磁波和接收目标反射回波实现对潜在目标的探测。相较于其他探测设备,雷达的优势在于作用距离远,以及全天时、全天候工作能力。自20世纪30年代得到初步应用,并在第二次世界大战中大显身手,至今,在军事领域中称为“三军之眼”,已成为现代战争不可或缺的信息装备。

雷达波形决定了雷达的功能,受制于硬件以及处理方法,早期雷达大多采用窄带简单波形,分辨率较低,仅能实现检测和测距功能。随着信息技术的发展以及雷达功能的不断拓展,雷达发射波形得到了极大的丰富和发展。其中,宽带发射波形在雷达系统应用中具有独特的优势。例如,通过对宽带雷达回波的处理,可以获得相较于窄带波形更精细的目标结构信息,具有较低的杂波后向散射功率、较低的目标回波起伏性、更高的参数估计精度、较好的电磁兼容性等优势。因此,提高雷达的分辨率一直是雷达波形技术发展的重要内容与方向之一,宽带雷达装备已经成为现代预警监视系统的重要组成部分,得到了广泛的应用与关注。通常情况下,信号的带宽与脉冲宽度呈倒数关系。因此,采用极窄脉冲的方式即可获得大宽带信号。然而,发射窄脉冲信号将会导致发射功率的降低,这就限制了雷达的作用距离。脉冲压缩技术为此问题提供了一种解决思路。通过发射大的脉冲信号以获得最大的作用距离,而在接收时采用脉冲压缩技术获得窄脉冲,从而提高距离分辨率。因此,以线性调频信号(Linear Frequency Modulation,LFM)、相位编码信号等为代表的大时宽带宽积信号在雷达中得到了广泛应用,已成为现代雷达普遍采用的波形。然而,随着对目标分辨率需求的不断提升,相应的信号带宽要求急剧增加,随之带来一系列新的问题。首先,带宽波形在产生、接收乃至处理等过程都需要与之匹配的高性能硬件作为支撑;其次,波形带宽的增加对模/数(A/D)系统的要求将会越来越高,直接导致数据率的急剧增长,给后续的存储、传输、处理带来了很大负担。因此,波形带宽的增大直接导致系统复杂度和实现难度的增加,已成为制约现代成像雷达系统性能提升的“瓶颈”问题。因此为了在带限雷达系统中获取期望的高距离分辨率，提出了一种新的信号形式：步进频率波形（Stepped Frequency，SF）。

20世纪60年代，步进频率技术被提出，受当时频率综合器件水平的限制，步进频率技术并未得到广泛应用，随着微波技术、大规模集成电路以及现代信号处理技术的不断发展，步进频率技术开始引起广泛关注，国内外学者对其进行了系统深入的研究，并取得了一系列重要成果，推动了步进频率技术在现在雷达系统中的应用。步进频率技术通过发射一串载频连续跳变的子脉冲，在接收端合成得到大带宽，具有瞬时带宽小、硬件要求低以及易于波形设计等优点，已成为现代宽带雷达波形发展的重要方向。

1.2 步进频率技术的发展

步进频率技术可视为脉间频率捷变技术的一种，早期的频率捷变技术并非用来实现高分辨功能，而是主要通过脉冲载频的变化提升雷达的抗干扰、低截获性能。早在20世纪60年代，就已有步进频率技术研究的报道出现，由于受当时硬件水平的制约，步进频率技术并未在雷达中广泛应用。直至1974年，美国首次在Tradex雷达上使用了步进频率波形，该雷达工作于S波段，且信号形式为频率步进信号，并随后在“宙斯盾”和“爱国者”等雷达系统中进行了相关实验。随着微波技术、硬件制造水平以及现代信号处理技术的不断发展，步进频率技术开始引起广泛关注，并在Aegis SPY-1 radar，AN/MPQ-53 radar以及PSTER等雷达系统中得到了采用。随着现代科学技术的不断进步，步进频率技术得到了长足的发展，已经在国土防空、远程预警、战略预警等领域发挥着越来越重要的作用。

在1984年，美国MIT大学林肯实验室的Einstein教授提出了Stretch方法，用于步进跳频雷达的高分辨距离成像，为步进频率技术在宽带雷达中的应用打下了基础。该方法指出，对脉冲串内每个脉冲回波进行相参解调至基带，然后沿着快时间维采样获得基带数据，对不同脉冲而相同快时间采样单元内的数据做逆离散傅里叶变换（Inverse Discrete Fourier Transform，IDFT）即可生成目标的高分辨距离像。由于该类信号对速度较为敏感，而合成孔径雷达自身的运动状态事先可知，便于进行运动补偿，因此步进频率波形最早在合成孔径雷达系统中得到成功运用。其中，1992年，英国推出一款S波段采用随机步进频率信号的多功能相控阵雷达实验系统：MESAR-2，其频率变化范围为2.7~3.3GHz，实现了对空中目标的距离像成像。2002 年,南非科学与工业研究理事会(CSIR)开发了基于步进频率信号的 X 波段 ROOFSAR 实验平台,可以实现 1.2GHz 的合成带宽,该平台导轨安放于楼顶,便于获得良好的观测视野。2006 年,德国航空航天中心在其机载实验合成孔径雷达(SAR)(E-SAR)上加装了一款基于步进频率信号的机载 SAR 系统:F-SAR,其工作在 X 波段,且具有全极化工作能力,合成带宽达到 760MHz。德国研制的 PAMIR 宽带相控阵多功能 SAR/MTI 雷达系统采用调频步进信号形式,在 2008 年即获得 1.8GHz 的合成带宽,分辨率达到了亚分米级。随着系统的不断升级发展,2010 年,升级后的 PAMIR 可以达到 3.6GHz 的合成带宽。法国航空航天院(ONERA)研制的多频段、多功能 X 波段以及 Ku 波段 RAMSES 机载 SAR 系统利用频率步进信号可以达到 10cm 的距离分辨率。另外,ONERA 又开发了两款基于 Falcon 20 载机平台的机载 SAR 系统-SETHI 以及 RAMSES-NG。其中,SETHI 主要用于民事领域。例如,森林面积测量、地表植被检测以及海事监测等,工作频段包含 UHF-VHF 至 X 波段,X 波段的合成带宽可以达到 2GHz。RAMSES-NG 主要用于军事领域,实现对目标的检测以及高精度成像,合成带宽可以达到 4GHz。

由于步进频率波形具有大的带宽合成能力,因此将步进频率技术运用于太赫兹 ISAR 成像,可以在不显著增加系统硬件的同时实现更高的成像分辨率。目前,已有多款基于步进频率波形的太赫兹雷达系统研制成功并得到运用。2000 年,美国陆军国家地面智能中心研制了一款基于调频连续波信号的 1.56THz 雷达系统,并成功对坦克、飞机等缩比模型进行了成像实验。2008 年,德国应用科学研究所(FGAN)研制了基于步进频率信号的 0.22THz COBRA ISAR 成像系统,合成带宽达到 8GHz,可以实现 200m 距离上 1.8cm 的分辨率。

此外,步进频率连续波信号也得到了学者的关注,并在叶簇 SAR、穿地成像雷达、穿墙成像雷达等领域得到了应用。其中,美国陆军实验室(Army Research Laboratory,ARL)研制了一款基于步进频率连续波信号的超宽带车载探地雷达-SAFIRE,具有 300MHz~2GHz 的合成带宽,子脉冲步最小进量为 1MHz,可以实现对地下掩埋物体的高分辨成像。ARL 还研制了多款基于步进频率连续波的探地雷达系统。

我国对步进频率雷达技术的研究起步于 20 世纪 90 年代,其中,北京理工大学的毛二可院士团队对步进频率波形进行了较为深入的研究,并得到了一系列重要成果。2016 年,该团队在步进频率雷达体制的基础上又提出了合成宽带脉冲多普勒雷达的新概念,推动了步进频率新体制雷达技术的发展。另外,清华大学、国防科技大学、中国科学院空间科学与应用研究中心等单位分别研制了基于步进频率波形的 SAR 实验设备,并进行了相关实验,取得了一系列成果。

1.3 步进频率波形分类

实质上,步进频率波形是由多个子脉冲所组成的脉冲串,其子脉冲可以采用不同的调制和跳变方式,因此有很多种分类方法。例如,按照子脉冲的跳变方式可以分为线性步进频率波形、随机步进频率波形、非线性步进频率波形等。我们常说的频率步进信号、调频步进信号以及相位编码步进信号都可以归为线性步进频率波形。随机步进频率波形一般是指子脉冲跳变方式为随机整数序列的波形,结合不同的子脉冲调制方式,又可以得到随机频率步进信号,随机调频步进信号以及随机相位编码步进信号等。另外,当子脉冲跳变方式为随机实数序列,此时脉间载频分布由线性分布变为非线性分布,我们将其称为非线性步进频率波形,同样结合不同的子脉冲调制方式,可以得到非线性频率步进信号、非线性调频步进信号等。图 1-1 所示为步进频率波形按照子脉冲调制方式以及载频跳变规律进行分类的示意图。

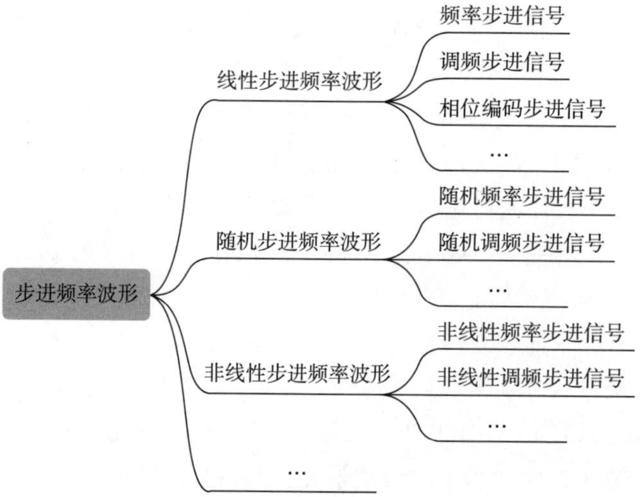

图 1-1　步进频率波形分类

按照不同的分类方式可以得到不同的信号样式,但是不管是哪种步进频率波形,实际上都可以用下式(1-1)表示:

$$S(t)=\frac{1}{\sqrt{N}}\sum_{n=0}^{N-1}\mu_1(t-nT_r)\exp(\mathrm{j}2\pi f_n t) \tag{1-1}$$

式中:$\mu_1(t)$ 为子脉冲复包络;T_r 为脉冲重复周期;N 表示子脉冲个数;f_n 为第 n 个子脉冲载频。通过改变子脉冲复包络 $\mu_1(t)$ 形式以及子脉冲载频 f_n 跳变规律,可以得到不同形式的步进频率波形。

最初的步进频率波形主要是指子脉冲为单载频信号、载频为线性步进形式的频率步进(Frequency Stepped, FS)信号,其子脉冲为单载频信号形式,此时 $\mu_1(t)$ 可以表示为

$$\mu_1(t)=\begin{cases}\text{rect}\left(\dfrac{t}{T}\right), & 0\leqslant t\leqslant T\\ 0, & \text{其他}\end{cases} \tag{1-2}$$

子脉冲载频 f_n 可以表示为

$$f_n=f_c+n\Delta f \tag{1-3}$$

式中:$n=0,1,\cdots,N-1$ 为线性子脉冲序列;f_c 为起始频率;Δf 为载频步进量;T 为子脉冲脉宽。相应的发射信号波形如图 1-2 所示。

调频步进信号(Chirp Stepped Frequency, CSF)子脉冲为线性调频信号形式,此时 $\mu_1(t)$ 可以表示为

$$\mu_1(t)=\begin{cases}\text{rect}\left(\dfrac{t}{T}\right)\exp(\text{j}\pi Kt^2), & 0\leqslant t\leqslant T\\ 0, & \text{其他}\end{cases} \tag{1-4}$$

式中:K 为调频率。调频步进信号发射波形如图 1-3 所示。

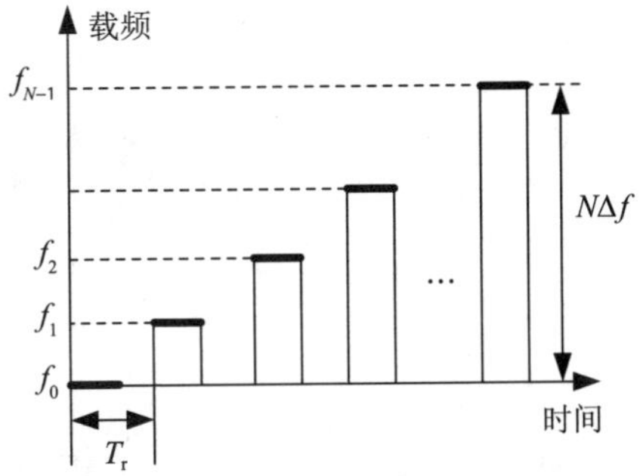

图 1-2　频率步进发射信号样式

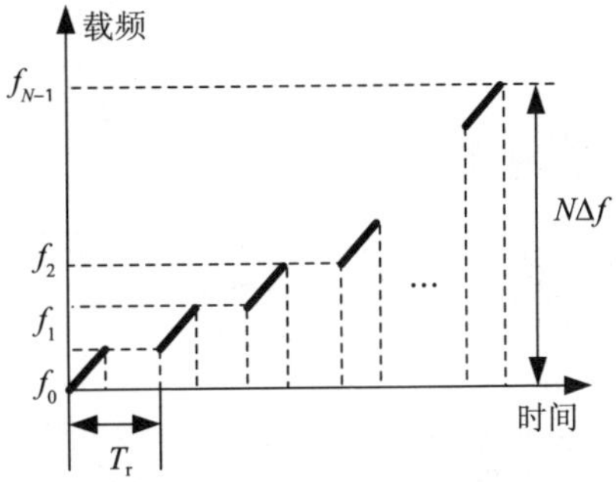

图 1-3　调频步进信号发射波形

随机步进频率(Random Stepped Frequency, RSF)波形主要是指载频随机跳变的步进频率样式,通过子脉冲载频 f_i 的随机跳变,实现大的合成带宽。其载频变化规律可以表示为

$$f_n=f_c+f'_n=f_c+\Gamma_n\Delta f \tag{1-5}$$

式中:$\Gamma_n\in[0,N-1]$ 表示 N 个子脉冲的随机发射规律;$|\Gamma_n|=N$;$|\cdot|$ 表示集合的势,即包含的元素个数。随机步进信号的子脉冲同样可以进行调制,图 1-4中给出了随机频率步进信号以及随机调频步进信号示意图。

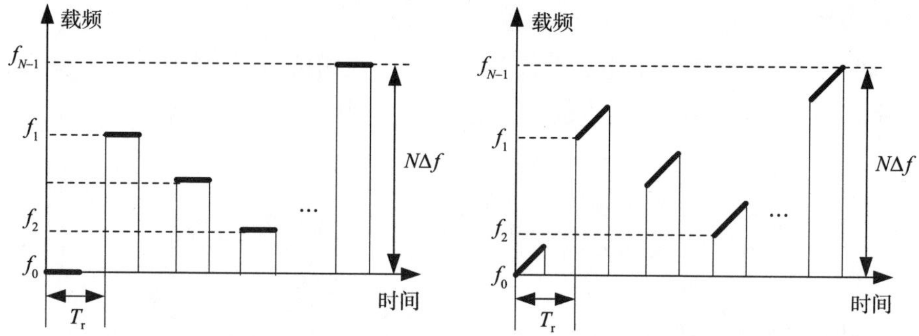

（a）随机频率步进信号　　（b）随机调频步进信号

图 1-4　随机频率步进信号以及随机调频步进信号示意图

此外，非线性步进频率波形(Nonlinear Step Frequency，NSF)主要是指载频跳变不规律，其载频步进序列为$[-N/2,\cdots,N/2]$范围内随机选择的实数集合。为便于表示，定义第n子脉冲序列偏移量ξ_n，此时第n个子脉冲载频f_n可以表示为

$$f_n = f_c + \Delta f_n = f_c + (M_n + \xi_n)\Delta f \tag{1-6}$$

式中：Δf_n为第n个子脉冲载频；$M_n, n=0,1,\cdots,N-1$为$[-N/2,\cdots,N/2]$范围内随机选择的整数子脉冲载频步进规律。图 1-5 所示为非线性频率步进信号以及非线性调频步进信号示意图。

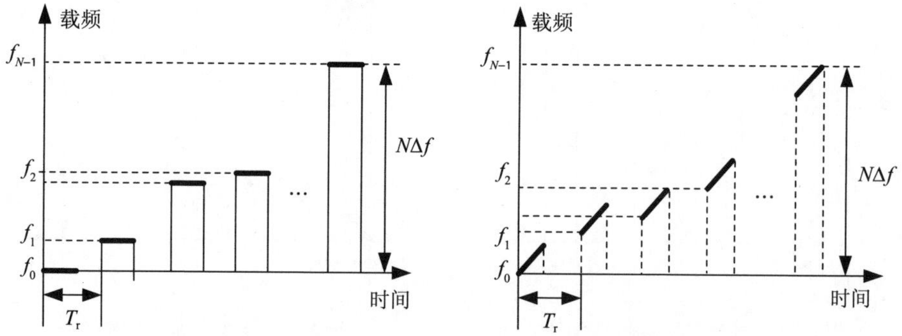

（a）非线性频率步进信号　　（b）非线性调频步进信号

图 1-5　非线性频率步进信号以及非线性调频步进信号示意图

步进频率波形在发射端发射一组载频连续跳变的子脉冲，在接收端通过信号处理合成大的带宽。与传统的宽带波形相比，步进频率波形具有以下优势。

(1)硬件实现难度低。通过对载频的离散调制，其相应的系统瞬时带宽等于窄带子脉冲带宽，因而大大降低了对接收机瞬时带宽和系统采样速率的要求，具有存储方便、成本少、易于工程实现等优点。

(2)抗电磁干扰能力强。信号的频率在很大带宽内连续跳变，具有较强的抗干扰能力和低截获性能。

(3)探测性能提升。步进频率波形发射的是一串窄带子脉冲，对于每个窄带子脉冲可以按照窄带雷达信号处理方法进行处理，在相同的情况下，雷达系统的噪声功率降低，检测性能得到有效提升。

(4)波形设计灵活。可以对信号的载频步进方式、子脉冲调制样式进行设计，易于实现雷达多模式、多功能等能力，满足不同的应用需求；另外，通过灵活的参数设计，还可进一步增强信号的检测性能以及抗杂波、抗干扰能力。

当前，500~600MHz 带宽的线性调频信号的处理技术比较成熟，在此基础上采用步进频率合成带宽技术很容易就能得到 1.5GHz 甚至以上的大带宽信号。这样，获得分米级以上的高距离分辨率也变得容易实现，步进频率波形作为一种先进的雷达信号样式已经成为现代雷达技术的发展趋势。

在带来传统宽带雷达波形无法比拟的优越性能的同时，步进频率波形也存在一些自身特有的缺点。

(1)处理过程相对复杂。要得到大的合成带宽，必须发射一组子脉冲信号，并经子脉冲和脉冲间“两步脉压”处理过程才能得到合成的高分辨一维距离像，要得到二维逆合成孔径雷达(ISAR)成像结果还需发射多个脉组信号才能实现方位向成像，(图 1-6 为调频步进信号 ISAR 成像处理过程示意图)。

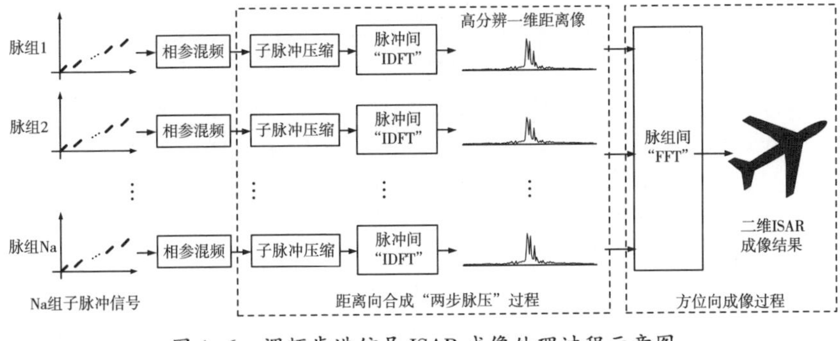

图 1-6 调频步进信号 ISAR 成像处理过程示意图

(2)数据率较低。步进频率波形以牺牲时间资源换取大的合成带宽，通常需要发射多个子脉冲才能合成大的带宽。因此，往往难以在脉冲重复频率和相干处理时间之间折中选取。一方面，要实现远距离观测，则必须采用中甚至低脉冲重复频率(PRF)，这无疑增加了相干处理时间；另一方面，在有限的相干处理时间内，雷达发射的多个子脉冲信号需要高的 PRF，随之而来的是严重的距离模糊与盲区。

(3)受速度影响较大。步进频率波形属于多普勒敏感信号，目标运动将使雷达回波产生距离-多普勒耦合，即使是目标的低速运动也会对后续的距离像合成产生影响，需要进行高精度的运动补偿，一般补偿精度要求优于传统多普勒测速精度的一半以上，补偿难度相对较大。

(4)存在不模糊距离窗。步进频率信号载频步进量决定了信号最大不模糊距离窗的大小。载频步进量越大，对应的不模糊距离窗越小。当目标尺寸超过不模糊距离窗范围时，目标将叠加在同一个不模糊距离窗内，导致距离像的混叠，影响对目标的观测。这在 1.4 节将会结合处理过程进行详细介绍。

以上这些问题都是步进频率波形在实际应用中所面临的难点，也是当前步进频率信号研究的热点领域。

1.4 步进频率波形处理过程

步进频率波形的处理主要包括子脉冲处理与脉间处理两个过程。其中，对单个子脉冲的处理过程与传统信号相同，如子脉冲为线性调频信号时，需对子脉冲进行脉冲压缩处理，此时信号的分辨率由子脉冲带宽决定，因此分辨率通常不高。由于脉冲间载频不同的子脉冲可以视为在频域对目标进行采样，因此对于线性跳变的步进频率波形，可以使用 IDFT(通常利用 IFFT 方式快速实现)方式进行处理，合成得到最终的高分辨一维距离像。步进频率波形对应的处理过程如图 1-7 所示。

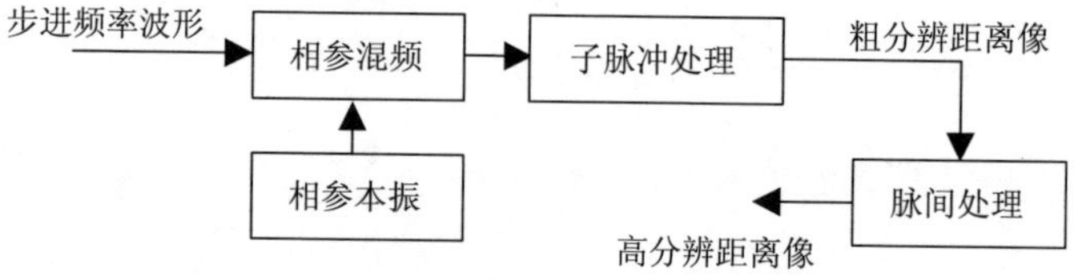

图 1-7　步进频率波形处理过程示意图

基于上述分析，对典型的步进频率波形(频率步进信号、调频步进信号以及随机步进频率信号)处理过程进行分析。

1.4.1 子脉冲处理过程

根据式(1-1)，步进频率波形的回波信号可以表示为

$$S'(t)=\frac{1}{\sqrt{N}}\sum_{n=0}^{N-1}\mu_1\left(\frac{t-nT_r-t_d}{T}\right)\exp(j2\pi f_n(t-t_d)) \tag{1-7}$$

式中：$t_d=2\frac{R_0}{c}$ 为时延；R_0 为目标距离。

混频后的基带信号为

$$S''(t)=\frac{1}{\sqrt{N}}\sum_{n=0}^{N-1}\mu_1\left(\frac{t-nT_r-t_d}{T}\right)\exp(-j4\pi f_nR_0/c) \tag{1-8}$$

当子脉冲包络 μ_1 为线性调频信号等复杂调制时，还需要对每个子脉冲进行脉压，其第 n 个子脉冲脉压结果可以表示为

$$y_n(t)=A'\mathrm{rect}\left(\frac{t-nT_r-t_d}{T}\right)\frac{\sin(\pi KT(t-nT_r-t_d))}{\pi KT(t-nT_r-t_d)}\exp(-\mathrm{j}4\pi f_n R_0/c) \quad (1-9)$$

从式(1-9)可以看出，子脉冲信号的距离分辨率为 KT，即子脉冲带宽 B。对所有子脉冲进行脉压后，可以得到 N 组长度为 L(L 为子脉冲采样点数)的子脉冲采样矩阵。取出目标所在的采样点，其第 n 个采样点可以表示为

$$U_n=A'\exp\left(-\mathrm{j}4\pi f_n\frac{R_0}{c}\right) \quad (1-10)$$

假设步进频率波形子脉冲个数 $N=100$，步进间隔 $\Delta f=5\mathrm{MHz}$，载频 $f_0=10\mathrm{GHz}$，雷达开窗范围为 $R_{\min}=2500\mathrm{m}$，$R_{\max}=3500\mathrm{m}$，$R_0=3000\mathrm{m}$，散射点目标相对于参考距离的位置分别为 3m、9m、15m。对于频率步进信号设置脉宽为 $T=1/\Delta f$，调频步进信号子脉冲带宽 $B=5\mathrm{MHz}$ 。根据上述参数，子脉冲分辨率为 $c/2\Delta f=30\mathrm{m}$，利用子脉冲信号进行成像的结果如图 1-8 所示，其中，调频步进信号为子脉冲脉压后的结果。

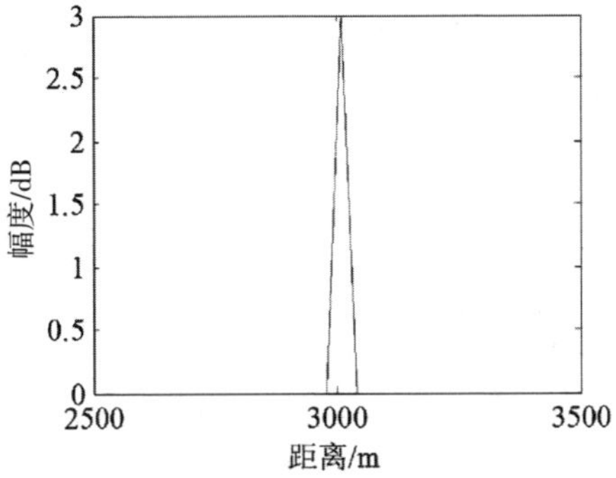

(a) 频率步进信号子脉冲分辨结果

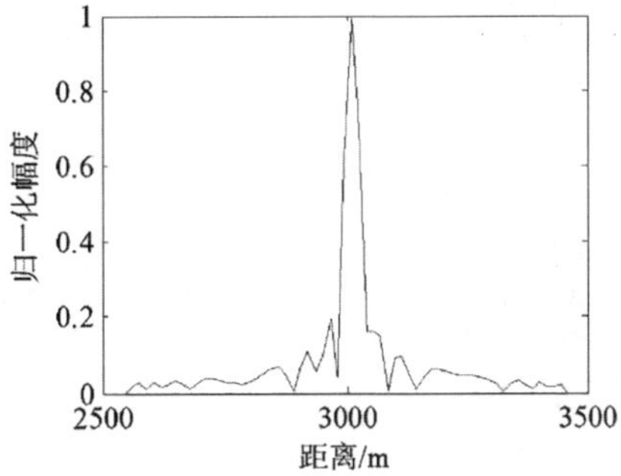

(b) 调频步进信号子脉冲分辨结果

图 1-8　步进频率波形子脉冲分辨结果

从仿真结果可以看出，单独子脉冲的分辨率较低，因此 3 个散射点并不能被分开，这就需要进行脉间合成处理，提高信号的距离分辨率。

1.4.2　脉间处理过程

完成上述子脉冲处理过程后，最终得到一组长度为 N 的采样序列，其中包含目标的采样信息，此时的信号分辨率较低，要得到精分辨的结果，还需要进一步进行脉间合成处理，步进频率波形处理过程示意图如图 1-9 所示。对所有对应位置上的采样点进行脉间合成处理，通过相应的算法就可以得到全程精分辨距离像。

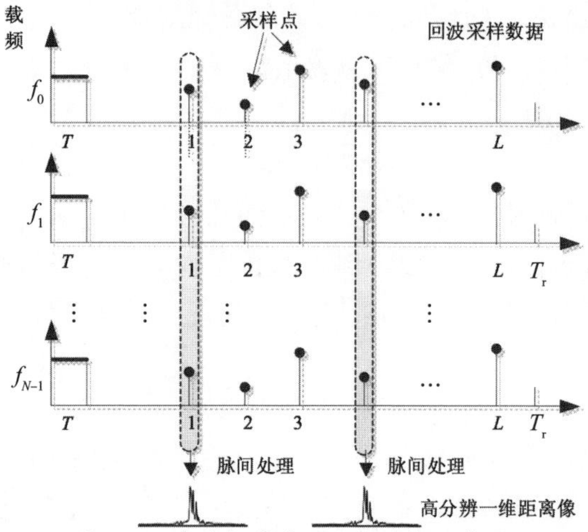

图 1-9　步进频率波形处理过程示意图

对于线性步进形式的步进频率波形，其脉间处理可以通过 IFFT 进行快速合成。对 N 个采样值进行 IFFT 的过程可以表示为

$$
\begin{aligned}
|s(k)| &= \left|\frac{1}{N}\sum_{n=0}^{N-1} U_n \exp(\mathrm{j}2\pi nk/N)\right| \\
&= \left| A'' \frac{\sin\left[\pi\left(\dfrac{-2NR_0\Delta f}{c}+k\right)\right]}{N\sin\left[\dfrac{\pi}{N}\left(\dfrac{-2NR_0\Delta f}{c}+k\right)\right]}\right|, k=0,1,\cdots,N-1 \qquad (1-11)
\end{aligned}
$$

由式(1-11)可以看出，经过“IFFT”处理后得到的结果在 $k-\dfrac{2NR_0\Delta f}{c}=0$ 时取最大值，表征了目标的距离，其对应的距离分辨率为 $c/2N\Delta f$。

假设条件不变，图 1-10 所示为步进频率波形脉间合成处理结果。由图可以看出，经过子脉冲合成后，原先单个子脉冲无法分辨的散射点成功分开，显示出距离分辨率的显著提高。

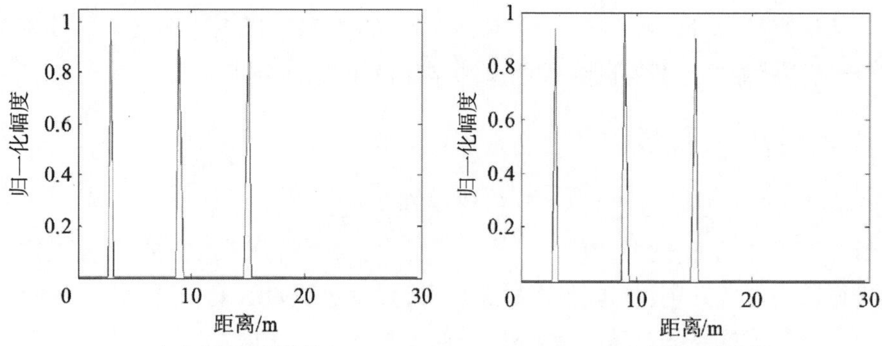

（a）频率步进信号　（b）调频步进信号

图 1-10　步进频率波形脉间合成处理结果

当子脉冲载频随机步进时,上述"IFFT"处理过程将失效。针对随机步进频率波形的脉间处理,通常可以使用相关法进行距离像合成,具体实现步骤如下。

(1) N 个子脉冲信号的采样序列可以表示为

$$U^{\mathrm{T}} = [U_1 \quad U_2 \quad \cdots \quad U_{N-1} \quad U_N] \tag{1-12}$$

(2)参考信号可以表示为

$$U_n^{\mathrm{ref}} = \exp\left(-\mathrm{j}4\pi f_n \frac{R_{\mathrm{ref}}}{c}\right) \tag{1-13}$$

式中: R_{ref} 为参考距离。

同样,可以得到参考信号序列为

$$U_{\mathrm{ref}}^{\mathrm{T}} = [U_1^{\mathrm{ref}} \quad U_2^{\mathrm{ref}} \quad \cdots \quad U_{N-1}^{\mathrm{ref}} \quad U_N^{\mathrm{ref}}] \tag{1-14}$$

(3)将回波采样序列与参考信号序列进行相关处理,则

$$\begin{aligned}\mathrm{Corr}(\Delta R) &= U^{\mathrm{T}} U_{\mathrm{ref}}^{*} = A'\exp\left(-\mathrm{j}4\pi f_{\mathrm{c}} \frac{\Delta R}{c}\right) \sum_{n=1}^{N} \exp\left(\mathrm{j}4\pi f'_n \frac{\Delta R}{c}\right) \\ &= A'' \frac{1}{N} \frac{1-\exp(\mathrm{j}4\pi N\Delta R\Delta f/c)}{1-\exp(\mathrm{j}4\pi \Delta R\Delta f/c)} = A'' \frac{\sin(2\pi N\Delta R\Delta f/c)}{N\sin(2\pi\Delta R\Delta f/c)}\end{aligned} \tag{1-15}$$

式中: $\Delta R = R_1 - R_{\mathrm{ref}}$ 为自相关间隔。

由式(1-15)可以看出,随机步进频率波形与线性步进频率波形相同,其脉间合成结果相同,其距离分辨率为 $c/2N\Delta f$。在相同的参数条件下,图 1-11 所示为载频随机跳变的随机频率步进信号通过相关法得到的距离合成结果。可以看出,利用相关法可以实现随机频率信号的距离像合成,提高距离分辨率。

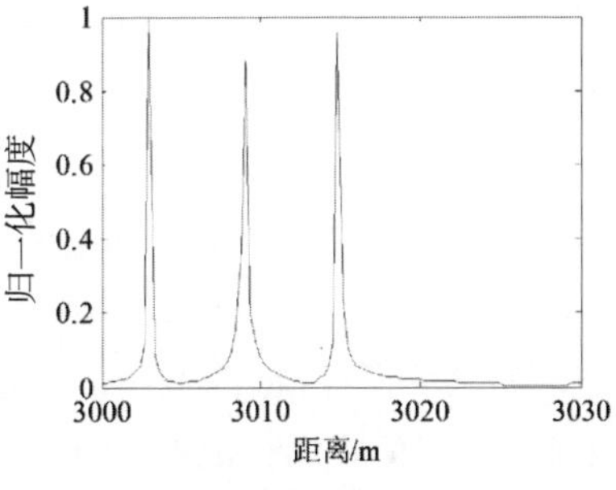

图 1-11　随机频率步进信号距离合成结果

1.5　步进频率波形关键参数解析

步进频率波形最重要的参数为载频步进量 Δf。从式(1-11)和式(1-15)可以看出,步进频率波形的距离合成结果为"类 sinc"形式,由于 sin 函数的周期性,所以在 $k - 2NR_0\Delta f/c = \pm lN$ 时均可以取最大值,对应的距离为

$$R_0 = \frac{c(k \pm lN)}{2N\Delta f} = \frac{c}{2N\Delta f}k \pm \frac{c}{2\Delta f}l \tag{1-16}$$

因此，利用步进频率波形得到的目标距离是一个相对于 $c/2\Delta f$ 的值，当目标距离大于 $c/2\Delta f$ 时，将会产生模糊，这就是步进频率体制存在的“不模糊距离窗”现象，不模糊距离窗大小为 $r_\mathrm{I} = c/2\Delta f$。$N$ 个子脉冲脉间合成的结果是对一个不模糊距离窗长度 r_I 的精分辨，即细化范围为一个不模糊距离窗大小。由式(1-16)可以看出，如果延展目标的尺寸大于 r_I 时，落在不模糊距离窗之外的所有目标散射点将会发生折叠，从而造成距离像混叠现象。步进频率波形距离像混叠示意图如图 1-12 所示，其中 E 为目标长度。

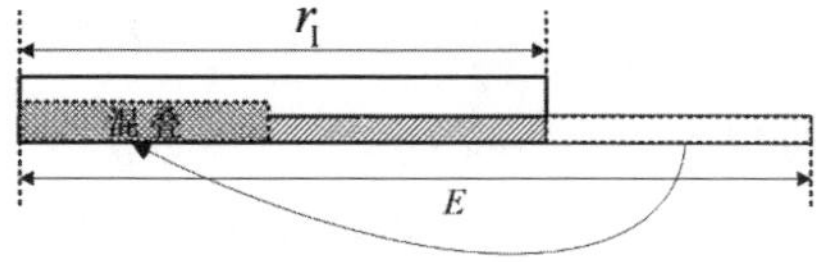

图 1-12　步进频率波形距离像混叠示意图

例如，在上述信号参数条件下，信号不模糊距离窗大小为 30m，假设目标位置为 3m、9m、24m、45m，图 1-13 所示为上述参数条件下的距离像合成结果。

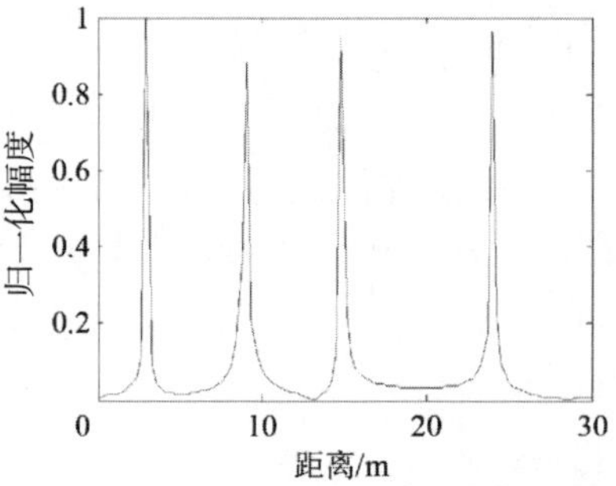

图 1-13　步进频率波形距离像合成结果

由图 1-13 可以看出，相对位置为 45m 的点在不模糊距离窗外，将会折叠显示在一个窗内，造成距离模糊，影响对目标的分辨。这就需要后续将混叠的距离像进行解混叠处理。因此，为避免距离像混叠，一般要求载频步进量 Δf 满足

$$\Delta f \leqslant \frac{c}{2E} \tag{1-17}$$

除此之外，信号的子脉冲脉冲宽度 T 决定了子脉冲分辨率 $r_\mathrm{T} = cT/2$；子脉冲采样间隔 T_s 决定了采样距离分辨率 $r_\mathrm{s} = cT_\mathrm{s}/2$（根据采样定理，一般要求 $T_\mathrm{s} \leqslant T$ 以保证采样信息的不丢失）；脉冲个数 N 决定了 IFFT 后的最小距离分辨率 $\Delta r = c/2N\Delta f$，上述参数设计也决定了步进频率波形的性能，其中根据波形参数设置的不同，步进频率波形存在距离冗余与过采样冗余两种现象。其中，距离

冗余与子脉冲信号宽度 T、载频步进量 Δf 有关，过采样冗余与子脉冲采样间隔 T_s、载频步进量 Δf 有关。

1)距离冗余

由于对 N 个子脉冲进行 IFFT 处理是对大小为 $r_I = c/2\Delta f$ 的不模糊距离窗范围进行细化，而子脉冲宽度 T 代表了单个脉冲距离分辨率 $r_T = cT/2$。当子脉冲采样间隔 $T_s = T$，此时 T 与 Δf 有如下 3 种关系。

(1)当 $\Delta fT = 1$ 时，即子脉冲表征的距离 r_T 等于 IFFT 后的不模糊距离 r_I，此时 IFFT 细化的距离范围就是子脉冲所表征的距离，因此没有距离冗余，其示意图如图 1-14 所示。将每个采样点的 IFFT 结果直接拼接起来即可得到全程的距离像。

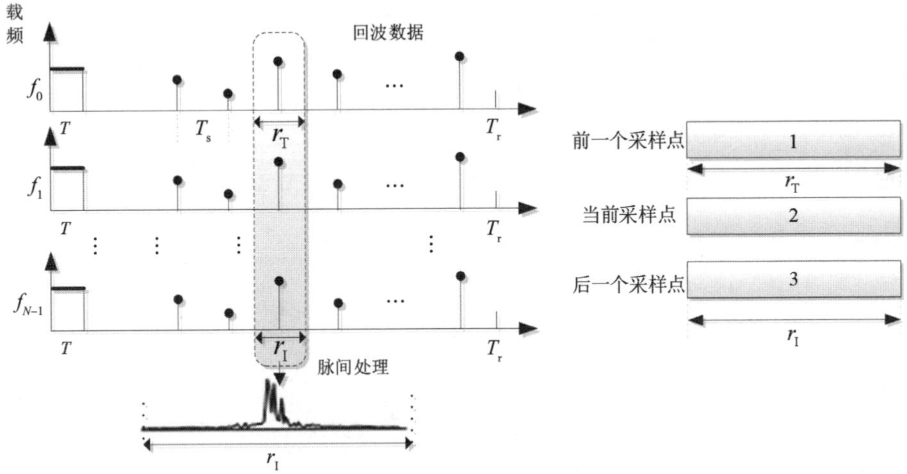

(a) IFFT处理示意图　　(b) 采样点距离表征分布图

图 1-14　$\Delta f = 1/T$ 时距离像合成处理示意图

(2)当 $\Delta fT < 1$ 时，即子脉冲表征的距离 r_T 小于 IFFT 后的不模糊距离 r_I，此时 IFFT 细化的距离范围小于子脉冲所表征的距离，则由子脉冲表征的距离会在不模糊距离 r_I 中产生混叠，此时细化后的距离会有 $r_I - r_T$ 的无效区域。距离像可能会折叠显示于一个不模糊距离窗中(图 1-15)，此时将无法判断目标的真实距离，要得到正确的距离像，并不能简单地将采样点细化结果进行拼接，必须通过相应的目标抽取算法才能获得真实的距离像。

(3)当 $\Delta fT > 1$ 时，即子脉冲表征的距离 r_T 大于 IFFT 后的不模糊距离 r_I，此时 IFFT 细化的距离范围大于子脉冲所表征的距离。由子脉冲表征的距离会在不模糊距离 r_I 中折叠显示，细化后的距离会有 $r_T - r_I$ 的折叠(图 1-16)，导致目标的距离模糊。这种情况在实际中一般避免出现。

基于上述分析，并且考虑到实际雷达中存在的回波展宽和发散等问题，所以步进频信号在参数选择时一般要求：$\Delta fT<1$，这就是步进频率信号的紧约束条件。因此，在这种情况下目标会发生距离失配冗余，造成目标距离不准。

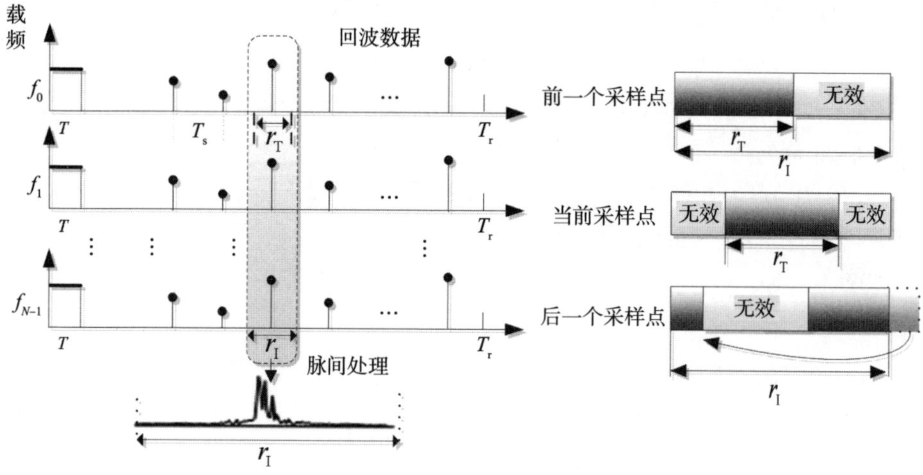

（a）IFFT处理示意图　　（b）采样点距离表征分布图

图 1-15　$\Delta f<1/T$ 时距离像合成处理示意图

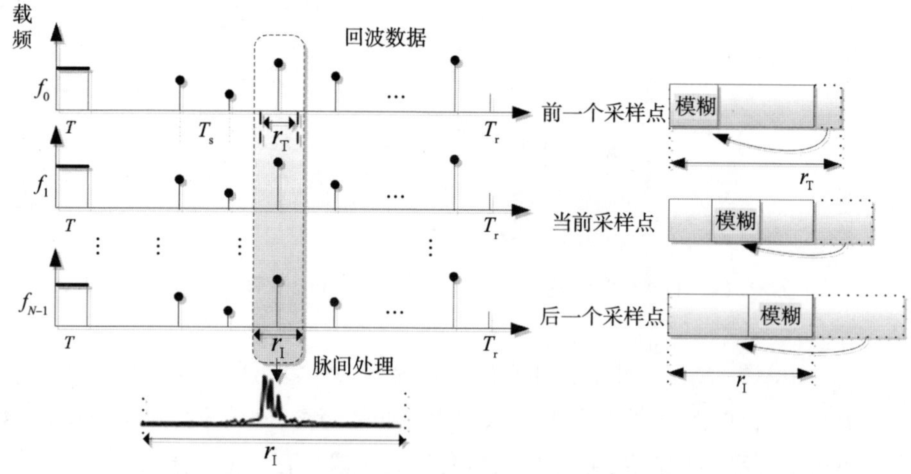

（a）IFFT处理示意图　　（b）采样点距离表征分布图

图 1-16　$\Delta f>1/T$ 时距离像合成处理示意图

2）过采样冗余

依据采样定理，只要采样间隔 T_s 等于信号宽度 T 就可保证采样不损失，但是考虑到实际中回波的发散、展宽等，因此通常情况下采样间隔选取 $T/5\leqslant T_s\leqslant T/3$，从而保证采样质量。

当 $T_s\leqslant T/3$ 时，目标可能被多次采样，此时同一个目标将会出现在相邻多组的 IFFT 细化结果中，这种现象称为"过采样冗余"，这就给目标的识别带来困难。假设信号采样间隔为 $T_s = T/3$，相邻三组 IFFT 处理结果的示意图如图1-17所示。

在上述条件下，目标被采样 3 次，均包含目标的信息。图 1-17(b)中左斜线部分为第 1、2 组 IFFT 重合的部分，右斜线部分为第 2、3 组 IFFT 重合的部分，网格部分为 3 组 IFFT 重合的部分。因此，同一个目标会出现在相邻的 IFFT 结果中。实际上，每组 IFFT 表征的真实距离信息只有 $cT_s/2$，因此要得到真实的距离像必须从这些采样点中抽取出部分信息，组合得到正确的距离像信息。

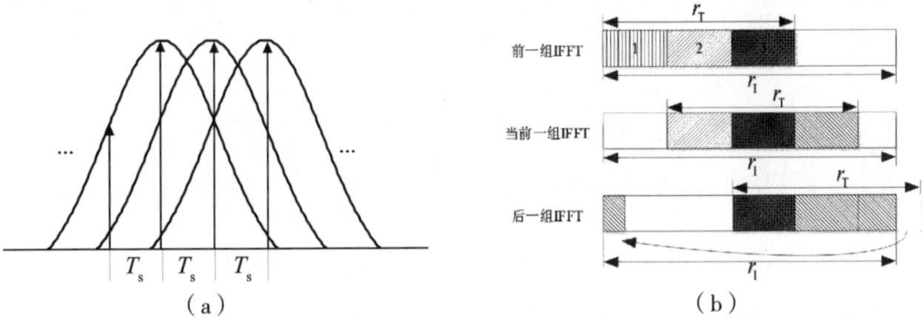

图 1-17　$\Delta f = 1/T$ 时距离像合成处理结果示意图

1.6　步进频率波形的模糊函数

模糊函数作为一种分析研究信号“优劣”的重要理论工具，以广泛应用于雷达信号的波形设计、性能分析等领域。信号的模糊函数可以表示为

$$A(\tau,\nu) = \sum_{n=0}^{N-1}\sum_{m=0}^{N-1}\int_{-\infty}^{\infty}\mu(t)\mu^*(t+\tau)\exp(\mathrm{j}2\pi\nu t)\,\mathrm{d}t \tag{1-18}$$

式中：τ 表示时延；ν 表示多普勒。

此时结合式(1-1)，可以得出步进频率波形的模糊函数为

$$\begin{aligned}A(\tau,\nu) &= \sum_{n=0}^{N-1}\sum_{m=0}^{N-1}\int_{-\infty}^{\infty}\mu(t)\mu^*(t+\tau)\exp(\mathrm{j}2\pi\nu t)\,\mathrm{d}t\\ &= \sum_{n=0}^{N-1}\sum_{m=0}^{N-1}\int_{-\infty}^{\infty}\mu(t-nT_r)\mu^*(t-mT_r+\tau)\exp(\mathrm{j}2\pi f_n t)\\ &\quad \exp[-\mathrm{j}2\pi f_m(t+\tau)]\exp(\mathrm{j}2\pi\nu t)\,\mathrm{d}t\\ &= \sum_{n=0}^{N-1}\sum_{m=0}^{N-1}\exp[-\mathrm{j}2\pi f_m\tau]\int_{-\infty}^{\infty}\mu(t-nT_r)\mu^*(t-mT_r+\tau)\\ &\quad \exp[-\mathrm{j}2\pi(f_m-f_n)t]\exp(\mathrm{j}2\pi\nu t)\,\mathrm{d}t\end{aligned} \tag{1-19}$$

不失一般性，一般在研究信号模糊函数时只考虑其中心模糊带，即只考虑 $n = m$ 的情况，有

$$A(\tau,\nu) = \sum_{n=0}^{N-1}\int_{-\infty}^{\infty}\mu(t)\mu^*(t+\tau)\exp(\mathrm{j}2\pi\nu t)\,\mathrm{d}t$$

$$
\begin{aligned}
&= \sum_{n=0}^{N-1} \int_{-\infty}^{\infty} \mu(t - nT_r)\mu^*(t - nT_r + \tau)\exp(j2\pi f_n t) \\
&\quad \exp[-j2\pi f_n(t+\tau)]\exp(j2\pi\nu t)\,dt \\
&= \sum_{n=0}^{N-1} \exp[-j2\pi f_n \tau] \int_{-\infty}^{\infty} \mu(t - nT_r)\mu^*(t - nT_r + \tau)\exp(j2\pi\nu t)\,dt
\end{aligned} \tag{1-20}
$$

令 $t = t - nT_r$，得到

$$
\begin{aligned}
A(\tau,\nu) &= \sum_{n=0}^{N-1} \exp[-j2\pi f_n \tau]\exp\{j2\pi\nu nT_r\} \int_{-\infty}^{\infty} \mu(t)\mu^*[t+\tau]\exp\{j2\pi\nu t\}\,dt \\
&= \chi[\tau,\nu]\sum_{n=0}^{N-1} \exp[-j2\pi(f_n\tau - n\nu T_r)]
\end{aligned} \tag{1-21}
$$

式中：$\chi(\tau,\nu)$ 为子脉冲信号模糊函数，且

$$
\chi(\tau;\nu) = \int_{-\infty}^{\infty} \mu(t)\mu^*(t-\tau)\exp(-j2\pi\nu t)\,dt \tag{1-22}
$$

当子脉冲为单载频信号时，子脉冲信号模糊函数 $\chi(\tau,\nu)$ 可以表示为

$$
|\chi(\tau;\xi)| = \left|\left(1 - \frac{\tau}{T}\right)\right| \left|\frac{\sin[\pi\nu(T - |\tau|)]}{\pi\nu(T - |\tau|)}\right| \tag{1-23}
$$

当子脉冲为线性调频信号时，子脉冲信号模糊函数 $\chi(\tau,\nu)$ 可以表示为

$$
|\chi(\tau;\nu)| = \left|\left(1 - \frac{\tau}{T}\right)\right| \left|\frac{\sin[\pi(\nu - K\tau)(T - |\tau|)]}{\pi(\nu - K\tau)(T - |\tau|)}\right| \tag{1-24}
$$

以形式最为简单的频率步进信号为例，假设信号的子脉冲宽度 $T = 5\mu s$ 、子脉冲重复时间 $T_r = 5T$ 以及子脉冲个数 $N=24$。图 1-18 所示为频率步进信号的三维模糊函数示意图，图中频率步进信号的载频步进量设置为 $\Delta f = 2/T$ 。

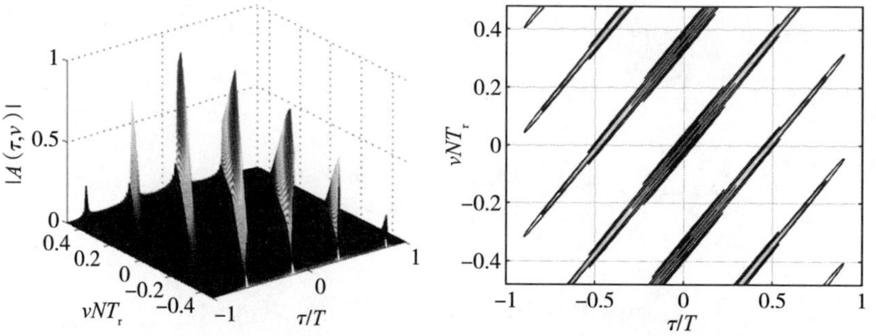

（a）模糊函数三维图　　（b）模糊函数投影图

图 1-18　频率步进信号的三维模糊函数示意图

从图 1-18 可以看出，频率步进信号的三维模糊函数在时延与速度域由多条明显的“斜脊”组成，表明频率步进信号的距离与速度是“耦合”的。因此，在实际应用中频率步进信号的测距精度会受到速度的影响，因而属于多普勒敏感信号。

1)距离分辨率分析

下面分析步进频率波形的距离分辨率,此时令 $\nu=0$,同时忽略常数项即可得到步进频率波形的时延模糊函数为

$$
\begin{aligned}
|A(\tau,0)| &= \frac{1}{N}\left|\chi(\tau;0)\sum_{n=0}^{N-1}\exp[\mathrm{j}2\pi f_n\tau]\right| \\
&= |\chi(\tau;0)|\left|\frac{\sin(\pi N\Delta f\tau)}{N\sin(\pi\Delta f\tau)}\right| = |R_1(\tau)||R_2(\tau)|
\end{aligned}
\tag{1-25}
$$

式中

$$
\begin{cases}
|R_1(\tau)| = |\chi(\tau;0)| \\
|R_2(\tau)| = \left|\dfrac{\sin(\pi N\Delta f\tau)}{N\sin(\pi\Delta f\tau)}\right|
\end{cases}
\tag{1-26}
$$

从式(1-26)可以看出,步进频率波形的距离分辨率主要由子脉冲包络 $|R_1(\tau)|$ 以及脉间包络 $|R_2(\tau)|$ 两部分决定,两者的共同作用决定了步进频率波形的距离分辨特性。同样,以频率步进信号为例,图 1-19 中显示了频率步进信号距离分辨率受 $|R_1(\tau)|$、$|R_2(\tau)|$ 作用的示意图,下面结合式(1-25)具体进行分析。

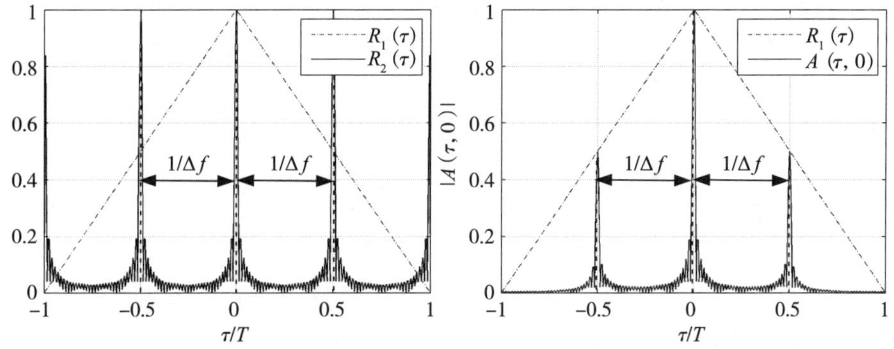

(a) $|R_1(\tau)|$ 与 $|R_2(\tau)|$ 函数示意图　　(b) $|A(\tau,0)|$ 函数示意图

图 1-19 步进频率波形模糊函数零多普勒切面示意图

(1)子脉冲包络 $|R_1(\tau)|$ 表示子脉冲的分辨率,以图 1-19 中所用的频率步进信号为例,假设信号脉宽为 T,则此时子脉冲的分辨率为 $cT/2$。一般情况下步进频率波形子脉冲的带宽通常远小于信号的合成带宽。

(2)对于脉间包络 $|R_2(\tau)|$,当 $\pi\Delta f\tau\pm m\pi=0$ 时取得最大值,即当 $\tau=\pm m/\Delta f, m=0,1\cdots$ 时,$|R_2(\tau)|$ 取得峰值,如图 1-19(a)所示。也就是说 $|R_2(\tau)|$ 呈现"梳状"结构,相邻峰值间时间间隔为 $1/\Delta f$,即目标会在 $cm/2\Delta f$,$m=0,1\cdots$ 的位置重复出现。因此,对于步进频率波形来说,存在不模糊距离,

文献[19]称为“不模糊距离窗”,这与上面分析步进频率波形参数时得出的结论一致。步进频率波形的不模糊距离窗大小为

$$R_u = \frac{c}{2\Delta f} \tag{1-27}$$

因此,相比于传统脉冲时延的目标绝对距离,步进频率波形所得到的目标距离为相对于不模糊距离窗长度的相对距离。对于延展目标,当目标尺寸超过 $c/2\Delta f$ 的不模糊距离窗尺寸时,则位于不模糊距离窗外的散射点将会折叠显示在一起,从而产生“距离混叠”,这种现象给目标的识别、成像等带来了影响。

(3) $|A(\tau,0)|$ 表征了步进频率波形的最终分辨率,在 $N \gg 1$ 的情况下,由于子脉冲分辨率远远小于步进频率波形的总分辨率,因此 $|A(\tau,0)|$ 的分辨率 ρ_r 可以表示为

$$\rho_r = \left|\frac{\sin(\pi N\Delta f\tau)}{N\sin(\pi\Delta f\tau)}\right| = |R_2(\tau)| \tag{1-28}$$

从式(1-28)可以看出,步进频率波形的距离分辨率为 $c/2N\Delta f$,与发射信号的子脉冲个数 N 以及载频步进量 Δf 有关。

此外,从图 1-19(b)可以看出,在载频步进量 Δf 取 $2/T$ 时,通过 $|R_1(\tau)|$ 对 $|R_2(\tau)|$ 进行加权后,$|A(\tau,0)|$ 仍然存在时间间隔为 $1/\Delta f$ 的两个高“栅瓣”,存在的栅瓣个数为 ΔfT 个,这对于目标的检测、识别等都具有不利的影响。在步进频率波形设计时,当子脉冲脉宽 T(当子脉冲加入调制时,T 为脉压后的脉冲宽度)与载频步进量满足

$$\Delta f \leqslant \frac{1}{T} \tag{1-29}$$

时,即在步进频率波形设计“紧约束”条件下便可以避免“距离混叠”的产生。图 1-20 所示为 $\Delta f = 1/T$ 时的距离模糊函数示意图,可以看出栅瓣已经消失。此外,文献[18,22]给出了在 $\Delta f \leqslant 1/T$ 条件下调频步进信号减少栅瓣的信号参数设计方法,有兴趣的读者可参照阅读。

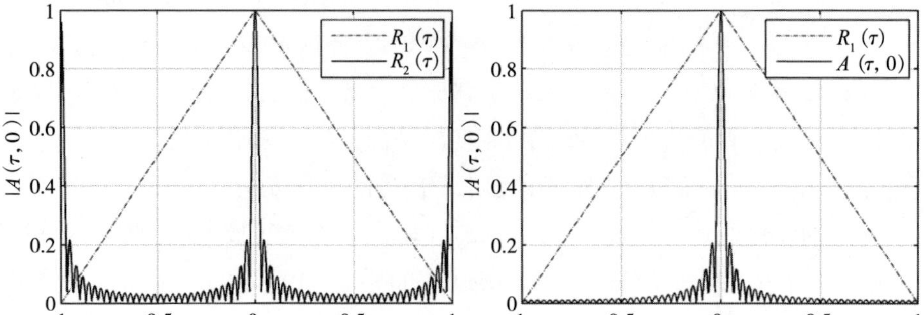

图 1-20 紧约束条件下步进频率波形距离模糊函数示意图

2)速度分辨率分析

当 $\tau=0$，即可得到步进频率波形速度模糊函数为

$$|A(0,\nu)|=\left|\sum_{n=0}^{N-1}\chi(0;\nu)\exp(\mathrm{j}2\pi\nu nT_{\mathrm{r}})\right| \tag{1-30}$$

从式(1-30)可以看出，步进频率波形的速度分辨率同样由子脉冲与脉间两部分组成。式(1-30)可以简写为

$$|A(0,\nu)|=|\chi(0;\nu)|\left|\frac{\sin(N\pi T_{\mathrm{r}}\nu)}{N\sin(\pi T_{\mathrm{r}}\nu)}\right| \tag{1-31}$$

由式(1-31)可知，步进频率波形的速度分辨率 ρ_{v} 为

$$\rho_{\mathrm{v}}=\frac{c}{2Nf_{\mathrm{c}}T_{\mathrm{r}}} \tag{1-32}$$

与距离维相同，步进频率波形在速度维同样存在不模糊测速范围，不模糊速度范围可以表示为

$$\nu_{\mathrm{u}}=\frac{c}{2f_{\mathrm{c}}T_{\mathrm{r}}} \tag{1-33}$$

同样以频率步进信号为例，图 1-21 所示为频率步进信号的速度模糊函数示意图，仿真参数设置与图 1-18 相同。

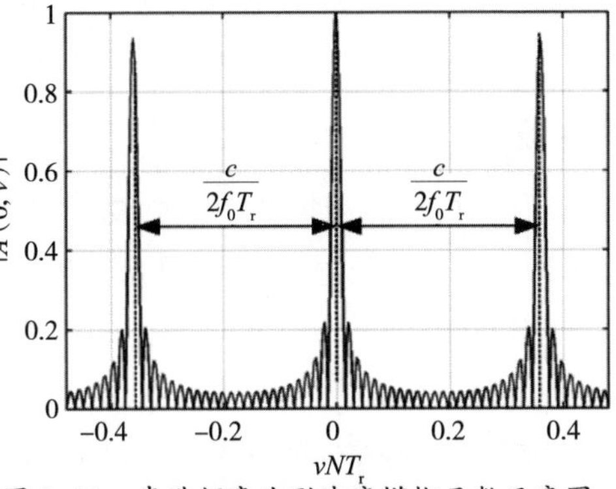

图 1-21　步进频率波形速度模糊函数示意图

总的来看，步进频率波形的模糊函数具有以下特征。

(1)步进频率波形的三维模糊函数呈现出多条倾斜的“脊线”，说明该类波形是时延、多普勒耦合的，无法同时对目标的距离、速度进行高精度分辨。另外，多条“脊线”的存在说明该类波形在距离维以及多普勒维是模糊的，存在最大不模糊范围。

(2)从步进频率波形时延模糊函数图可以看出，该类波形通过多个窄带子脉冲最终得到大的合成带宽，提高了信号的距离分辨率。但是，存在最大不模糊距离窗问题，当目标的尺寸大于最大不模糊距离窗尺寸时，将会导致最终的

距离像产生“距离混叠”，影响对目标的识别、分辨。

（3）在对步进频率波形载频步进量 Δf 进行选取时，应满足 $\Delta f \leqslant 1/T$ 的“紧约束”条件，否则模糊函数在时域将会出现“栅瓣”，影响信号的分辨性能。

（4）在速度维，步进频率波形同样存在不模糊测速范围，速度分辨率与子脉冲个数以及子脉冲的脉冲重复时间有关，且最大不模糊速度范围仅与脉冲重复时间 T_r 有关，要增大不模糊测速范围可以减小子脉冲重复时间。

对于上述步进频率波形的时延多普勒耦合、距离混叠、速度模糊等特性，很多学者进行了深入研究。文献[24-25]等对随机步进频率波形进行了深入的研究，表明该波形克服了距离多普勒耦合现象，具有高的距离多普勒联合分辨能力。文献[26-27]对步进频率波形的抗距离混叠的方法进行了研究，文献[28]设计了一种新的步进频率波形，通过在不同频点发射不同数量的子脉冲，降低了旁瓣以及速度补偿难度。

1.7 步进频率波形距离合成方法

从上述分析可以看出，步进频率波形存在距离混叠问题。传统 IFFT 或相关处理距离合成方法虽然原理简单，容易实现，但是脉间合成结果通常是冗余的，影响对目标的分辨。当前解决这类问题的方法主要有两种：目标抽取和宽带合成。

1.7.1 目标抽取算法

在紧约束条件下，利用 IFFT 方法得到的距离像是冗余的、折叠的，需要进行相应地处理（目标抽取算法），其主要思想就是从 L 组经过 IFFT 处理得到的 N 个数据中取出部分有用数据，拼接得到正确的距离像，图 1-22 所示为其主要实现步骤的示意图，对应的抽取过程表述如下。

对于每个子脉冲的采样点，其表征的长度为 R_B，假设子脉冲信号共有 L 个采样点，对于其中的第 $l(l=1,2,\cdots,L)$ 个采样点经过 IFFT 处理得到的 N 个数据，取出其中的第 P_l 至第 Q_l 间的 W_l 个数据。用同样的方法对所有的 L 个采样点进行处理，然后将提取出来的结果按照顺序拼接起来，即可得到正确的距离像。在进行拼接处理时，对于重叠的距离，可以采用同距离舍弃法、同距离选大法、同距离累加法等准则进行选取。假设信号参数不变，目标相对位置为 3m、9m、24m、45m。频率步进信号时宽 $T=0.8/\Delta f$，子脉冲采样间隔为 $T_s=T/4$，在仿真中对包络添加了高斯窗调制，调频步进信号子脉冲带宽 $B=\Delta f$，子脉冲采样间隔为 $T_s=4/B$，图 1-23 所示为频率步进信号以及调频步进信号利用同距离舍弃法得到的真实距离像。

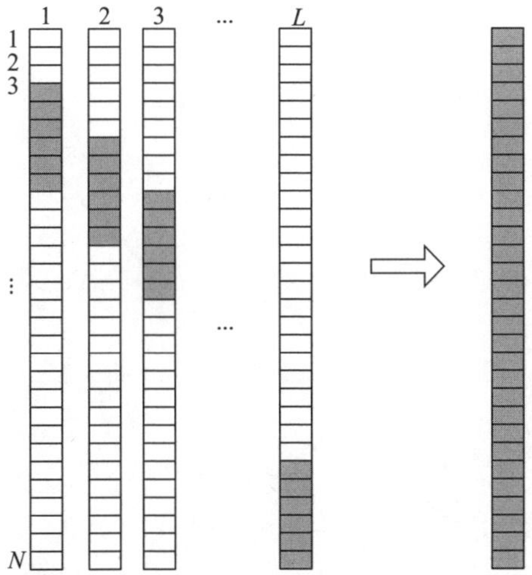

图 1-22 目标抽取算法距离合成示意图

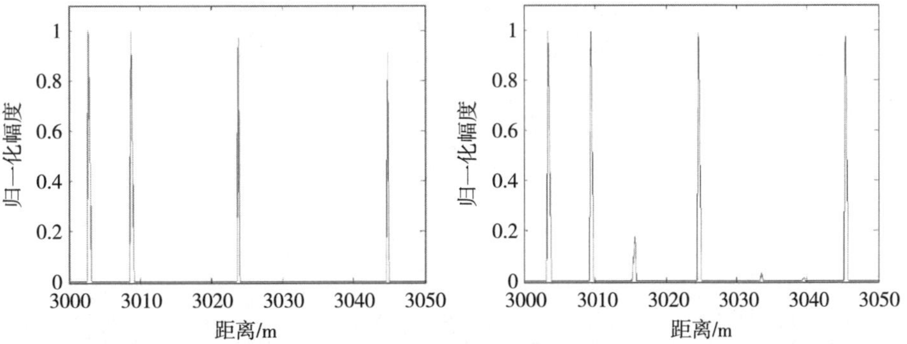

（a）频率步进信号目标抽取结果

（b）调频步进信号目标抽取结果

图 1-23 同距离舍弃法抽取后的距离像

从图 1-23 中结果可以看出，两种信号均可以抽取得到正确的距离像信息，但一定程度上均存在能量损失。主要由两部分因素引起的：一是同距离舍弃法只是简单的对采样信息进行舍弃；二是由于包络调制造成采样信号能量的损失。实际上调频步进信号可以视为子脉冲为 sinc 包络的频率步进信号，同样存在采样损失。

1.7.2 宽带合成方法

宽带合成方法主要适用于子脉冲为线性调频信号的步进频率波形（调频步进信号、随机调频步进信号等）。以调频步进信号为例，宽带合成就是将调频步进信号的合成等效为具有相同时宽、带宽的线性调频信号（图 1-24），然后按照 LFM 信号进行处理。这种合成主要有脉冲压缩后合成以及脉冲压缩前合成两种方式，相应地称为时域合成法以及频域合成法。

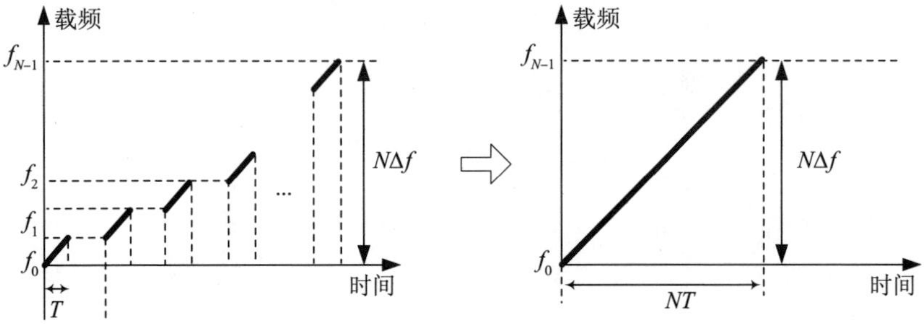

图 1-24　调频步进信号宽带合成示意图

1. 时域带宽合成法

时域合成带宽法是在时域将各个子脉冲信号拼接成一个具有大宽带的线性调频信号,再利用线性调频信号的处理方法进行处理。若脉冲间没有相互重叠,那么拼接后的信号为具有等效带宽和脉宽的线性调频信号。其具体实现步骤包括:过采样、频移、相位校正、时移和叠加,图 1-25 中显示了其主要实现步骤的示意图,下面给出简要实现步骤。

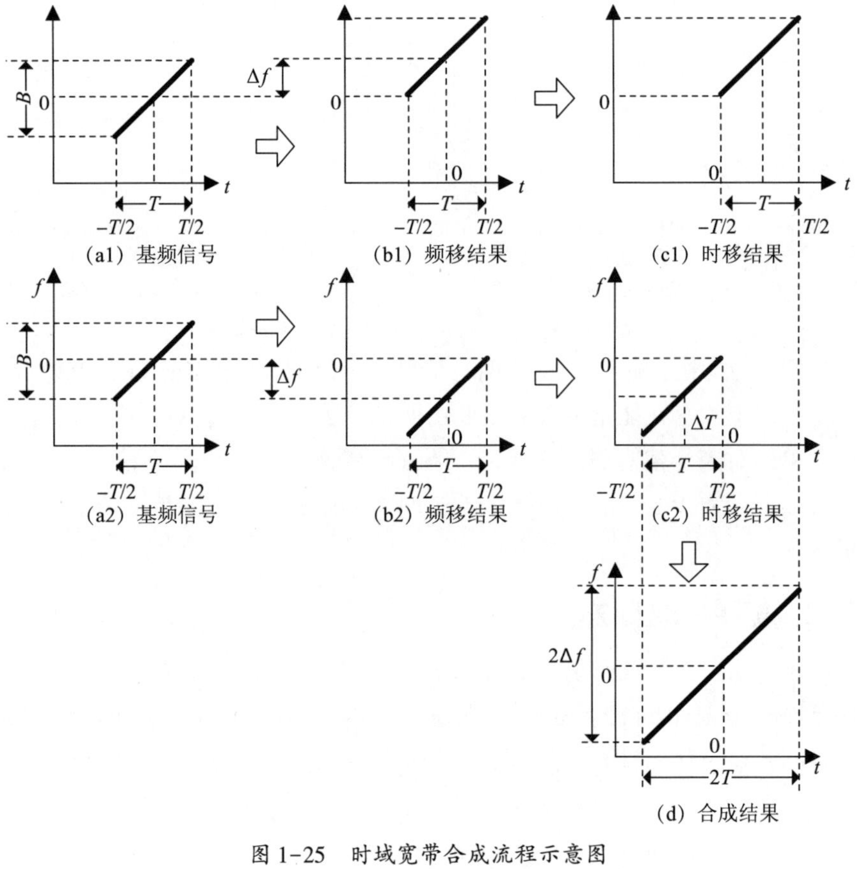

图 1-25　时域宽带合成流程示意图

1)过采样

对子脉冲信号进行内插,使得采样频率大于合成后信号的带宽,防止合成距离像发生混叠。

2)频移

对子脉冲进行频率调整,使得脉冲间能相互衔接。假设第 n 个子脉冲信号的基频回波为

$$y_n(\hat{t}) = \text{rect}((\hat{t} - 2R/c)/T)\mathrm{e}^{\mathrm{j}\pi K(\hat{t}-2R_0/c)^2}\mathrm{e}^{-\mathrm{j}4\pi f_c R_0/c}\mathrm{e}^{-\mathrm{j}4\pi(n-1)\Delta f R_0/c} \quad (1-34)$$

对子脉冲信号在时域进行频谱搬移,频移因子为

$$H_{fn}(\hat{t}) = \mathrm{e}^{\mathrm{j}2\pi(n-1)\Delta f\hat{t}} \quad (1-35)$$

频谱搬移后的信号为

$$\begin{aligned} s_{rn}(\hat{t}) &= y_n(\hat{t})H_{fn}(\hat{t}) \\ &= \text{rect}((\hat{t} - 2R/c)/T_{\text{p}})\mathrm{e}^{\mathrm{j}\pi K(\hat{t}-2R/c)^2}\mathrm{e}^{-\mathrm{j}4\pi f_c R/c}\mathrm{e}^{-\mathrm{j}4\pi(n-1)\Delta f R/c}\mathrm{e}^{\mathrm{j}2\pi(n-1)\Delta f\hat{t}} \end{aligned} \quad (1-36)$$

3)相位校正

为了保证子脉冲间的相位连续,对子脉冲的相位进行调整,其校正因子为

$$H_{\varphi n}(\hat{t}) = \mathrm{e}^{\mathrm{j}\pi K\left(\frac{(n-1)\Delta f}{K}\right)^2} \quad (1-37)$$

校正后的信号为

$$\begin{aligned} s'_n(\hat{t}) &= s_{rn}(\hat{t})H_{\varphi n}(\hat{t}) \\ &= \text{rect}((\hat{t} - 2R/c)/T)\mathrm{e}^{\mathrm{j}\pi K(\hat{t}-2R/c)^2}\mathrm{e}^{-\mathrm{j}4\pi f_c R/c}\mathrm{e}^{\mathrm{j}2\pi(n-1)\Delta f(\hat{t}-2R/c)}\mathrm{e}^{\mathrm{j}\pi K\left(\frac{(n-1)\Delta f}{K}\right)^2} \end{aligned} \quad (1-38)$$

4)时移和叠加

将子脉冲按照发射顺序在时间上相互衔接,即可得到合成后的大带宽信号。对校正后的子脉冲时移 $\Delta\tau_n=(n-1)\Delta f/K$ 后相加,可得到最终的合成信号:

$$s_{\text{o}}(\hat{t}) = \sum_{n=0}^{N-1} s'_n(\hat{t}) = A\text{rect}((\hat{t} - 2R/c)/NT)\mathrm{e}^{\mathrm{j}\pi K(\hat{t}-2R/c)^2}\mathrm{e}^{-\mathrm{j}4\pi f_c R/c} \quad (1-39)$$

假设调频步进信号参数为子脉冲个数 $N=2$,子脉冲带宽 $B=200\text{MHz}$,步进间隔 $\Delta f=200\text{MHz}$,脉宽 $T=5\mu\text{s}$,载频 $f_0=10\text{GHz}$,假设目标所在距离为 30010m。图 1-26 所示为利用时域合成方法得到的宽带合成结果。

从图 1-26 可以看出,利用时域合成方法得到的信号频谱与等效的 LFM 频谱基本相同,且合成距离像与等效 LFM 距离像结果相重叠,证明时域合成方法具有较好的合成性能。

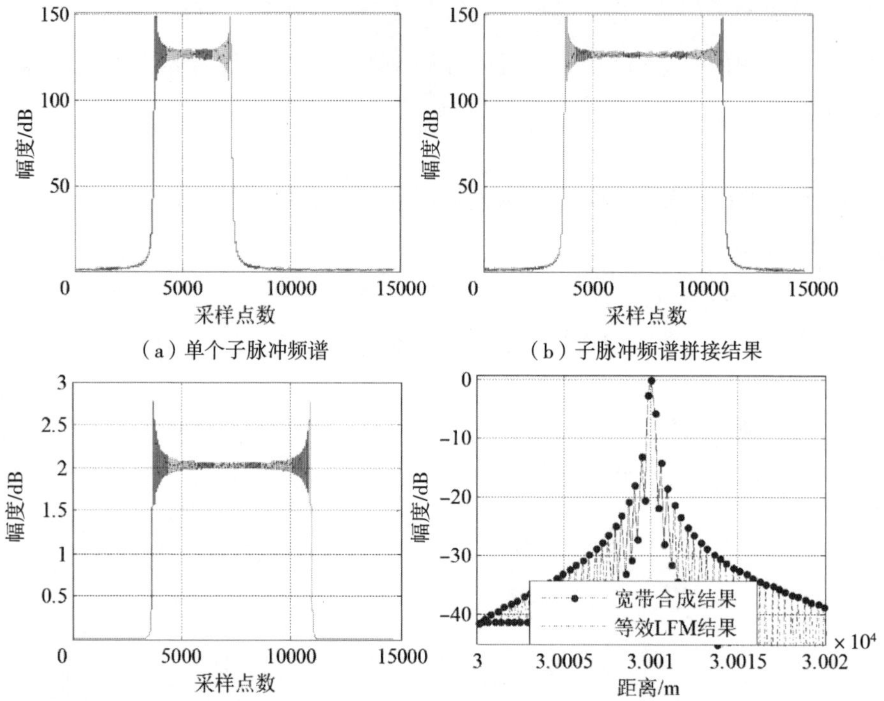

（a）单个子脉冲频谱　（b）子脉冲频谱拼接结果

（c）等效线性调频信号频谱　（d）宽带合成结果对比

图 1-26　时域宽带合成示意图

2. 频域带宽合成法

与时域合成宽带法相比，频域合成带宽法是在频域将回波信号的频谱拼接到一起。首先对每个子脉冲进行单独处理；然后再进行频谱拼接。图 1-27 所示为合成流程示意图，同时给出频域带宽合成法简要的实现过程。

1）子脉冲脉压

首先对子脉冲进行脉压，脉压后的信号时域表达式为

$$S_{rn}(\hat{t}) = \mathrm{sinc}(B(\hat{t} - 2R/c))\mathrm{e}^{-\mathrm{j}4\pi(f_c+(n-1)\Delta f)R/c} \tag{1-40}$$

2）频移

在时域进行频移，乘上频移函数 $H_\Delta(\hat{t}) = \mathrm{e}^{\mathrm{j}2\pi(i-1)\Delta f\hat{t}}$ 可得

$$\begin{aligned}S_n(\hat{t}) &= S_{rn}(\hat{t})H_\Delta(\hat{t}) = \mathrm{sinc}(B(\hat{t} - 2R/c))\mathrm{e}^{-\mathrm{j}4\pi(f_c+(n-1)\Delta f)R/c}\mathrm{e}^{\mathrm{j}2\pi(n-1)\Delta f\hat{t}} \\ &= \mathrm{sinc}(B(\hat{t} - 2R/c))\mathrm{e}^{-\mathrm{j}4\pi f_c R/c}\mathrm{e}^{\mathrm{j}2\pi(n-1)\Delta f(\hat{t}-2R/c)}\end{aligned} \tag{1-41}$$

将式（1-41）变换到频域为

$$\begin{aligned}S_n(f) &= \mathrm{FFT}[\mathrm{sinc}(B(\hat{t} - 2R/c))\mathrm{e}^{-\mathrm{j}4\pi f_c R/c}\mathrm{e}^{\mathrm{j}2\pi(n-1)\Delta f(\hat{t}-2R/c)}] \\ &= \mathrm{rect}\left[\frac{f-(n-1)\Delta f}{B}\right]\mathrm{e}^{-\mathrm{j}4\pi f_c R/c}\end{aligned} \tag{1-42}$$

3)求和

将所有频移结果进行叠加,进行 IFFT 即可得到合成的距离像。叠加结果为

$$s_o(\hat{t}) = \text{IFFT}\left[\sum_{n=1}^{N} S_n(f)\right] \tag{1-43}$$

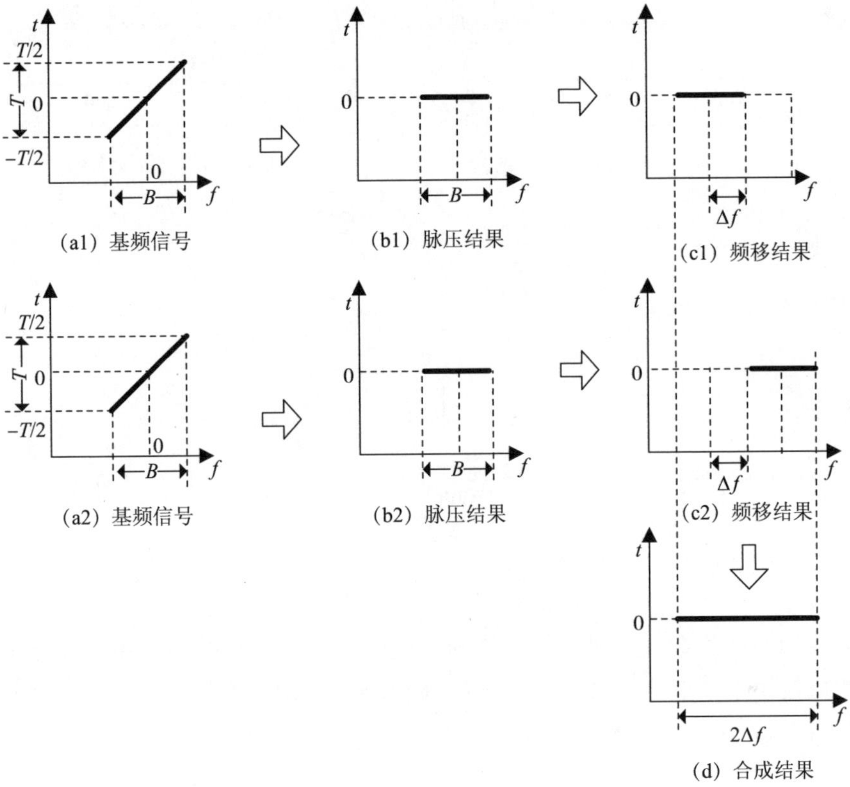

图 1-27 频域宽带合成流程示意图

从上述实现过程可以看出,频域合成方法更加简单,只需要进行频移就可以实现最终的合成。假设仿真条件不变,图 1-28 所示为利用频域宽带合成方法得到的频谱合成以及距离像合成结果。

从图 1-28 可以看出,宽带合成方法只是简单地将信号频谱进行拼接,与等效 LFM 信号频谱相比,拼接的信号频谱并不平滑(图 1-28(b)),因此会影响到最终的合成质量。在图 1-28(d)的合成距离像对比中,频域合成法得到的距离像主瓣基本与等效 LFM 信号距离像结果相重合,只是在远离主瓣区域的旁瓣有所抬升,因此也具有较好的合成效果。

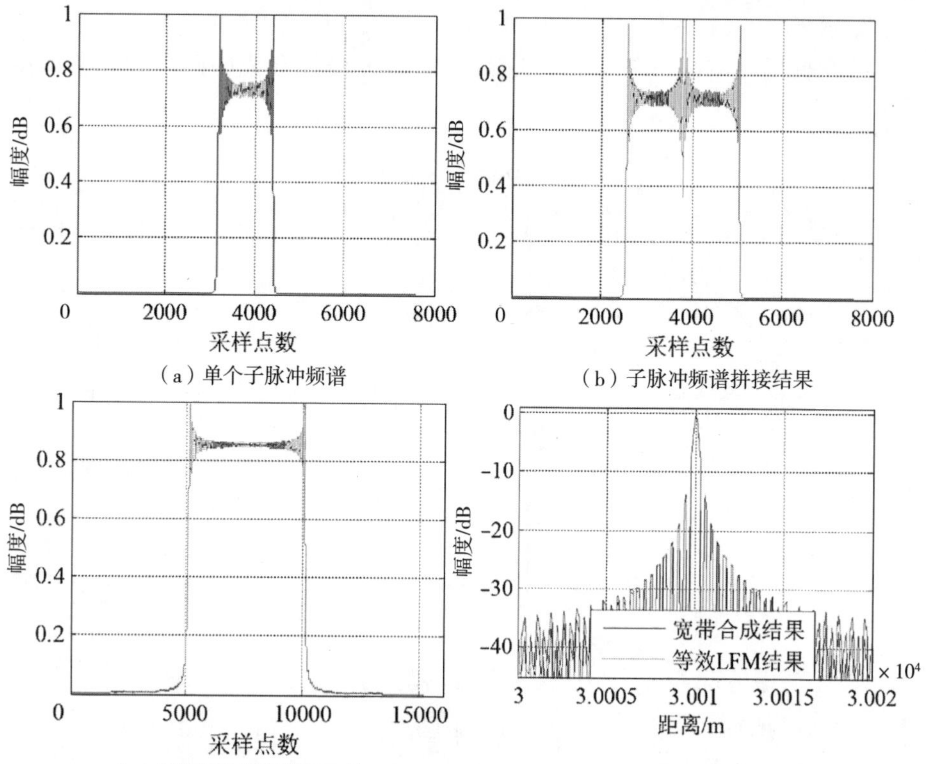

（a）单个子脉冲频谱　（b）子脉冲频谱拼接结果

（c）等效线性调频信号频谱　（d）宽带合成结果对比

图 1-28　频域宽带合成示意图

我们通过仿真对上述 3 种方法的合成性能进行对比分析。由于时域宽带合成方法对采样率的要求,以及计算机硬件水平的限制,我们设置如下调频步进信号参数:子脉冲个数 $N=64$,子脉冲带宽 $B=10\text{MHz}$,步进间隔 $\Delta f=10\text{MHz}$,脉宽 $T=0.5\mu\text{s}$,载频 $f_0=10\text{GHz}$,在上述条件下,信号的不模糊距离窗为 15m。设置散射点目标为 30008m、30010m、30011m、30020m,3 种距离像合成方法的合成结果如图 1-29 所示。

从上述分析以及图 1-29 的对比中,可以看出:合成效果上,IFFT 处理方法存在混叠现象,影响对目标的分辨,时域合成方法与频域合成方法均具有较好的合成性能,而目标抽取方法由于线性调频信号子脉冲脉压后呈 sinc 调制状态,采样损失较大,加之同距离舍弃法简单的舍弃处理,导致合成效果最差;运算量上,由于频域合成方法只需要将信号在频域进行平移叠加,因此采样率可以设置较低,而时域合成方法由于需要对回波信号进行过采样,还要做时移和相位校正,因此运算量最大。

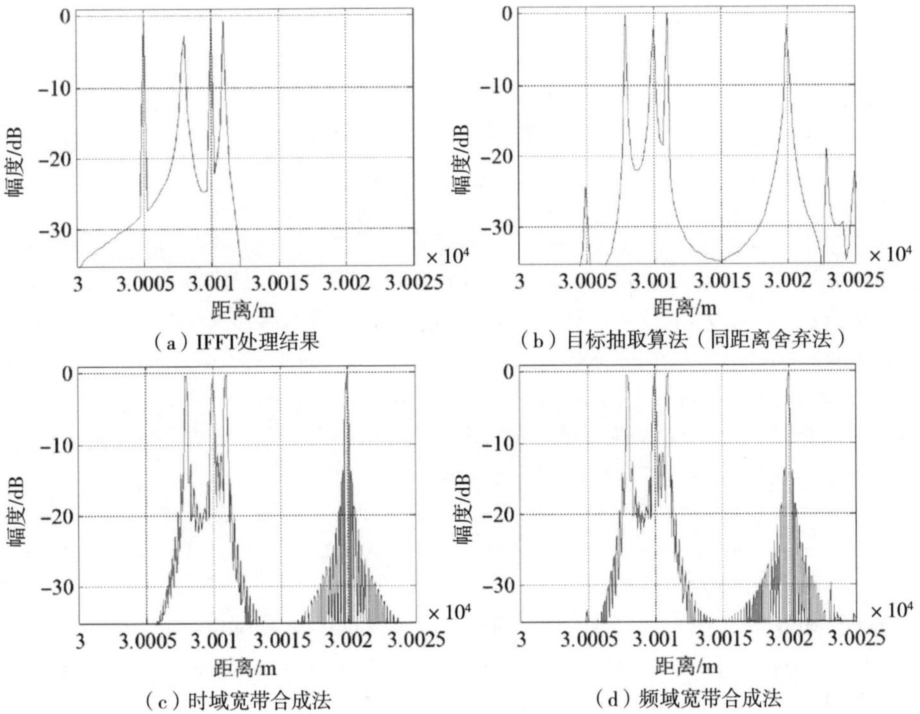

图 1-29 不同方法合成结果对比

1.8 小 结

本章主要对步进频率波形的相关关键技术进行了介绍,给出了步进频率波形的处理过程,解析了波形相关参数,并基于模糊函数分析了步进频率波形的性能,最后对常用的距离合成方法进行了分析并对比了不同方法的距离合成性能。其中,目标抽取算法具有最小的运算量,但是合成性能较差;时域合成方法具有最好的距离合成性能,但是其采样率较高,因此运算量最大,但是由于处理简单,因此其运算量最小。

参考文献

[1]EINSTEIN T. Generation of high resolution radar range profiles and range profile auto-correlation functions using stepped-frequency pulse train[C]//Massachusetts Institute of Technology, Lincoln Laboratory, 1984.

[2]WANG X Y, ROBERT W, DENG Y K, et al. Precise calibration of channel imbalance for very high resolution SAR with stepped frequency[J]. IEEE Transactions on Geoscience and Remote Sensing, 2017:1-10.

[3]TAIT J, NEL W. X-band synthetic aperture radar evaluation platform[C]. in Proc. IEEE 6th African Conf., George, South Africa, Oct. 2002:13-18.

[4]NEL W, TAIT J, WILKINSON A, et al. The use of a frequency domain stepped frequency technique to obtain high range resolution on the CSIR X-band SAR system[C]//in Proc. IEEE 6th African Conf., George, South Africa, 2002(10):327-332.

[5]JENS F, STEFAN B, ANDREAS R, et al. Geometric, radiometric, polarimetric and along-track interferometric calibration of the new F-SAR system of DLR in X-Band[C]//7th European Conference on Synthetic Aperture Radar, Friedrichshafen, Germany, 2008.

[6]ENDER J, BRENNER A. PAMIR-a wideband phased array SAR/MTI system[J]. IET Radar Sonar Navig. 2003, 150, 165-172.

[7]BRENNER A. Improved radar imaging by centimeter resolution capabilities of the airborne SAR sensor PAMIR[C]in Proc. IEEE 14th IRS, Dresden, Germany, Jun. 2013:218-223.

[8]BRENNER A. Ultra-high resolution airborne SAR imaging of vegetation and man-made objects based on 40% relative bandwidth in X-band[C]// Proc. IGARSS, Munich, Germany, Jul. 2012:7397-7400.

[9]CANTALLOUBE H. Fast processing of very high resolution and/or very long range airborne SAR images[C]. 2014 10th European Conference on Synthetic Aperture Radar (EuSAR). Berlin: VDE, 2014:1-4.

[10]BAQUÉ R, PLESSIS O, DREUILLET P, et al. SETHI and RAMSES-NG flexible multi-spectral airborne remote sensing research platforms[C]// Proc. CIE Int. Conf. Radar, Guangzhou, China, 2016:904-908.

[11]BAQUE R, BAQUÉ R, DREUILLET P. The airborne SAR-system: RAMSES NG airborne microwave remote sensing imaging system[C]Iet International Conference on Radar Systems. IET, 2013:1-5.

[12]GOYETTE T M, DICKINSON J C, WALDMAN J, et al. Proceedings of the society of photo-optical instrumentation engineers. 2000, 4053:615.

[13]AHMAD F, AMIN M. Noncoherent approach to through-the-wall radar location[J]. IEEE Tram.on AES. 2006, (4):1405-1420.

[14]ENDER J H G, BRENNER A R. PAMIR-a wideband phased array SAR/MTI system. IEE Proceedings Radar, Sonar and Navigation, 2003, 150(3):165-172.

[15]JIN Q, WONG K M, LUO Z. The estimation of time delay and Doppler stretch of wideband signals[J]. IEEE Trans. Signal Process., 1995, 43(4):904-916.

[16]刘一民. 合成带宽雷达高分辨成像与目标速度估计[D]. 北京:清华大学,2009.

[17]谭贤四,武文,孙合敏. 频率编码脉冲信号性能分析[J]. 系统工程与电子技术,2001,23(5):102-105.

[18]GLADKOVA I, CHEBANOV D. Grating lobes suppression in stepped-frequency pulse train[J]. IEEE Transactions on Aerospace and Electronic Systems,2008,44(4):1265-1275.

[19]EINSTEIN T H. Generation of high resolution radar range profiles and range profile autocorrelation functions using stepped frequency pulse trains[R]. MIT,Lincoln Lab,Lexington,1984.

[20]LONG T,REN L X. HPRF pulse Doppler stepped frequency radar[J]. Sci China Ser F-Inf Sci,2009,52(5):883-893.

[21]李耽,龙腾. 步进频率雷达目标去冗余算法[J]. 电子学报,2000,28(6):60-63,67.

[22]LEVANON N,MOZESON E. Nullifying ACF grating lobes in stepped-frequency train of LFM pulses[J]. IEEE Transactions on Aerospace and Electronic Systems,2003,39(2):694-703.

[23]LIU Y, MENG H, LI G, et al. Range-velocity estimation of multiple targets in randomised stepped-frequency radar[J]. Electronics Letters,2008,44(17):1032-1033.

[24]HUANG T,LIU Y,LI G,et al. Cognitive random stepped frequency radar with sparse recovery[J],IEEE Trans. Aerospace and Electronic Systems,2014,50(2):858-870.

[25]LIU Y,MENG H,ZHANG H,et al. Eliminating ghost images in high-range resolution profiles for stepped-frequency train of linear frequency modulation pulses[J]. IET Radar,Sonar and Navigation,2009,3(5):512-520.

[26]LI H T,WANG C Y,WANG K,et al. High resolution range profile of compressive sensing radar with low computational complexity[J]. IET Radar,Sonar & Navigation,2015,9(8):984-990.

[27]HU Y R,WANG X G,CHEN Z M. Motion Target Imaging by Non-Linear Stepped-Frequency Chirp Pulse Train[J]. Sens Imaging,2009,10:41-53.

第二章　步进频率波形参数设计

2.1　引　言

与传统宽带(LFM)信号不同的是,步进频率波形需要发射多个子脉冲才能合成得到大的带宽。因此,除了信号的合成带宽、脉宽等参数外,步进频率波形还有子脉冲带宽、子脉冲个数、子脉冲跳变方式等波形参数。要获得相同的合成带宽,可以通过设计不同的波形参数来达到。例如,采用大的子脉冲带宽可以减少子脉冲个数,而采用小的子脉冲带宽则需要增加子脉冲的个数。但是,对于不同的参数设计,其波形性能存在明显的差异。为此本章主要对步进频率波形参数设计性能进行研究。

随着信号处理技术的发展,稀疏表示(Sparse Representation,SR)理论尤其是压缩感知(Compressive Sensing,CS)理论的广泛应用,稀疏信号处理已成为学者研究的重点与热点领域。对于宽带波形而言,回波信号经过处理后,目标沿视线方向散射点呈现出随机分布的特征,且散射点只占整个观测场景很小部分,满足稀疏性假设。本章主要基于稀疏表示理论,构建步进频率波形稀疏重构模型,并研究不同波形参数设计对稀疏重构性能的影响,为后续波形设计以及高精度成像方法的研究打下基础。

2.2　稀疏表示理论

众所周知,传统信号处理方法大多通过正交线性变换,基于某类明确的基函数集对给定信号进行分解、表达。这种方式的确可能求得原始数据在变换域中的表示,可是却无法保证表达结果能凸显其中备受关注的信息。事实上,在实际应用场景中,涉及到的很多信号均相当复杂,它们中可能蕴含着诸多特性不同的成分。这样一来,仅依据某一特点明确的基函数集合,或许将不再能够准确、有效地完成信号分析。为了能更为简洁、灵活地达成信号分析及表示,同时自如地应对不同的技术应用需求,Coifman 等对此进行了卓有成效的研究,提出了稀疏分解的概念,为后续相关信号分析、处理的研究提供了新的思路和途径。2006年,Donoho、Candes以及Tao等依据信号本身在变换域中的稀疏特性,提出了著名的信号压缩感知理论,并做了大量数据研究与理论证明工作,为后续信号稀疏表示模型的建立与发展提供了强有力的理论支持。

稀疏表示理论的基本思想就是使用过完备的冗余函数(也称为字典)来取代正交变换中固定的基函数,以获得信号更为简洁的表示方式,从而使我们更容易获取信号中所蕴含的信息,更方便进一步对信号进行加工处理,如压缩、编码等。在选择用于稀疏表示的字典时,首先考虑字典是否能更好地符合需要被逼近的信号结构,而不是过分追求正交性与完备性,这使得其表示性能更加优越。从字典中找出具有最佳线性组合的K项原子来近似表达一个信号,称为信号的稀疏逼近或者高度非线性逼近。通常来讲,稀疏表示模型的思想如图2-1所示,上述关系可以写为

$$\boldsymbol{y}=\boldsymbol{\Theta x} \tag{2-1}$$

式中:$\boldsymbol{\Theta}=[\boldsymbol{\theta}_1,\boldsymbol{\theta}_2,\cdots,\boldsymbol{\theta}_N]$为字典,矩阵中的每一列$\boldsymbol{\theta}_n$为字典原子;$\boldsymbol{x}=[x_1,x_2,\cdots,x_N]^{\mathrm{T}}$为稀疏编码向量。

图2-1　稀疏表示模型示意图

将式(2-1)中的字典矩阵展开可获得式(2-2)、式(2-3)。可以看出,稀疏表示本质上是将信号$\boldsymbol{y}$表示成若干字典原子$\boldsymbol{\theta}_n$的线性组合,稀疏系数$\boldsymbol{x}$中的每一个元素x_n都对应一个字典原子的权值:

$$\boldsymbol{y}=\sum_{n=1}^{N}\boldsymbol{\theta}_n x_n \tag{2-2}$$

$$\begin{cases} y_1=\theta_{1,1}x_1+\theta_{1,2}x_2+,\cdots,+\theta_{1,n}x_n \\ \quad\vdots \\ y_M=\theta_{M,1}x_1+\theta_{M,2}x_2+,\cdots,+\theta_{M,n}x_n \end{cases} \tag{2-3}$$

在信号处理领域,$\boldsymbol{y}$表示待处理的信号,$\boldsymbol{\Theta}$称为信号字典,$\boldsymbol{x}$为信号$\boldsymbol{y}$在字

典 $\boldsymbol{\Theta}$ 上的表示系数。稀疏表示模型中的“稀疏”是对 $\boldsymbol{x}$ 而言的，即 $\boldsymbol{x}$ 最多只容许有限多个非零元素，一般采用 $\boldsymbol{x}$ 的 0-范数表示 $\boldsymbol{x}$ 中非零元素的个数，这里限制其不得大于正的常数 K。字典 $\boldsymbol{\Theta}$ 是 $M\times N$ 维矩阵，如果 $M=N$，则称字典是完备的。一般来讲，离散余弦变换和离散小波变换都是完备正交变换。如果 $M<N$，则称字典 $\boldsymbol{\Theta}$ 是过完备的，在稀疏表示理论中，通常使用的字典 $\boldsymbol{\Theta}$ 都是过完备的字典，这也是稀疏表示理论的特例，即 CS 理论的基础。

显而易见，假设信号 $\boldsymbol{y}$ 和字典 $\boldsymbol{\Theta}$ 已知，只有当字典 $\boldsymbol{\Theta}$ 是完备的，则 $\boldsymbol{x}$ 的解唯一。如果字典 $\boldsymbol{\Theta}$ 是过完备的，则式(2-1)为欠定方程，存在无穷多个解。虽然过完备的字典 $\boldsymbol{\Theta}$ 具有更强的信号表示能力，但同时会产生了一个 NP 难问题。这时就需要加入一定的约束条件才能求解，这里的“约束条件”就是指信号的稀疏约束，对应的求解 $\boldsymbol{x}$ 问题称为“稀疏编码”。CS 利用信号的稀疏性这一先验信息作为式(2-1)的约束条件，使得式(2-1)的解具有唯一性。而求解式(2-1)的稀疏解问题可等效为求解稀疏性约束下非凸的 0-范数最小化问题：

$$\min_{\boldsymbol{x}\in R^N} \|\boldsymbol{x}\|_0 \quad \text{s. t.} \quad \boldsymbol{y}=\boldsymbol{\Theta x} \tag{2-4}$$

式中：$\|\boldsymbol{x}\|_0$ 为向量 $\boldsymbol{x}$ 的 0-范数，其物理含义是向量 $\boldsymbol{x}$ 非零元素的个数。若字典 $\boldsymbol{\Theta}$ 满足约束等距性(Restricted Isometry Property，RIP)条件，则可以从量测值 $\boldsymbol{y}$ 中高概率地精确重构出稀疏信号 $\boldsymbol{x}$。

实际上，上述稀疏重构模型对应的求解算法称为稀疏重构算法，主要包含三大类：贪婪算法、松弛算法和组合算法。

贪婪算法是一种迭代算法，其核心思想是每次迭代过程中选取一个局部最优解，即选取能最好表示信号的原子。匹配追踪(Matching Pursuit，MP)算法属于贪婪算法中最为典型的一种，它属于 0-范数的求解问题，MP 算法极大地降低了求解稀疏模型的复杂度。但是 MP 算法中已选的原子往往是非正交的，使单次逼近的结果可能不是最优的，而且收敛性不好，于是学者们提出了正交匹配追踪算法(Orthogonal Matching Pursuit，OMP)，使用正交化的思想加快了迭代的收敛性，OMP 算法和 MP 算法在每一次的迭代过程中，只选取一个原子进行编码，这使得在每次循环过程中信号的重构效率很低。针对这种缺陷，学者们提出了分段正交匹配追踪算法(StOMP)，StOMP 算法与 OMP 算法的不同在于，OMP 算法只选取一个最优原子进行匹配，而 StOMP 算法通过设定内积阈值的方式来选取最匹配的原子，每次迭代中可匹配多个原子，因而提高了算法的速度，非常适合大规模问题的稀疏表示求解。

松弛算法属于凸优化问题，该方法用 p-范数($p>0$)代替 0-范数求解，如式(2-5)所示：

$$\min_{x \in R^N} \|\boldsymbol{x}\|_p \qquad \text{s. t.} \qquad \boldsymbol{y}=\boldsymbol{\Theta x} \tag{2-5}$$

式中：$\|\boldsymbol{x}\|_p$ 为向量 $\boldsymbol{x}$ 的 p–范数。

"松弛"的含义为放宽原目标函数的代价函数,但是保持放宽后的代价函数与原优化函数之间存在一定的等价性,通过优化放宽后的代价函数来近似求解原优化问题。松弛算法主要包含基追踪算法(BP)、内点法(Interior-point Method)、梯度投影法(GP)以及迭代阈值法(ITA/IHT)。其中,BP 算法求解精度高,适用范围广,在工程领域使用较为普遍。组合算法在稀疏编码求解问题中使用的比较少,主要包括链式追踪算法(CP)和傅里叶采样等。

此外,稀疏重构算法也一直是当前稀疏重构领域研究的热点领域。各种重构算法层出不穷,性能也得到大幅提升。一般来讲,评价稀疏编码求解算法的指标主要有三个:重构精度、重构复杂度和需要的样本数。松弛算法最主要的优点是重构精度高,需要样本少,但是计算复杂度非常高,常用于实时性要求不高,规模不是很大的稀疏表示问题;组合算法的时间复杂度最低,但是需要样本量很大,一般用于实时性要求较高的算法中;贪婪算法相对于其他两种算法较为折中,具有较好的重构精度,计算复杂度不是很高,需要的样本数目也不算很多,因此是使用最为广泛的算法。上述 3 种稀疏编码求解算法分别有各自的优缺点,没有一种算法能够解决所有的信号重构问题,在实际应用中,应该根据不同的应用需求选择适当的方法。

2.3　步进频率波形稀疏重构模型

当雷达发射步进频率信号时,其经过目标反射的 N 个子脉冲信号回波可以表示为

$$S_{\mathrm{r}}(t)=\frac{1}{\sqrt{N}}\sum_{k=1}^{K}\sigma_k\sum_{n=0}^{N-1}\mu_1(t-nT_{\mathrm{r}}-\tau_k)\exp[\mathrm{j}2\pi f_n(t-\tau_k)]+w_n \tag{2-6}$$

式中：σ_k 表示第 k 个散射点强度;K 为散射点个数;N 为子脉冲个数;T_{r} 为脉冲重复时间;w_n 为噪声;τ_k 为第 k 个散射点的时延。

经混频后的回波信号可以表示为

$$U_{\mathrm{r}}(t)=\frac{1}{\sqrt{N}}\sum_{k=1}^{K}\sigma_k\sum_{n=0}^{N-1}\mu_1(t-nT_{\mathrm{r}}-\tau_k)\exp(-\mathrm{j}2\pi f_n\tau_k)+w_n \tag{2-7}$$

式中：τ_k 表示时延,可以表示为 $\tau_k=2R_k(t)/c$；$R_k(t)$ 为目标上第 k 个散射点与雷达之间的距离。

对式(2-7)的回波信号进行采样(调频步进信号需要进行子脉冲脉压处

理,再进行子脉冲采样)。不失一般性,此处以子脉冲为单载频信号为例进行分析,忽略常数项后得到的采样信号可以表示为

$$U_n = \frac{1}{\sqrt{N}} \sum_{k=1}^{K} \sigma_k \exp(-j2\pi f_n \tau_k) + w_n \tag{2-8}$$

2.3.1 运动条件下的稀疏重构模型

当目标与雷达之间存在相对运动时,为简化分析,此处假设目标只存在匀速运动,此时 τ_k 可以表示为

$$\tau_k = \frac{2(R_k - VnT_r)}{c} = \frac{2R_k}{c} - nT_r \frac{2V}{c} \tag{2-9}$$

式中: R_k 为第 k 个散射点与雷达的初始距离; V 表示目标径向速度。

雷达与目标关系示意图如图 2-2 所示,在距离、速度二维空间中,观测目标只占少量的部分,因此可以视为稀疏的。将目标在距离域划分为 $R_1, R_2, \cdots, R_P$ 个网格,在速度域划分为 $V_1, V_2, \cdots, V_Q$ 个网格,因此可得到一个 $P \times Q$ 维的目标场景矩阵 $\boldsymbol{X}(p,q)$ 。此时式(2-8)可以表示为

$$U_n = \frac{1}{\sqrt{N}} \sum_{q=1}^{Q} \sum_{p=1}^{P} X(p,q) \exp\left(-j4\pi f_n \frac{R_p}{c}\right) \exp\left(j4\pi f_n \frac{V_q n T_r}{c}\right) + w_n \tag{2-10}$$

式中

$$X(p,q) = \begin{cases} \sigma, & X(p,q)\ \text{位置的散射点强度} \\ 0, & \text{其他} \end{cases} \tag{2-11}$$

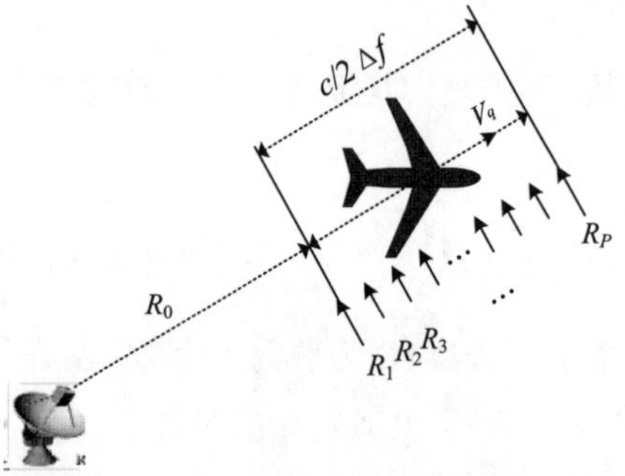

图 2-2 雷达与目标关系示意图

将式(2-10)写成矩阵形式可以得到

$$\boldsymbol{u} = \boldsymbol{\Theta x} + \boldsymbol{W}' \tag{2-12}$$

式中: $\boldsymbol{u} = [U_1, \cdots, U_n, \cdots, U_N]^{\mathrm{T}}$; $\boldsymbol{x} = [X_1, X_2, \cdots, X_{PQ}]^{\mathrm{T}}$ 为 $\boldsymbol{X}(p,q)$ 行列堆叠的结果;矩阵 $\boldsymbol{\Theta}$ 中的元素可以表示为

$$h(n,(p-1)Q+q)=\exp\left(-\mathrm{j}4\pi f_n\frac{R_p}{c}\right)\exp\left(\mathrm{j}4\pi f_n\frac{V_q nT_r}{c}\right)\tag{2-13}$$

因此，$\boldsymbol{\Theta}$ 为 $N\times PQ(N\ll PQ)$ 维矩阵且可以表示为

$$\boldsymbol{\Theta}=\{\boldsymbol{h}_1,\cdots,\boldsymbol{h}_{pQ+q},\cdots,\boldsymbol{h}_{PQ}\}\tag{2-14}$$

式中：$\boldsymbol{h}_i$ 为维度为 $N\times 1$ 的向量；$\boldsymbol{W}'$ 为噪声向量。

2.3.2　静止条件下的稀疏重构模型

假设目标与雷达之间已完成运动补偿(速度为 0)，此时式(2-10)可以简化为

$$U_n=\frac{1}{\sqrt{N}}\sum_{p=1}^{P}X(p,q)\exp\left(-\mathrm{j}4\pi f_n\frac{R_p}{c}\right)+w_n\tag{2-15}$$

式(2-15)写成矩阵形式同样可以表示为

$$\boldsymbol{u}=\boldsymbol{\Theta x}+\boldsymbol{W}'\tag{2-16}$$

式中：$\boldsymbol{x}=[R_1,R_2,\cdots,R_P]^{\mathrm{T}}\in R^{P\times 1}$ 为距离像；$\boldsymbol{\Theta}$ 为 $N\times P(N\leqslant P)$ 维感知矩阵，构造方式为

$$\boldsymbol{\Theta}=\begin{bmatrix}\frac{1}{\sqrt{N}}\exp\left[-\mathrm{j}4\pi f_0\frac{R_1}{c}\right] & \cdots & \frac{1}{\sqrt{N}}\exp\left[-\mathrm{j}4\pi f_0\frac{R_p}{c}\right] & \cdots & \frac{1}{\sqrt{N}}\exp\left[-\mathrm{j}4\pi f_0\frac{R_P}{c}\right]\\ \vdots & & \vdots & & \vdots\\ \frac{1}{\sqrt{N}}\exp\left[-\mathrm{j}4\pi f_n\frac{R_1}{c}\right] & \cdots & \frac{1}{\sqrt{N}}\exp\left[-\mathrm{j}4\pi f_n\frac{R_p}{c}\right] & \cdots & \frac{1}{\sqrt{N}}\exp\left[-\mathrm{j}4\pi f_n\frac{R_P}{c}\right]\\ \vdots & & \vdots & & \vdots\\ \frac{1}{\sqrt{N}}\exp\left[-\mathrm{j}4\pi f_{N-1}\frac{R_1}{c}\right] & \cdots & \frac{1}{\sqrt{N}}\exp\left[-\mathrm{j}4\pi f_{N-1}\frac{R_p}{c}\right] & \cdots & \frac{1}{\sqrt{N}}\exp\left[-\mathrm{j}4\pi f_{N-1}\frac{R_P}{c}\right]\end{bmatrix}\tag{2-17}$$

在式(2-12)和式(2-16)中，假设信号中只有 M 个子脉冲信号参与重构，此时可视为从 f_n 中随机抽取 M 个频点参与重构。假设用矩阵 $\boldsymbol{\Phi}$ 表示信号随机抽取子脉冲规律，则抽取规律可以表示为

$$\boldsymbol{\Gamma}_{N\times 1}=\boldsymbol{\Phi}_{N\times N}\boldsymbol{\Pi}_{N\times 1}\tag{2-18}$$

式中：$\boldsymbol{\Pi}=[0,1,\cdots,N-1]$；矩阵 $\boldsymbol{\Phi}_{N\times N}=\{\phi_{i,i'}\}$ 可以写为

$$\phi_{i,i'}=1,\quad \text{if}\quad i'=i\tag{2-19}$$

从上述分析可知：步进频率信号的子脉冲发射规律 f_n、子脉冲个数 N 决定了感知矩阵 $\boldsymbol{\Theta}$ 的构造方式，不同的感知矩阵将会对最终的稀疏重构性能产生影响，因此有必要对不同子脉冲载频跳变方式以及子脉冲个数条件下的稀疏重构

性能进行分析。

2.4 稀疏重构性能衡量方法

2.4.1 感知矩阵互相关性

对于上述基于压缩感知的(RSF)信号稀疏重构模型,Candes 等指出若存在常数 $\delta_K \in (0,1)$ 使得下式成立:

$$(1-\delta_K)\|\boldsymbol{x}\|_2^2 \leqslant \|\boldsymbol{\Theta x}\|_2^2 \leqslant (1+\delta_K)\|\boldsymbol{x}\|_2^2 \tag{2-20}$$

则称 $\boldsymbol{\Theta}$ 具有 K 阶(RIP)性质,信号 $\boldsymbol{x}$ 的求解可以转化为 l_0 范数下的最优化问题得到,即

$$\hat{\boldsymbol{x}} = \min\|\boldsymbol{x}\|_0 \quad \text{s. t.} \quad \boldsymbol{u}=\boldsymbol{\Theta x}+\boldsymbol{W} \tag{2-21}$$

RIP 理论提供了一种衡量稀疏信号能否正确重构的标准,但是由于在实际中很难定量化判断矩阵能否满足这一条件。因此,Donoho 等提出了感知矩阵 $\boldsymbol{\Theta}$ 的非相关性约束条件,通过定义感知矩阵 $\boldsymbol{\Theta}$ 中各列之间的最大互相关系数来定量描述。$\boldsymbol{\Theta}$ 各列的最大互相关系数 $\mu_{\max}$ 定义为

$$\mu_{\max} = \max_{i\neq j}\frac{|\langle \boldsymbol{\Theta}_i,\boldsymbol{\Theta}_j\rangle|}{\|\boldsymbol{\Theta}_i\|_2\|\boldsymbol{\Theta}_j\|_2} \tag{2-22}$$

式中:$\boldsymbol{\Theta}_i$ 代表矩阵 $\boldsymbol{\Theta}$ 的第 i 列;$\langle\cdot,\cdot\rangle$表示内积。

若假设 Gram 矩阵 $\boldsymbol{G}=\hat{\boldsymbol{\Theta}}^{\mathrm{H}}\hat{\boldsymbol{\Theta}}=(\mu_{i,j})$,其中,$\hat{\boldsymbol{\Theta}}$ 为 $\boldsymbol{\Theta}$ 各列归一化后的矩阵,此时最大互相关系数也可表示为 Gram 矩阵 $\boldsymbol{G}$ 中非对角线上元素的最大值,即 $\mu_{\max}=\max\limits_{i\neq j}|\mu_{i,j}|$。当 μ 值较小时表明 $\boldsymbol{\Theta}$ 的相关性越弱,信号稀疏重构的性能越好。

文献[11]中证明了当感知矩阵互相关性与信号的稀疏度 K 以及量测数 M 之间满足

$$M \geqslant C\mu_{\max}^2 K\lg N \tag{2-23}$$

时,即可以准确恢复原始信号。

式中:C 为较小的正常数;N 表示信号维度;K 为待恢复信号的稀疏度。

从式(2-23)可以看出,在稀疏度 K 一定的情况下,感知矩阵的互相关性越弱,所需的量测个数 M 则越少。

由于最大互相关系数 $\mu_{\max}$ 只描述了感知矩阵 $\boldsymbol{\Theta}$ 的局部互相关特征,为更加全面的评价矩阵的互相关性能,文献[12]又提出了感知矩阵 $\boldsymbol{\Theta}$ 平均互相关系数的概念,矩阵 $\boldsymbol{\Theta}$ 的平均互相关系数 $\mu_{\kappa\_\mathrm{ave}}$ 定义为

$$\mu_{\kappa\_\text{ave}}=\frac{\sum_{i\neq j}(|\mu_{i,j}|\geqslant\kappa)\cdot|\mu_{i,j}|}{\sum_{i\neq j}(|\mu_{i,j}|\geqslant\kappa)} \tag{2-24}$$

式中：$\kappa\in[0,1]$。当$\kappa=0$时，μ_{κ_ave}表示 Gram 矩阵$\boldsymbol{G}$中非对角线元素和的均值，随着κ的增大，μ_{κ_ave}值逼近最大互相关系数$\mu_{\max}$。当平均互相关系数μ_{κ_ave}较小时，表明$\boldsymbol{\Theta}$的整体相关性较弱，稀疏重构的性能将越好。

利用平均互相关系数μ_{κ_ave}以及平均互相关系数μ_{κ_ave}能够较为全面、客观的描述感知矩阵的互相关性，从而可以定量衡量信号的稀疏重构性能优劣。在当前的文献中，采用最大互相关系数$\mu_{\max}$与平均互相关系数μ_{κ_ave}的稀疏重构性能优劣评判方法（当$\mu_{\max}$越小时，稀疏重构性能越好；当$\mu_{\max}$相等时，μ_{κ_ave}越小，对应的稀疏重构性能更优）已经得到相关学者的认同，并得到了广泛使用。因此本节利用最大互相关系数$\mu_{\max}$以及平均互相关系数μ_{κ_ave}作为评价指标，分析步进频率信号的稀疏重构性能。

2.4.2 步进频率信号感知矩阵互相关性表征

结合式(2-12)，SF 信号感知矩阵$\boldsymbol{\Theta}$的第i列与第j列的互相关系数$\mu_{i,j}$可以表示为

$$\begin{aligned}\mu_{i,j}&=\left|\frac{|\langle\boldsymbol{\Theta}_i,\boldsymbol{\Theta}_j\rangle|}{\|\boldsymbol{\Theta}_i\|_2\ \|\boldsymbol{\Theta}_j\|_2}\right|\\&=\left|\frac{1}{N}\sum_{n=0}^{N-1}\exp\left[\mathrm{j}4\pi f_n\frac{R_j}{c}\right]\exp\left[-\mathrm{j}4\pi f_n\frac{R_i}{c}\right]\exp\left[\mathrm{j}4\pi f_n\frac{nT_\mathrm{r}V_i}{c}\right]\exp\left[-\mathrm{j}4\pi f_n\frac{nT_\mathrm{r}V_j}{c}\right]\right|\\&=\left|\frac{1}{N}\sum_{n=0}^{N-1}\exp[-\mathrm{j}2\pi f_n(\tau_i-\tau_j)]\exp[\mathrm{j}4\pi f_n nT_\mathrm{r}(V_i-V_j)/c]\right|\end{aligned} \tag{2-25}$$

此时感知矩阵$\boldsymbol{\Theta}$的最大互相关系数为

$$\mu_{\max}=\max_{i\neq j}\mu_{i,j}=\max_{i\neq j}\left|\frac{1}{N}\sum_{n=0}^{N-1}\exp[-\mathrm{j}2\pi f_n(\tau_i-\tau_j)]\exp[\mathrm{j}4\pi f_n nT_\mathrm{r}(V_i-V_j)/c]\right| \tag{2-26}$$

同理，通过式(2-25)，感知矩阵$\boldsymbol{\Theta}$的平均互相关系数μ_{κ_ave}可以表示为

$$\mu_{\kappa\_\text{ave}}=\frac{\sum_{i\neq j}(|\mu_{i,j}|\geqslant\kappa)\cdot\|\mu_{i,j}\|}{\sum_{i\neq j}(|\mu_{i,j}|\geqslant\kappa)} \tag{2-27}$$

当回波经过运动补偿后，即速度为 0 时，式(2-26)可以表示为

$$\mu_{\max}=\max_{i\neq j}\mu'_{i,j}=\max_{i\neq j}\left|\frac{1}{N}\sum_{n=0}^{N-1}\exp[-\mathrm{j}2\pi f_n(\tau_i-\tau_j)]\right| \tag{2-28}$$

式(2-27)中平均互相关系数$\mu_{\kappa_\mathrm{ave}}$可以表示为

$$\mu_{\kappa\_\mathrm{ave}}=\frac{\sum\limits_{i\neq j}(|\mu'_{i,j}|\geqslant\kappa)\cdot\|\mu'_{i,j}\|}{\sum\limits_{i\neq j}(|\mu'_{i,j}|\geqslant\kappa)}\tag{2-29}$$

从式(2-26)至式(2-29)可以看出,感知矩阵最大互相关系数以及平均互相关系数大小与SF信号的子脉冲个数、载频步进方式等因素有关。为验证SF信号子脉冲个数、载频步进方式对感知矩阵最大互相关系数、平均互相关系数大小以及对最终稀疏重构性能的影响,下面通过仿真实验对上述结论进行分析验证。

2.5 实验验证与分析

本节首先通过一组对比实验验证步进频率信号的感知矩阵互相关性与信号参数设置(子脉冲个数、载频步进方式)的关系;其次,通过对不同条件下的步进频率信号稀疏重构结果进行仿真对比,对上述结论进行验证;最后,给出步进频率信号在波形设计上的有关结论。

2.5.1 感知矩阵性能仿真分析

假设步进频率信号的合成带宽为250MHz,载频$f_0=10\text{GHz}$,子脉冲重复频率(PRF)为3000Hz,分别设置子脉冲个数N为50、100、150,对应的子脉冲带宽Δf分别为5MHz、2.5MHz、5/3MHz。下面分别研究不同子脉冲个数以及不同载频步进方式下感知矩阵互相关性能的变化。

仿真1 目标运动条件下的性能分析

首先研究目标存在运动时子脉冲个数、载频步进方式与感知矩阵互相关系数的关系。假设距离域、速度域离散点数相等,即$P=Q=N$。图2-3所示为随机选取$M=0.8N$个子脉冲参与重构时,相应的感知矩阵互相关系数大小统计直方图(上述结果均为500次蒙特卡罗统计的均值,且图中以0.02为统计间隔,下同),相应的最大互相关系数和平均互相关系数如表2-1所列。为便于比较,图2-3中给出了线性步进频率信号(LSF)以及随机步进频率信号(RSF)的统计结果。

从图2-3和表2-1的对比可以看出:对于LSF信号,不论子脉冲个数如何变化,其对应的最大互相关系数始终为1,但是平均互相关系数随着子脉冲个数的变少逐渐变大;对于RSF信号,平均互相关系数与最大互相关系数均随着子脉冲个数的减少逐渐增大;在相同的条件下,LSF信号的最大互相关系数始终大于 RSF 信号的最大互相关系数。综上所述，在目标运动条件下，对于基于 RSF 信号的稀疏重构性能可以总结出下列结论。

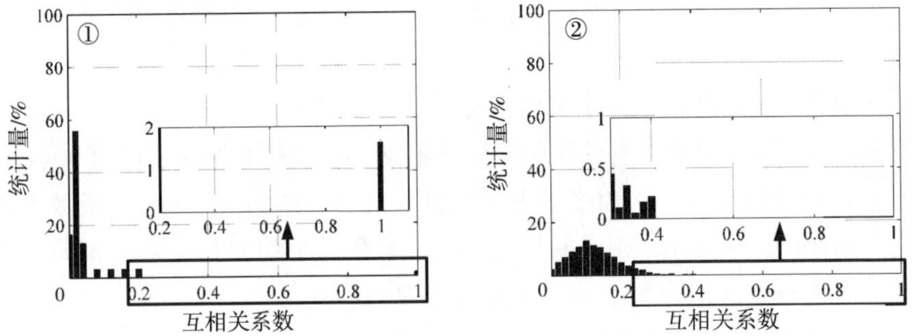

（a）N=50（①：LSF信号；②：RSF信号）

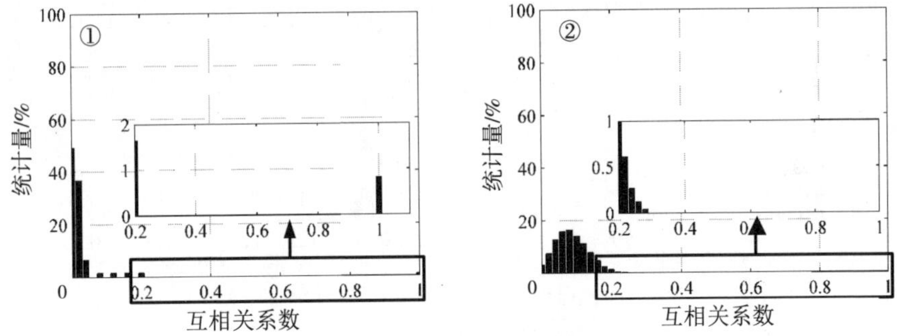

（b）N=100（①：LSF信号；②：RSF信号）

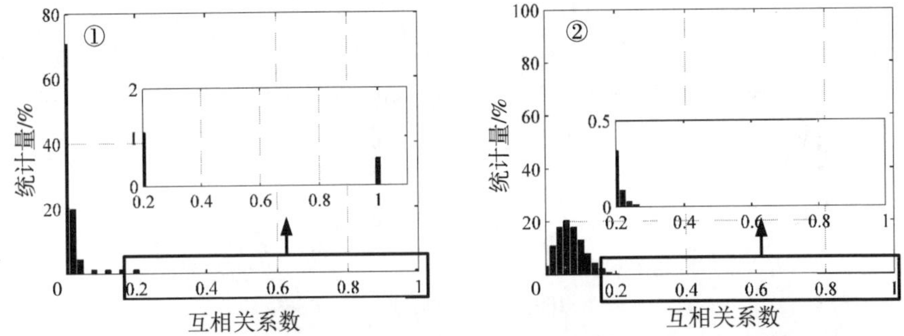

（c）N=150（①：LSF信号；②：RSF信号）

图 2-3　不同子脉冲个数、不同步进方式条件下互相关系数分布统计

表 2-1　相同合成带宽条件下信号的最大互相关系数与平均互相关系数

N	M	LSF 信号		RSF 信号	
		μ_{max}	μ_{κ_ave}	μ_{max}	μ_{κ_ave}
150	120	1	0. 0193	0. 2690	0. 0716
100	80	1	0. 0275	0. 2892	0. 0866
50	40	1	0. 0492	0. 4089	0. 1218

(1)在相同的合成带宽条件下,选择较多的发射子脉冲个数可以降低感知矩阵最大互相关系数以及平均互相关系数,能够得到较好的稀疏重构结果。

(2)子脉冲载频采用随机步进的方式可以得到更小的感知矩阵最大互相关系数,更有利于信号的稀疏重构。

仿真 2 目标静止条件下的性能分析

假设其他条件不变,当目标保持静止不动,在子脉冲个数分别为 50、100 和 150,子脉冲载频分别采用顺序步进与随机步进时,感知矩阵互相关系数大小统计直方图如图 2-4 所示,相应的最大互相关系数和平均互相关系数如表 2-2 所列。仿真中设置离散点数 $P=Q=1.2N$,且 $M=0.8N$。

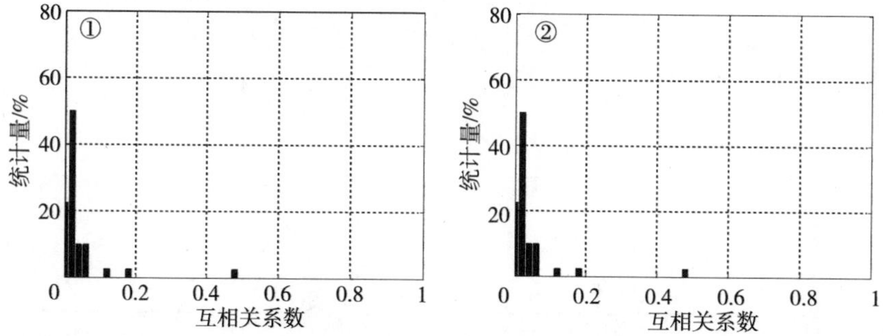

(a) N=50(①: LSF信号; ②: RSF信号)

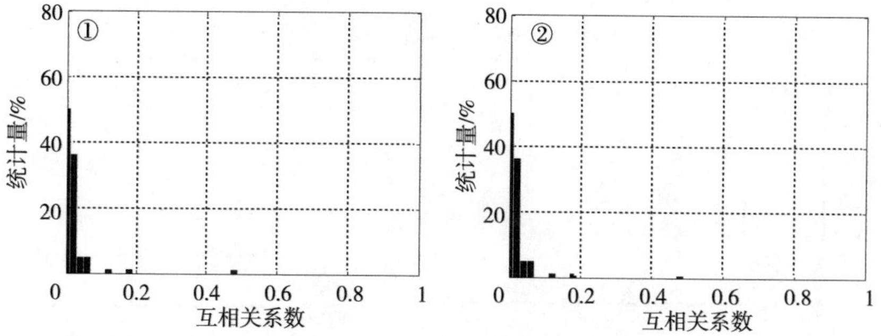

(b) N=100(①: LSF信号; ②: RSF信号)

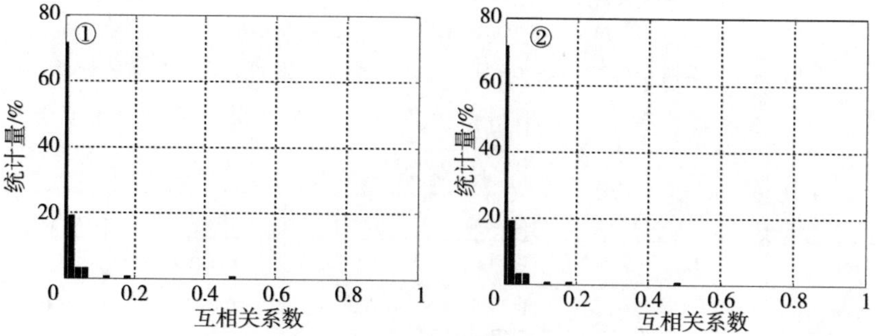

(c) N=150(①: LSF信号; ②: RSF信号)

图 2-4 不同子脉冲个数条件下互相关系数统计($M=0.8N$)

表 2-2　相同合成带宽条件下信号的最大互相关系数与平均互相关系数

N	M	LSF 信号		RSF 信号	
		μ_{max}	μ_{κ_ave}	μ_{max}	μ_{κ_ave}
150	120	0.4706	0.0163	0.4706	0.0163
100	80	0.4706	0.0229	0.4706	0.0229
50	40	0.4706	0.0405	0.4706	0.0405

从图 2-4 以及表 2-2 可以看出：在目标静止的条件下，不论子脉冲采用哪种载频步进方式，感知矩阵的互相关系数分布情况均相同。这是由于当目标的速度为 0 时，在相同的合成带宽条件下，此时的感知矩阵互相关系数为求和形式（式(2-28)和式(2-29)），因此不论子脉冲采用哪种载频步进方式，最终的求和结果均相同。此外，随着子脉冲个数的增加，感知矩阵最大互相关系数值相同，但是平均互相关系数随着子脉冲个数的增多而逐渐减小。因此，在目标静止条件下，对于基于 RSF 信号的稀疏重构性能可以得出以下结论。

(1)在目标静止的条件下，子脉冲载频步进方式对于感知矩阵的互相关系数大小没有影响。

(2)在目标静止的条件下，增加子脉冲个数可以减小感知矩阵互相关性，从而可以得到较好的稀疏重构结果。

下面通过一组仿真实验对上述基于感知矩阵互相关性来衡量 RSF 信号稀疏重构性能的相关结论进行验证。

2.5.2　稀疏重构性能仿真分析

本小节主要对 2.5.1 节中的结论进行验证，研究子脉冲步进方式以及子脉冲个数对 RSF 信号稀疏重构的影响。假设仿真条件不变，分别对目标存在运动和保持静止两种情况下基于压缩感知方法的 RSF 信号稀疏重构性能进行仿真分析。

1)载频步进方式对稀疏重构性能的影响

仿真 3　目标运动条件下的稀疏重构性能

本节研究载频步进方式对稀疏重构性能的影响，依据上述信号参数并假设子脉冲个数 $N=50$，距离域、速度域离散点数均设置为 50，即 $M=N$。图 2-5 所示为在不同稀疏度条件下 LSF 信号与 RSF 信号的稀疏重构误差比较，蒙特卡罗仿真次数同样设置为 500 次。

从图 2-5 可以看出：在不同的稀疏度条件下，载频随机步进比载频顺序步进信号的稀疏重构误差小，这与仿真 1 中 RSF 信号对应的感知矩阵最大互相关系数小于 LSF 信号对应的感知矩阵最大互相关系数的结论一致。从图 2-5 也可以看出,随着稀疏度的增加,信号的稀疏重构误差逐渐变大,这与式(2-23)中信号量测数与稀疏度的关系是一致的。从上述仿真结果可以得出:对于目标运动条件下的稀疏重构模型,在子脉冲个数一定,合成带宽相同的情况下,RSF 信号具有比 LSF 信号更好的稀疏重构性能。

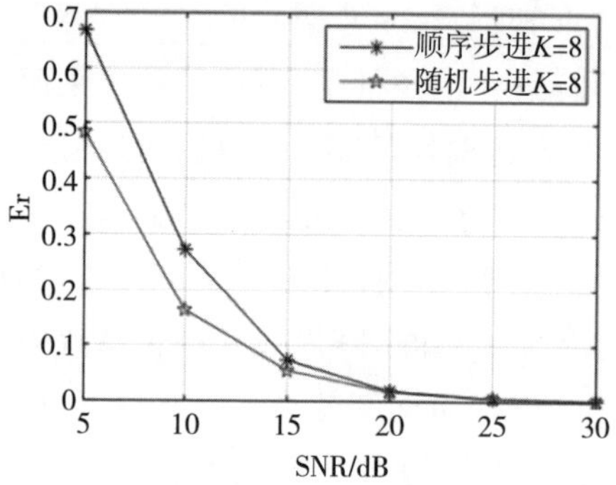

(a)稀疏度为8

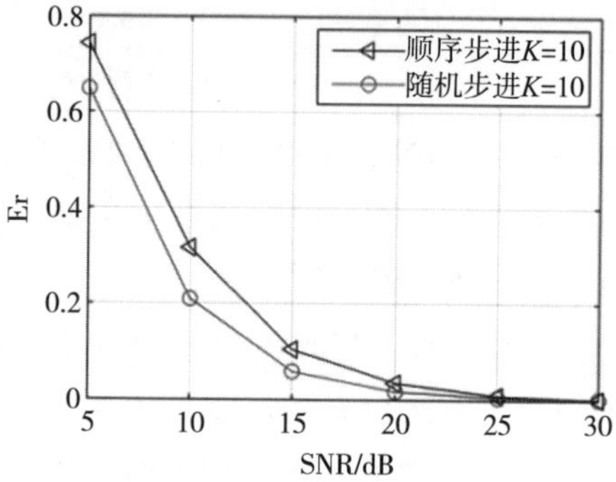

(b)稀疏度为10

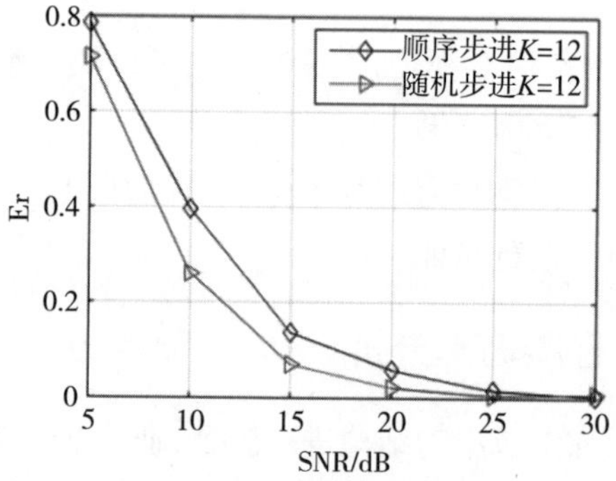

(c)稀疏度为12

图 2-5 子脉冲不同步进方式下的稀疏重构误差比较

为进一步验证上述结论,假设信噪比(SNR)为 15dB,设置如图 2-6(a)所示的距离、速度二维待重构结果(稀疏度为 8)。图 2-6(b)~(c)所示为载频顺序跳变以及载频随机跳变的步进频率信号稀疏重构结果。

从图 2-6 的二维重构结果可以看出,当载频顺序变化时,原始图像中出现了较多的虚假重构点,而当载频随机跳变时,虚假重构点明显小于载频顺序步进时的结果,因此具有更好的稀疏重构性能,从而进一步验证了上述结论的正确性。

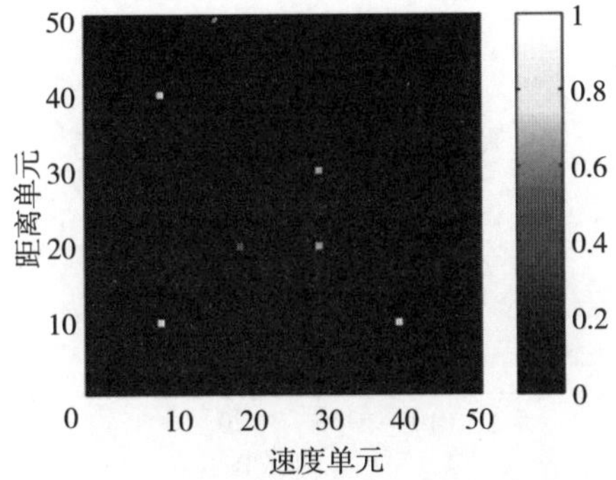

（a）二维待重构结果

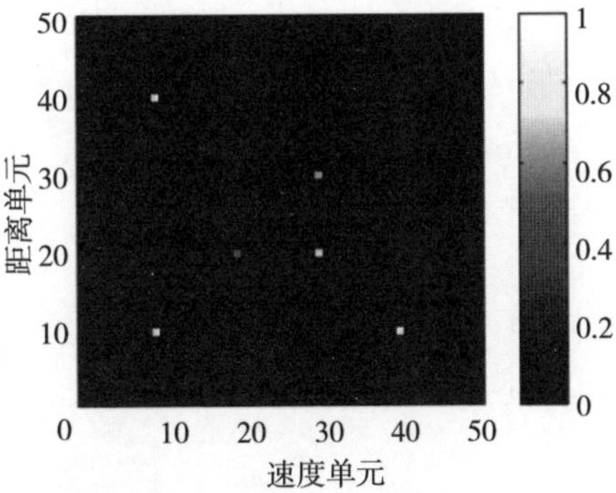

（b）LSF信号稀疏重构结果

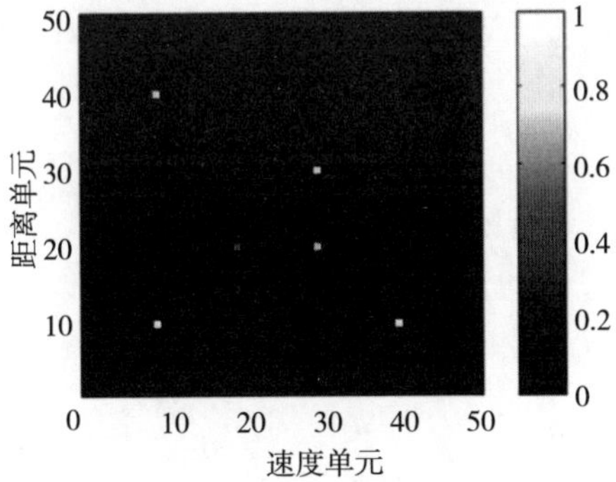

（c）RSF信号稀疏重构结果

图 2-6 稀疏重构结果对比

仿真 4 目标静止条件下的稀疏重构性能

本实验主要研究在目标静止条件下的稀疏重构性能。依据上述信号参数不变且选择子脉冲个数 $N = 50$，距离域离散点数设置为 60 且 $M=N$。图 2-7 所示为 LSF 信号与 RSF 信号在不同稀疏度条件下的稀疏重构误差蒙特卡罗仿真对比图，蒙特卡罗仿真次数为 500 次。

在图 2-7 中，两种信号在不同信噪比以及不同稀疏度条件下具有相同的稀疏重构误差。这与仿真 2 中 LSF 信号与 RSF 信号互相关系数相同的结论也保持一致。另外，随着稀疏度的增大，信号的稀疏重构误差逐渐变大，这与仿真 3 的结论相同。从上述仿真结果可以得出：对于目标静止条件下的稀疏重构模型，在子脉冲个数一定、合成带宽相同的情况下，LSF 信号与 RSF 信号具有相同的稀疏重构性能。

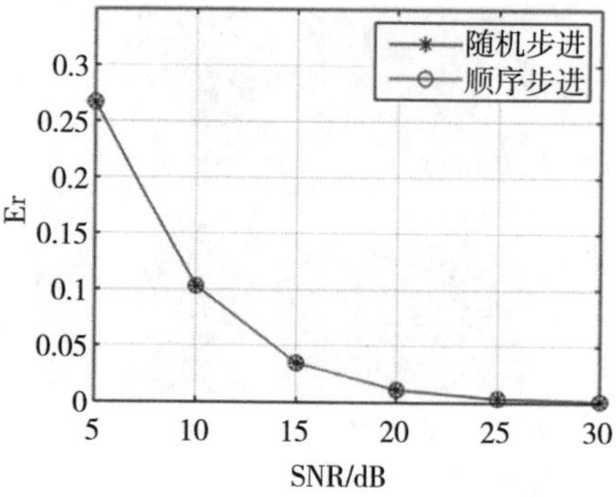

（a）稀疏度为5

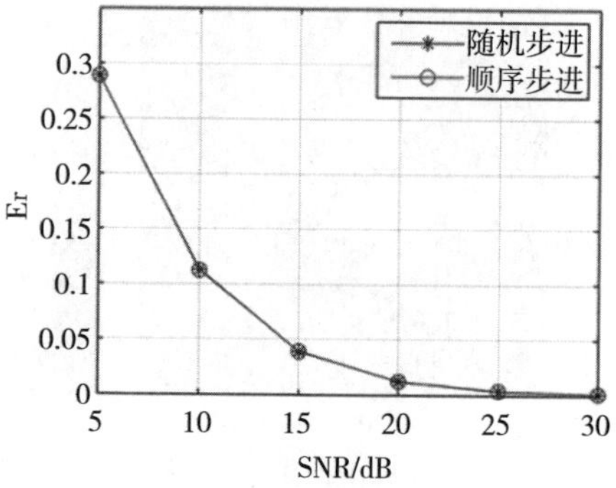

（b）稀疏度为15

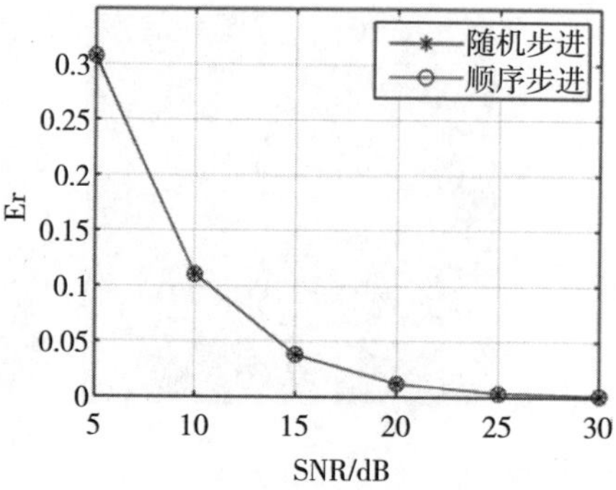

（c）稀疏度为25

图 2-7　稀疏重构误差比较

为进一步验证上述结论，假设信噪比为 15dB，设置图 2-8(a)所示的需重构距离像(稀疏度为 5)。图 2-8(b)～(c)所示分别为传统 LSF 信号以及 RSF 信号的稀疏重构结果。

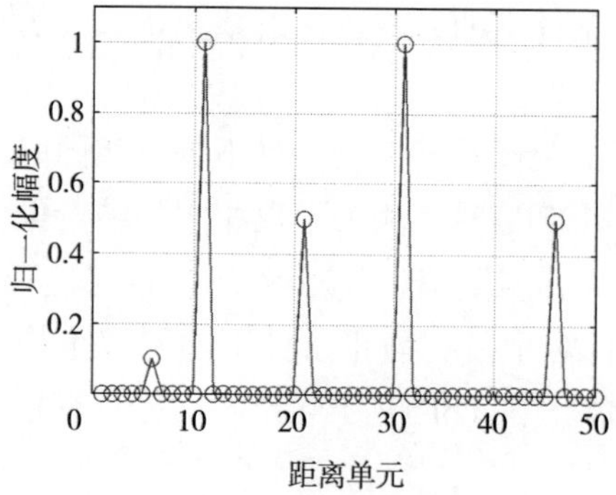

（a）正确距离像

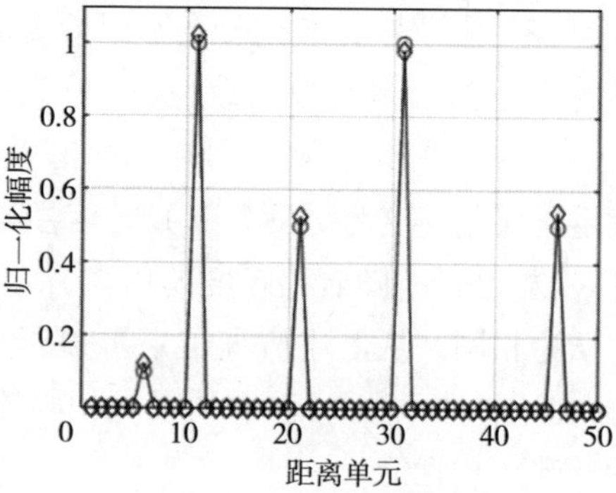

（b）LSF信号重构结果

图 2-8　一维重构仿真结果

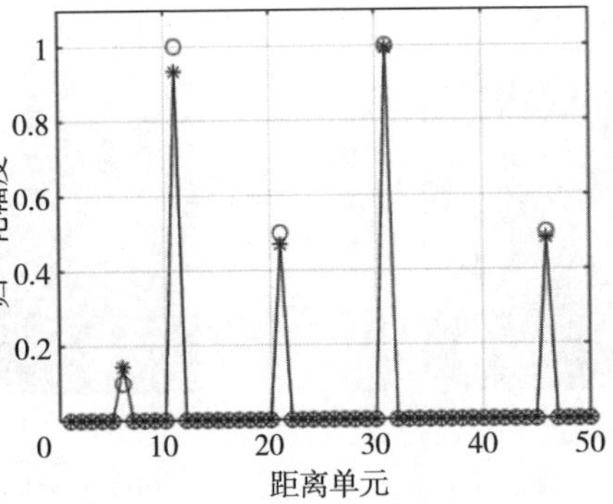

（c）RSF信号重构结果

图 2-8　一维重构仿真结果(续)

从图 2-8 的稀疏重构结果可以看出，两种子脉冲跳变规律不同的步进频率信号都可以得到较为精确的重构结果。

2）子脉冲个数对稀疏重构性能的影响

本实验主要分析子脉冲个数对稀疏重构性能的影响，同样的分别对目标存在运动和保持静止两种情况下步进频率信号稀疏重构性能进行仿真分析。

仿真 5　目标运动条件下的稀疏重构性能

假设参数设置条件不变，信噪比为 10dB，图 2-9 所示为相同合成带宽条件下，子脉冲个数分别为 100 和 150 时 LSF 信号的稀疏重构结果。图 2-10 所示为相同条件下 RSF 信号的稀疏重构结果。

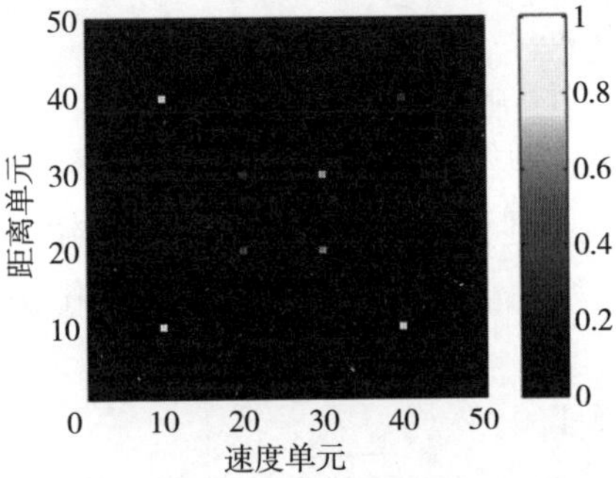

（a）N=100时二维重构结果

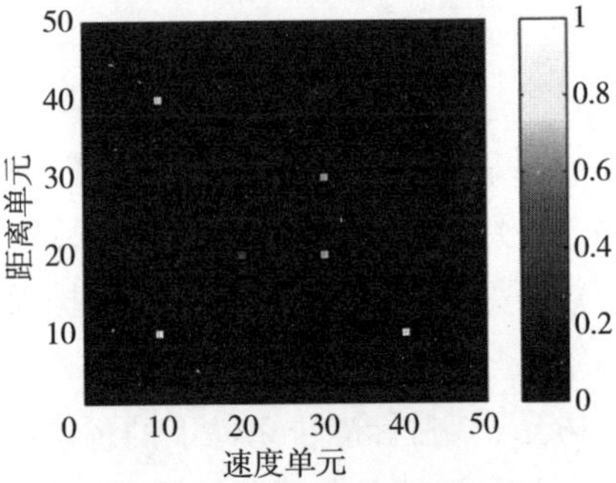

（b）N=150时二维重构结果

图 2-9　LSF 信号重构性能对比

从图 2-9 以及图 2-10 均可以看出：当子脉冲个数为 150 时，稀疏重构效果要好于子脉冲为 100 时的重构结果。这是由于在相同的合成带宽情况下，子脉冲个数越多，感知矩阵最大互相关系数越小（式（2-26）），因而稀疏重构效果越好。

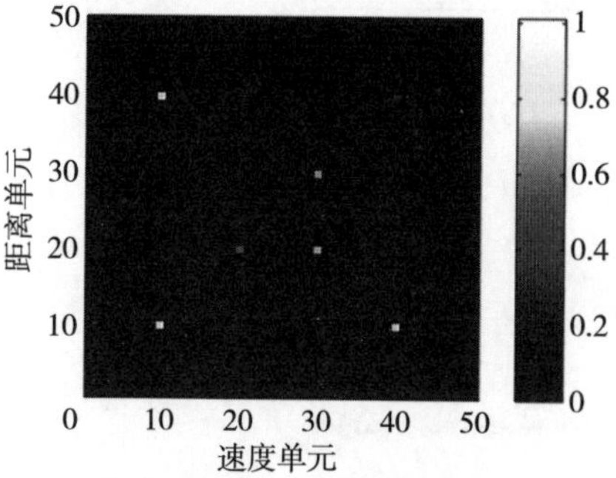

（a）N=100时二维重构结果

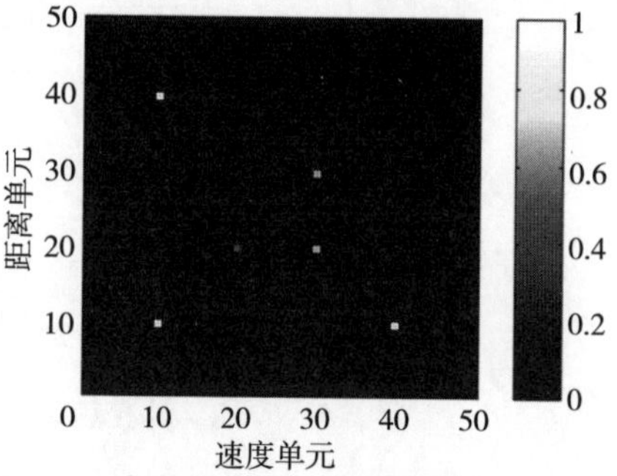

（b）N=150时二维重构结果

图 2-10 RSF 信号重构性能对比

假设条件不变,图 2-11 为稀疏度为 8 时,LSF 信号与 RSF 信号在不同的子脉冲个数条件下的稀疏重构性能对比,蒙特卡罗次数为 500 次。

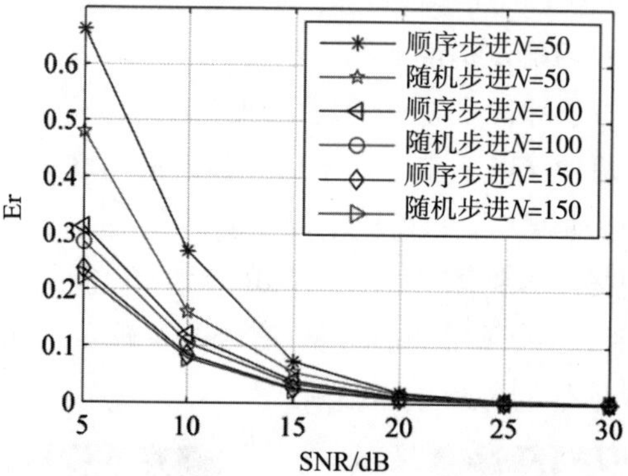

图 2-11 不同条件下重构性能对比示意图

从图 2-11 可以得出,对于上述两种载频步进规律不同的信号,子脉冲个数越多,信号的稀疏重构性能越好。另外,从上述仿真还可以看出,在相同的子脉冲个数条件下,随机步进信号的重构误差始终小于 LSF 信号的稀疏重构误差,这一结果与仿真 3 的结论相同。

仿真 6 目标静止条件下的稀疏重构性能

本节主要研究在目标静止条件下子脉冲个数对稀疏重构性能的影响。由于载频顺序跳变与载频随机跳变均具有相同的稀疏重构性能,因而此处利用 LSF 信号为例进行分析。基于上述参数,信噪比设置为 10dB,图 2-12(a)~(c)所示为具有相同合成带宽,不同子脉冲条件下信号的稀疏重构结果对比。

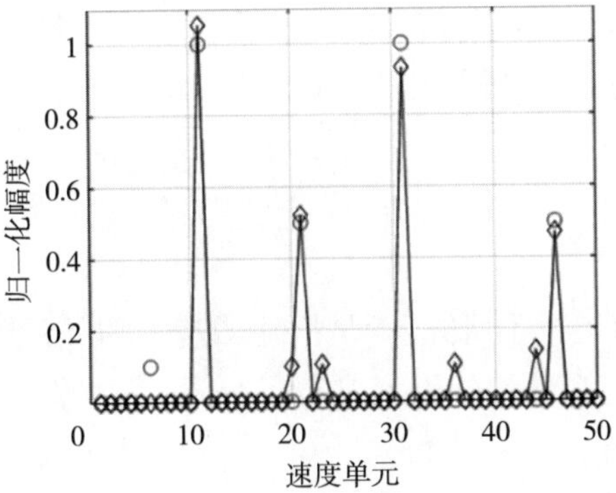

（a）N=50时的重构结果

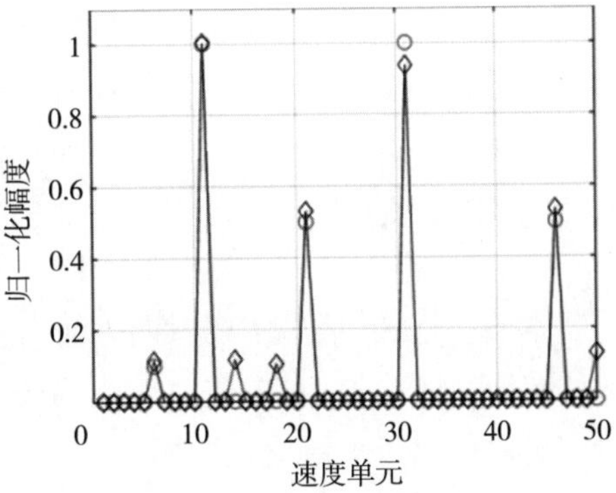

（b）N=100时的重构结果

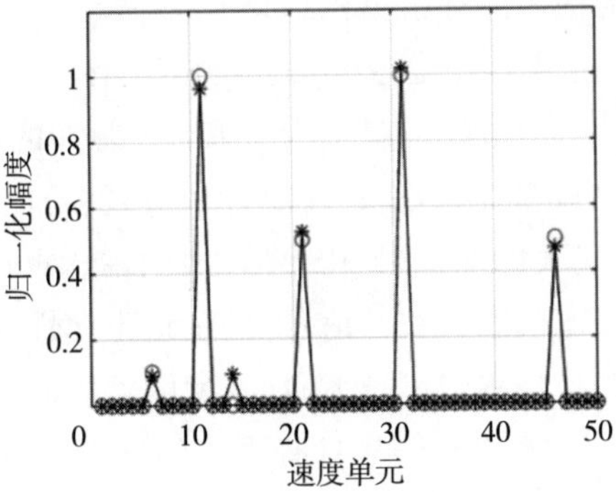

（c）N=150时的重构结果

图 2-12 不同子脉冲个数条件下重构性能对比

从图 2-12(a)~(c)可以看出,在相同的合成宽带条件下,随着子脉冲个数的增多,虚假重构点逐渐减少,重构误差越小。图 2-13 中不同信噪比条件下的仿真对比结果也验证了上述结论。假设条件不变,图 2-13 为稀疏度 K 为 5 时,在不同子脉冲个数条件下信号的稀疏重构误差比较。

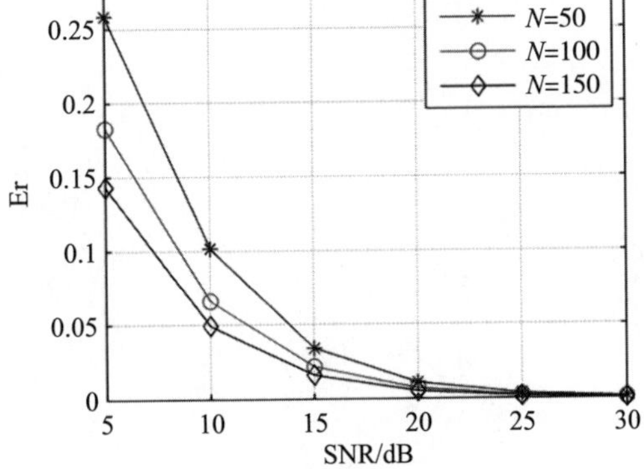

图 2-13 不同子脉冲个数条件下重构性能对比

从图 2-13 可以看出:在相同的信噪比条件下,信号的稀疏重构性能随着子脉冲个数的增多而逐渐变大,仿真结果与上述分析结论一致。

2.6 小 结

本节基于 SF 信号主要对两方面内容进行了研究:一是构建了基于 SF 信号的稀疏回波重构模型;二是对影响稀疏重构性能的因素进行了分析,从本节的研究可以得出以下结论。

(1)在目标运动的条件下,RSF 信号具有比传统 LSF 信号更好的稀疏重构性能,可以得到更为精确的稀疏重构结果。

(2)在目标静止(或者补偿完成)的条件下,RSF 信号与传统 LSF 信号具有相同的稀疏重构性能,信号的稀疏重构结果与子脉冲的载频步进方式无关。

(3)在相同的合成带宽条件下,子脉冲个数越多,也即相应的子脉冲带宽越小,步进频率信号(代表 LSF 信号、RSF 信号)的稀疏重构性能越好。

(4)两种信号(RSF 信号、LSF 信号)的稀疏重构性能均与稀疏度(即目标的非零元素个数)有关。当稀疏度越大时,两种信号的稀疏重构误差均相应增加。

在实际应用中,虽然 RSF 信号具有更好的抗干扰性能,但是当子脉冲个数越多时,信号持续时间将越长,占用的资源也就越多,这对于现代多功能相控阵雷达来说是不利的。另外,当子脉冲个数减少时,要得到相同合成带宽的信号就必须增大子脉冲信号的带宽,这将会减小信号不模糊距离窗的大小,可能导致距离像混叠。因此在有限的时间资源以及不发生模糊的情况下,即子脉冲个数一定时,如何提高信号的稀疏重构性能是值得进一步研究的问题。

参考文献

[1] MALLAT S, ZHANG Z. Matching pursuit with time-frequency dictionaries[J]. IEEE Trans. On Signal Processing, 1993, 41(12): 3397-3415.

[2] DONOHO D L. Compressed sensing[J]. IEEE Transactions on Information Theory, 2006, 52(4): 1289-1306.

[3] CANDÈS E J. Compressive sampling[C]// In: Proceedings of the International Congress of Mathematicians, 2006, 3: 1433-1452.

[4] WU X, ZHANG X, WANG X. Low bit-rate image compression via adaptive down-sampling and constrained least squares upconversion[J]. IEEE Transactions on Image Processing, 2009, 18(3): 552-561.

[5] CANDES E J, ROMBERG J, TAO T. Robust uncertainty principles: exact signal reconstruction from highly incomplete frequency information[J]. IEEE Transactions on Information Theory, 2006, 62(2): 489-609.

[6] MALLAT S G, ZHANG Z. Matching pursuits with time-frequency dictionaries[J]. IEEE Transactions on Signal Processing, 1993, 41(12): 3397-3415.

[7] TROPP J A, GILBERT A C. Signal recovery from random measurements via orthogonal matching pursuit[J]. IEEE Transactions on Information Theory, 2007, 53(12): 4655-4666.

[8] DONOHO D L, TANNER J. Sparse nonnegative solution of underdetermined linear equations by linear programming[J]. In Proceedings of the National Academy of Sciences of the United States of America, 2005, 102(27): 9446-9451.

[9] DONOHO D L, MICHAEL E, VLADIMIR N. Temlyakov. Stable recovery of sparse overcomplete representations in the presence of noise[J]. IEEE Transactions on Information Theory, 2006, 52(1): 6-18.

[10] HUANG B, LI G, LI S, et al. Alternating optimization of sensing matrix and sparsifying dictionary for compressed sensing[J]. IEEE Transactions on Signal Processing, 2015, 63(6): 1581-1594.

[11] CANDES E M, WAKIN M. An introduction to compressive sampling[J]. IEEE Signal Processing, 2008, 25(2): 21-30.

[12] ELAD M. Optimized projections for compressed sensing[J]. IEEE Transactions on Signal Processing, 2007, 55(12): 5695-5702.

[13] ABOLGHASEMI V, FERDOWSI S, SANEI S. A gradient-based alternating minimization approach for optimization of the measurement matrix in compressive sensing[J]. Signal Processing, 2012, 92(4): 999-1009.

[14] 王彩云, 徐静. 改进的压缩感知量测矩阵优化方法[J]. 系统工程与电子技术, 2015, 37(4): 752-756.

[15] THONG T D, LU G, NAM H N, et al. Fast and efficient compressive sensing using structurally random matrices[J]. IEEE Transactions on Signal Processing, 2012, 60(1): 139-154.

[16] DUARTE-CARVAJALINO J M, SAPIRO G. Learning to sense sparse signals: simultaneous sensing matrix and sparsifying dictionary optimization[J]. IEEE Transactions on Inage Processing, 2009, 18(7): 1395-1408.

[17] YAO Y, ATHINA P P, VINCENT P H. CSSF MIMO RADAR: Compressive-sensing and step-frequency based MIMO radar[J]. IEEE Transactions on Aerospace and Electronic Systems, 2012, 48(2): 1490-1504.

第三章　随机步进频率波形设计

3.1 引　言

在子脉冲个数一定,合成带宽相同的情况下,随机步进频率信号(RSF)具有比传统 LSF 信号更好的稀疏重构性能。而在实际中由于受雷达多模工作方式、外界环境等因素的影响,常会导致 RSF 波形部分频率点(距离向子脉冲)以及孔径(方位向脉组)缺失或者直接没有发射。这种波形的稀疏将会对雷达的目标检测及信息获取能力造成不利影响。本节中将这种子脉冲稀疏的 RSF 信号统称为稀疏随机步进频率信号(Sparse Random Stepped Frequency,SRSF)。虽然通过稀疏重构理论,仍然可以实现精确重构,但是不同的子脉冲稀疏情况将会影响最终的稀疏重构性能,因此对稀疏步进频率波形进行设计,对于提升波形性能具有重要作用。

目前,已有多种基于凸优化理论的稀疏波形设计方法。其中,传统基于感知矩阵设计的稀疏波形设计方法存在运算量大、硬件要求高等缺点。为此,本章在分析 SRSF 信号模糊函数的基础上,首先证明了感知矩阵互相关系数矩阵为对称 Toeplitz 矩阵。然后推导了稀疏信号模糊函数矩阵与感知矩阵对应的互相关系数矩阵之间的联系,得出两者具有一一对应关系的结论。基于此,将基于感知矩阵互相关系数的 SRSF 信号设计问题转化为信号模糊函数的设计问题。最后给出一种基于模糊函数的 SRSF 信号波形设计方法,通过利用模糊函数峰值旁瓣与均值旁瓣两个指标对 SRSF 信号进行设计,从而提高波形的稀疏重构性能,实现了 SRSF 信号的优化设计。

3.2 SRSF 信号模型

对于多功能雷达系统,通常处于宽窄带交替工作状态,在工作时间内,不仅需要完成对目标的窄带检测、跟踪等多种功能,还需实现对目标的宽带成像识别等操作。此外,外界的电磁环境、人为干扰等也会导致部分频率区域不可用的现象。这些因素将会造成 RSF 信号不可能全部发射或者部分子脉冲缺失。如图 3.1 所示为 SRSF 信号的发射波形示意图,图中横线代表发射的子脉冲信号(单载频信号或者 LFM 信号等),虚线表示未发射或者缺失的子脉冲信号。

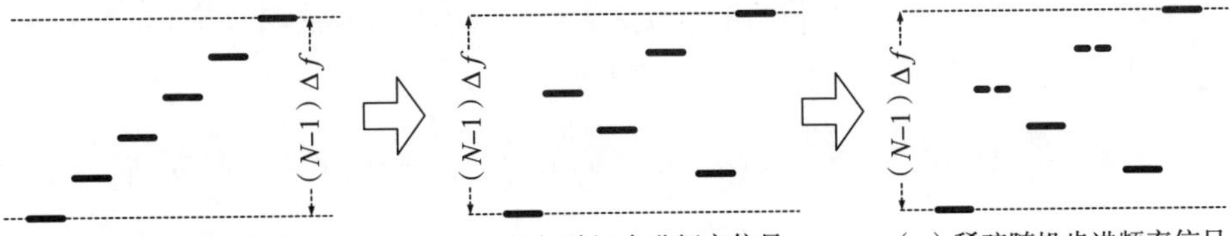

（a）顺序步进频率信号　（b）随机步进频率信号　（c）稀疏随机步进频率信号

图 3-1　SRSF 信号示意图

SRSF 信号的表达式同样可以写为

$$S(t)=\frac{1}{\sqrt{N}}\sum_{n=0}^{N-1}\mu_1(t-nT_r)\exp(\mathrm{j}2\pi f_n t) \tag{3-1}$$

相比于 RSF 信号,SRSF 信号只随机发射 N 个子脉冲中的 M（$M\leqslant N$）个,从而导致信号在频率上的稀疏。此时对于信号的第 n 个子脉冲,其载频步进 f_n 可以表示为

$$f_n=f_c+\Gamma_n\Delta f \tag{3-2}$$

式中:$\Gamma_n\in[0,N-1]$ 且跳变序列 Γ_n 中非零元素个数为 M 个。

同样,用矩阵 $\boldsymbol{D}$ 表示信号随机稀疏的规律,则稀疏过程可以表示为

$$\boldsymbol{\Gamma}_{N\times1}=\boldsymbol{D}_{N\times N}\boldsymbol{K}_{N\times1} \tag{3-3}$$

式中:$\boldsymbol{K}_{N\times1}$ 表示 RSF 信号随机发射序列;稀疏矩阵 $\boldsymbol{D}_{N\times N}$ 为单位对角矩阵形式,其中对角线上第 n 个元素为 0 代表距离向第 n 个子脉冲缺失。

为便于后面分析,此处定义 RSF 信号的欠采样率为

$$\alpha=100\frac{M}{N}\% \tag{3-4}$$

式中:$M(M\leqslant N)$ 表示发射的子脉冲个数。当 M 越大,即欠采样率越大,说明利用的子脉冲个数越多。

3.3　SRSF 信号模糊函数

在第一章中,我们就用模糊函数分析过步进频率波形的特性,此处再次利用模糊函数来 SRSF 信号进行分析。模糊函数的计算公式可以写为

$$\boldsymbol{A}(\tau,\nu)=\int_{-\infty}^{\infty}S(t)S^*(t-\tau)\exp(\mathrm{j}2\pi\nu t)\,\mathrm{d}t \tag{3-5}$$

式中:τ 表示时延;ν 表示多普勒。

将式(3-1)代入式(3-5)中得到SRSF信号的模糊函数为

$$\boldsymbol{A}'(\tau,\zeta)=\frac{1}{N}\int_{-\infty}^{\infty}\sum_{n=0}^{N-1}\sum_{m=0}^{N-1}\mu_1(t-nT_{\mathrm{r}})\mu_1^*(t-mT_{\mathrm{r}}-\tau)$$
$$\cdot\exp[\mathrm{j}2\pi f_n t]\exp[-\mathrm{j}2\pi f_m(t-\tau)]\exp(\mathrm{j}2\pi\nu t)\mathrm{d}t \quad (3-6)$$

令 $t'=t-nT_{\mathrm{r}}$，式(3-6)可以转化为

$$\boldsymbol{A}'(\tau,\zeta)=\frac{1}{N}\sum_{n=0}^{N-1}\sum_{m=0}^{N-1}\exp(-\mathrm{j}2\pi f_m\tau)\exp\{\mathrm{j}2\pi[\zeta-(f_m-f_n)]nT_{\mathrm{r}}\}$$
$$\cdot\boldsymbol{A}_{\mu_1}[\tau-(m-n)T_{\mathrm{r}},\nu-(f_m-f_n)] \quad (3-7)$$

式中：$\boldsymbol{A}_{\mu_1}(\tau_{\mathrm{r}},\nu)$ 表示子脉冲复包络的模糊函数。

对于信号的复包络 $\mu_1(t)$，当子脉冲为单载频形式时相应的复包络模糊函数可以表示为

$$\boldsymbol{A}_{\mu_1}(\tau,\nu)=\begin{cases}\left(1-\left|\dfrac{\tau}{T}\right|\right)\exp[\mathrm{j}\pi\nu(T-\tau)], & |\tau|\leqslant T\\ 0, & 其他\end{cases} \quad (3-8)$$

当子脉冲为线性调频形式时，即 $\mu_1(t)=\mathrm{rect}(t/T)\exp(\mathrm{j}\pi Kt^2)$，此时复包络的模糊函数为

$$\boldsymbol{A}_{\mu_1}(\tau,\xi)=\begin{cases}\exp\{\mathrm{j}\pi[(\nu-K\tau)(T-\tau)-K\tau^2]\}\\ \dfrac{\sin[\pi(\nu-K\tau)(T-|\tau|)]}{\cdot\pi(\nu-K\tau)(T-|\tau|)}\left(1-\left|\dfrac{\tau}{T}\right|\right), & \tau\leqslant T\\ 0, & 其他\end{cases} \quad (3-9)$$

一般情况下 $T_{\mathrm{r}}\gg 2T$，且由于 $|\tau|>T$ 时，$\chi_{\mu_1}(\tau,\nu)=0$。因此，$\chi'(\tau,\nu)$ 在时延速度平面呈现多个互不重叠且距离为 T_{r} 的模糊条带。而实际中，在雷达不模糊范围内，模糊函数的中心条带即可反映信号的全部性能。因此，当 $m=n$ 时，即可得到RSF信号的中心条带模糊函数为

$$\boldsymbol{A}'(\tau,\nu)=\boldsymbol{A}_{\mu_1}(\tau,\nu)\boldsymbol{A}'(\tau,\nu) \quad (3-10)$$

式中

$$\boldsymbol{A}(\tau,\nu)=\frac{1}{N}\sum_{n=0}^{N-1}\exp(-\mathrm{j}2\pi f_n\tau)\exp(\mathrm{j}2\pi\nu nT_{\mathrm{r}}) \quad (3-11)$$

对于式(3-10)中的RSF信号模糊函数，$\boldsymbol{A}'(\tau,\nu)$ 可以看作为 $\boldsymbol{A}_{\mu_1}(\tau,\nu)$ 对 $\boldsymbol{A}(\tau,\nu)$ 加权的结果。其中，$\boldsymbol{A}_{\mu_1}(\tau,\nu)$ 为子脉冲复包络的模糊函数，与信号的频率步进规律 f_n 以及子脉冲个数 M 无关；$\boldsymbol{A}(\tau,\nu)$ 为脉冲间频率步进的模糊函数，呈现对称分布的特征，与子脉冲频率的步进规律 f_n 以及子脉冲个数 M 有关。假设RSF信号 $\Delta fT=1$，$T_{\mathrm{r}}=10T$，子脉冲个数 $N=50$，对于SRSF信号，假设只随机发射 $M=40$ 个子脉冲，图3-2所示为RSF信号以及SRSF信号的模糊函数示

意图。

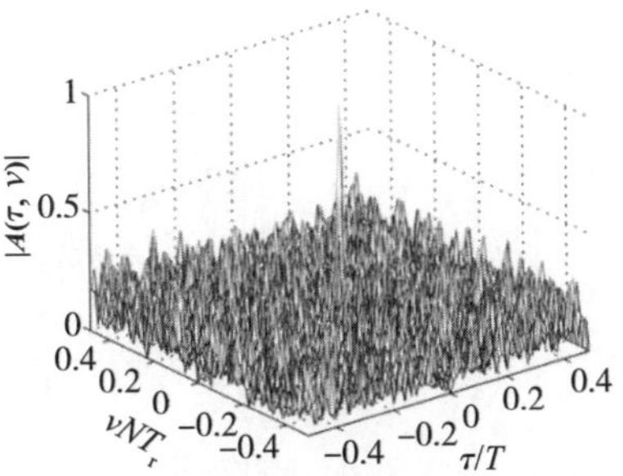

（a）RSF信号

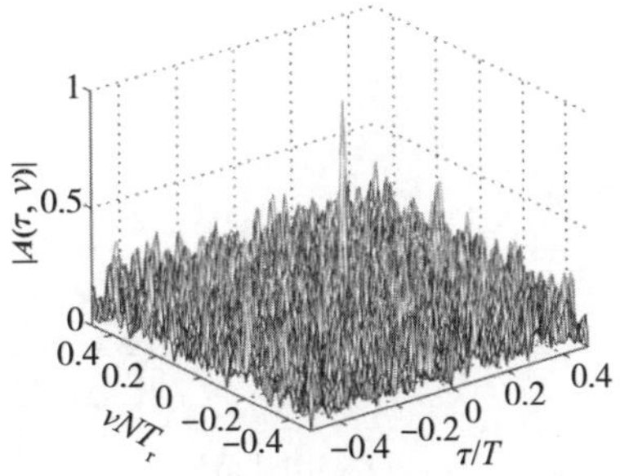

（b）SRSF信号

图 3-2 两种信号的模糊函数示意图

从图 3-2 可以看出，RSF 信号与 SRSF 信号在时延和速度平面呈现“图钉”状，因此在距离、速度域是解耦的。而与 RSF 信号相比，SRSF 信号旁瓣水平明显较高。

当 $\nu=0$ 时，可得到 SRSF 信号距离模糊函数为

$$|\boldsymbol{A}'(\tau,0)|=\boldsymbol{A}_{\mu_1}(\tau,0)\boldsymbol{A}(\tau,0)=|\chi_{\mu_1}(\tau,0)|\left|\sum_{n=0}^{N-1}\exp(-\mathrm{j}2\pi\Gamma_n\Delta f\tau)\right| \tag{3-12}$$

通过对缺失频点补充后，式(3-12)可最终化简为

$$|\boldsymbol{A}'(\tau,0)|=|\boldsymbol{A}_{\mu_1}(\tau,0)|\left|\frac{\sin(-\pi N\Delta f\tau)}{\sin(-\pi\Delta f\tau)}\right|+\xi \tag{3-13}$$

式中：ξ 为因频点缺失而引入的起伏噪声。

从式(3-13)可以看出，SRSF 信号距离模糊函数主要由子脉冲与脉间步进两部分组成，由于子脉冲的距离分辨率远小于合成带宽的分辨率，因此 $|\chi_{\mu_1}[\tau,0]|$ 对主瓣宽度的影响可以忽略，此时 SRSF 信号的距离分辨率同样为 $c/2N\Delta f$。在图 3-2 的参数条件下，其对应的距离模糊图如图 3-3 所示。可以看出，SRSF 信号的距离模糊函数旁瓣水平明显高于 RSF 信号，这是由于子脉冲缺失而引起的。

通过上面分析，SRSF 信号模糊函数具有以下特征。

(1)SRSF 信号的模糊函数呈现“图钉”形，在距离、速度维是解耦的，不存在距离、速度耦合现象，同时具有距离、速度维的高分辨能力。

(2)SRSF 信号由于受子脉冲稀疏的影响，不论是一维距离模糊函数还是二维模糊函数，均存在较高的旁瓣。

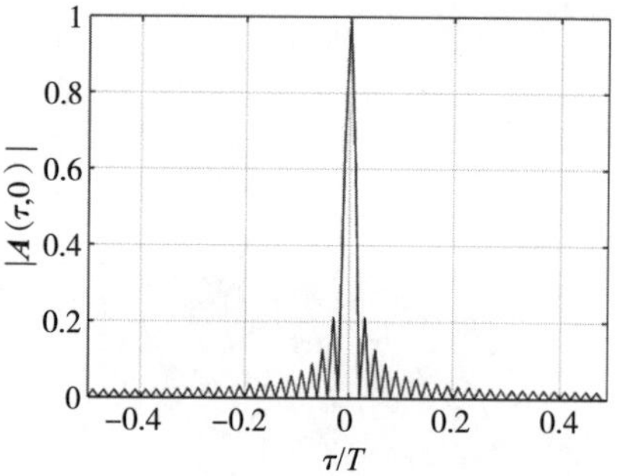

（a）RSF信号

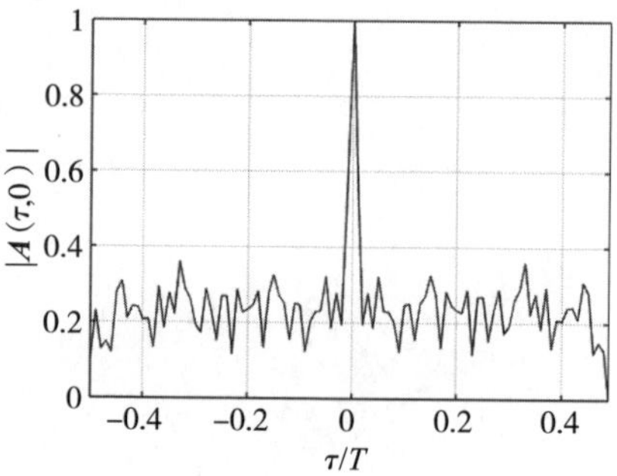

（b）SRSF信号

图 3-3　两种信号距离模糊函数示意图

3.4　感知矩阵互相关性与模糊函数的关系

在第二章中，我们构建 RSF 信号稀疏重构模型时仅考虑了子脉冲采样后的数字信号。因此在分析 SRSF 信号模糊函数时忽略了子脉冲包络对模糊函数的影响，此时发射的 SRSF 信号可以简化为

$$S(t)=\frac{1}{\sqrt{N}}\sum_{n=0}^{N-1}\exp(\mathrm{j}2\pi f_n t) \tag{3-14}$$

将式(3-14)带入式(3-5)并将式(3-10)简化为

$$\boldsymbol{A}(\tau,\nu)=\frac{1}{N}\sum_{n=0}^{N-1}\exp(-\mathrm{j}2\pi f_n\tau)\exp(\mathrm{j}2\pi\nu nT_{\mathrm{r}}) \tag{3-15}$$

假设在一个脉冲周期内，距离域、多普勒域的离散采样点数分别为 P 、Q 。此时式(3-15)可以转化为

$$\boldsymbol{A}(\tau_p,\nu_q)=\frac{1}{N}\sum_{n=0}^{N-1}\exp(-\mathrm{j}2\pi f_n p\Delta\tau)\exp(\mathrm{j}2\pi q\Delta\nu nT_{\mathrm{r}}) \tag{3-16}$$

式中：$\Delta\tau$ 与 $\Delta\nu$ 分别为时延、多普勒域离散采样间隔。

根据时延、多普勒域与距离、速度的关系，式(3-16)可以等效为

$$\boldsymbol{A}(\tau_p,\zeta_q)=\frac{1}{N}\sum_{n=0}^{N-1}\exp(-\mathrm{j}4\pi f_n p\Delta r/c)\exp(\mathrm{j}4\pi f_n q\Delta\nu nT_{\mathrm{r}}/c) \tag{3-17}$$

式中：Δr 与 $\Delta\nu$ 分别为距离、速度域离散采样间隔。当 $p=q=0$ 时，$\boldsymbol{A}(\tau_p,\nu_q)$ 取最大值，也即模糊函数的峰值位置，当 p 、q 不等于 0 时，$\boldsymbol{A}(\tau_p,\nu_q)$ 表示模糊函数的旁瓣。

依据式(3-13)，当速度为零时，即模糊函数的零速度切面可以表示为

$$|\boldsymbol{A}(\tau_p,0)|=\left|\frac{1}{N}\sum_{n=0}^{N-1}\exp(-\mathrm{j}4\pi f_n p\Delta r/c)\right| \tag{3-18}$$

模糊函数表征了信号在距离域和多普勒域(速度域)的分辨能力。与模糊函数方法不同的是,基于压缩感知理论的稀疏重构模型,感知矩阵 $\boldsymbol{\Theta}$ 最大互相关系数 $\mu_{\max}$ 表征了稀疏重构性能的优劣。由于目标运动以及静止条件下的稀疏重构模型所对应的感知矩阵 $\boldsymbol{\Theta}$ 存在不同的特征,因此对于这两种情况下感知矩阵互相关性与模糊函数的关系需分别进行分析。

3.4.1 运动条件下感知矩阵互相关性与模糊函数的关系

从第二章分析可知,感知矩阵 $\boldsymbol{\Theta}$ 的最大互相关系数也可表示为感知矩阵所对应的 Gram 矩阵 $\boldsymbol{G}$ 中非对角线上元素的最大值。此时运动条件下稀疏重构模型对应的 Gram 矩阵 $\boldsymbol{G}$ 展开形式可以表示为

$$\boldsymbol{G} = |\hat{\boldsymbol{\Theta}}^{\mathrm{H}}\hat{\boldsymbol{\Theta}}| = \begin{bmatrix} |\langle \hat{\boldsymbol{\Theta}}_1,\hat{\boldsymbol{\Theta}}_1\rangle| & \cdots & |\langle \hat{\boldsymbol{\Theta}}_1,\hat{\boldsymbol{\Theta}}_l\rangle| & \cdots & |\langle \hat{\boldsymbol{\Theta}}_1,\hat{\boldsymbol{\Theta}}_{PQ}\rangle| \\ \vdots & & \vdots & & \vdots \\ |\langle \hat{\boldsymbol{\Theta}}_h,\hat{\boldsymbol{\Theta}}_1\rangle| & & |\langle \hat{\boldsymbol{\Theta}}_h,\hat{\boldsymbol{\Theta}}_l\rangle| & \cdots & |\langle \hat{\boldsymbol{\Theta}}_h,\hat{\boldsymbol{\Theta}}_{PQ}\rangle| \\ \vdots & & \vdots & & \vdots \\ |\langle \hat{\boldsymbol{\Theta}}_{PQ},\hat{\boldsymbol{\Theta}}_1\rangle| & \cdots & |\langle \hat{\boldsymbol{\Theta}}_{PQ},\hat{\boldsymbol{\Theta}}_l\rangle| & \cdots & |\langle \hat{\boldsymbol{\Theta}}_{PQ},\hat{\boldsymbol{\Theta}}_{PQ}\rangle| \end{bmatrix} = \begin{bmatrix} \boldsymbol{G}_{1,1} & \cdots & \boldsymbol{G}_{1,j} & \cdots & \boldsymbol{G}_{1,P} \\ \vdots & & \vdots & & \vdots \\ \boldsymbol{G}_{i,1} & \cdots & \boldsymbol{G}_{i,j} & \cdots & \boldsymbol{G}_{i,P} \\ \vdots & & \vdots & & \vdots \\ \boldsymbol{G}_{P,1} & \cdots & \boldsymbol{G}_{P,j} & \cdots & \boldsymbol{G}_{P,P} \end{bmatrix} \tag{3-19}$$

式中:$\boldsymbol{G}$ 中的元素 $\boldsymbol{G}_{i,j}, 1 \leqslant i,j \leqslant P$ 为 $Q \times Q$ 维矩阵,$\boldsymbol{G}_{i,j}$ 可以表示为

$$\boldsymbol{G}_{i,j} = \begin{bmatrix} \mu_{i,j}(1,1) & \cdots & \mu_{i,j}(1,jj) & \cdots & \mu_{i,j}(1,Q) \\ \vdots & & \vdots & & \vdots \\ \mu_{i,j}(ii,1) & \cdots & \mu_{i,j}(ii,jj) & \cdots & \mu_{i,j}(ii,Q) \\ \vdots & & \vdots & & \vdots \\ \mu_{i,j}(Q,1) & \cdots & \mu_{i,j}(Q,jj) & \cdots & \mu_{i,j}(Q,Q) \end{bmatrix} \tag{3-20}$$

式中:$\mu_{i,j}(ii,jj)$ 可以表示为

$$\begin{aligned} \mu_{i,j}(ii,jj) &= |\langle \hat{\boldsymbol{\Theta}}_{(i-1)Q+ii}, \hat{\boldsymbol{\Theta}}_{(j-1)Q+jj}\rangle| \\ &= \left|\frac{1}{N}\sum_{n=0}^{N-1}\exp\left[\mathrm{j}4\pi f_n \frac{i\Delta r}{c}\right]\exp\left[-\mathrm{j}4\pi f_n \frac{j\Delta r}{c}\right]\right. \\ &\quad \left.\exp\left[\mathrm{j}4\pi f_n \frac{nT_{\mathrm{r}} ii\Delta\nu}{c}\right]\exp\left[-\mathrm{j}4\pi f_n \frac{nT_{\mathrm{r}} jj\Delta\nu}{c}\right]\right| \\ &= \frac{1}{N}\left|\sum_{n=0}^{N-1}\exp\{\mathrm{j}4\pi f_n(i-j)\Delta r/c\}\exp\{-\mathrm{j}4\pi f_n nT_{\mathrm{r}}(ii-jj)\Delta\nu/c\}\right| \end{aligned} \tag{3-21}$$

式中：$1 \leqslant ii;jj \leqslant Q$。

由式(3-19)、式(3-21)可知，感知矩阵 $\boldsymbol{G}$ 具有较大的维度，这无疑提高了感知矩阵设计的复杂度。但是，从式(3-19)可以看出，矩阵 $\boldsymbol{G}$ 具有明显的结构特征。为研究 Gram 矩阵 $\boldsymbol{G}$ 的结构特征，首先给出关于 Toeplitz 矩阵的定义以及相关性质。

定义：若矩阵 $\boldsymbol{G}$ 中任何一条对角线上的元素均相同，则矩阵 $\boldsymbol{G}$ 可以称为 Toeplitz 矩阵。

由此可以得出 Toeplitz 矩阵相关性质，总结如下。

性质 1：若 Toeplitz 矩阵 $\boldsymbol{G}$ 中元素 $\boldsymbol{G}_{i,j}=\boldsymbol{G}_{|i-j|}$，则矩阵 $\boldsymbol{G}$ 称为对称 Toeplitz 矩阵。

性质 2：Toeplitz 矩阵的线性组合仍然为 Toeplitz 矩阵。

性质 3：对称 Toeplitz 矩阵仅由其第一行元素即可完全描述。

结合上述 Toeplitz 矩阵定义以及相关性质，实际上感知矩阵 $\boldsymbol{G}$ 为对称 Toeplitz 矩阵，下面给出证明。

证明：结合式(3-21)可以将 $\boldsymbol{G}$ 中任意选定的 $\boldsymbol{G}_{i,j}$ 写成如下矩阵形式：

$$\boldsymbol{G}_{i,j}=\frac{1}{N}\begin{bmatrix} \left|\sum_{n=0}^{N-1}A(i-j,n)B(0,n)\right| & \cdots & \left|\sum_{n=0}^{N-1}A(i-j,n)B(q,n)\right| & \cdots & \left|\sum_{n=0}^{N-1}A(i-j,n)B(Q-1,n)\right| \\ \vdots & & \vdots & & \vdots \\ \left|\sum_{n=0}^{N-1}A(i-j,n)B(-q,n)\right| & \cdots & \left|\sum_{n=0}^{N-1}A(i-j,n)B(0,n)\right| & \cdots & \left|\sum_{n=0}^{N-1}A(i-j,n)B(q,n)\right| \\ \vdots & & \vdots & & \vdots \\ \left|\sum_{n=0}^{N-1}A(i-j,n)B(-Q+1,n)\right| & \cdots & \left|\sum_{n=0}^{N-1}A(i-j,n)B(-q,n)\right| & \cdots & \left|\sum_{n=0}^{N-1}A(i-j,n)B(0,n)\right| \end{bmatrix} \tag{3-22}$$

式中：$A(i-j,n)=\exp\{\mathrm{j}4\pi f_n(i-j)\Delta R/c\}$；$B(q,n)=\exp\{-\mathrm{j}4\pi f_n nT_{\mathrm{r}}(q-1)\Delta\nu/c\}$。

从式(3-22)可以看出，$\boldsymbol{G}$ 中每个选定的 $\boldsymbol{G}_{i,j}$ 其任意对角线上的元素均相同且具有对称结构，即 $\boldsymbol{G}_{i,j}$ 可以表示为

$$\boldsymbol{G}_{i,j}=\frac{1}{N}\begin{bmatrix} \left|\sum_{n=0}^{N-1}A(i-j,n)B(0,n)\right| & \cdots & \left|\sum_{n=0}^{N-1}A(i-j,n)B(q,n)\right| & \cdots & \left|\sum_{n=0}^{N-1}A(i-j,n)B(Q-1,n)\right| \\ \vdots & & \vdots & & \vdots \\ \left|\sum_{n=0}^{N-1}A(i-j,n)B(-q,n)\right| & \cdots & \left|\sum_{n=0}^{N-1}A(i-j,n)B(0,n)\right| & \cdots & \left|\sum_{n=0}^{N-1}A(i-j,n)B(q,n)\right| \\ \vdots & & \vdots & & \vdots \\ \left|\sum_{n=0}^{N-1}A(i-j,n)B(-Q+1,n)\right| & \cdots & \left|\sum_{n=0}^{N-1}A(i-j,n)B(-q,n)\right| & \cdots & \left|\sum_{n=0}^{N-1}A(i-j,n)B(0,n)\right| \end{bmatrix}$$

$$= \begin{bmatrix} g_{0,0}(i,j) & \cdots & g_{q,0}(i,j) & \cdots & g_{Q,0}(i,j) \\ \vdots & & \vdots & & \vdots \\ g_{0,q'}(i,j) & \cdots & g_{q,q'}(i,j) & \cdots & g_{Q,q'}(i,j) \\ \vdots & & \vdots & & \vdots \\ g_{0,Q(i,j)} & \cdots & g_{q,Q}(i,j) & \cdots & g_{Q,Q}(i,j) \end{bmatrix} = [g_{|q-q'|}(i,j)]_{q,q'=0}^{Q} \quad (3-23)$$

式中：$0 \leqslant q;q' \leqslant Q$。

根据式(3-23)并结合性质 1 可知，$\boldsymbol{G}_{i,j}$ 为对称 Toeplitz 矩阵。此时 Gram 矩阵 $\boldsymbol{G}$ 可以表示为

$$\boldsymbol{G} = \begin{bmatrix} \boldsymbol{G}_{1,1} & \cdots & \boldsymbol{G}_{1,j} & \cdots & \boldsymbol{G}_{1,P} \\ \vdots & & \vdots & & \vdots \\ \boldsymbol{G}_{i,1} & \cdots & \boldsymbol{G}_{i,j} & \cdots & \boldsymbol{G}_{i,P} \\ \vdots & & \vdots & & \vdots \\ \boldsymbol{G}_{P,1} & \cdots & \boldsymbol{G}_{P,j} & \cdots & \boldsymbol{G}_{P,P} \end{bmatrix}$$

$$= \begin{bmatrix} [g_{|q-q'|}(1,1)]_{q,q'=0}^{Q} & \cdots & [g_{|q-q'|}(1,j)]_{q,q'=0}^{Q} & \cdots & [g_{|q-q'|}(1,P)]_{q,q'=0}^{Q} \\ \vdots & & \vdots & & \vdots \\ [g_{|q-q'|}(i,1)]_{q,q'=0}^{Q} & \cdots & [g_{|q-q'|}(i,j)]_{q,q'=0}^{Q} & \cdots & [g_{|q-q'|}(i,P)]_{q,q'=0}^{Q} \\ \vdots & & \vdots & & \vdots \\ [g_{|q-q'|}(P,1)]_{q,q'=0}^{Q} & \cdots & [g_{|q-q'|}(P,j)]_{q,q'=0}^{Q} & \cdots & [g_{|q-q'|}(P,P)]_{q,q'=0}^{Q} \end{bmatrix} \quad (3-24)$$

从式(3-24)可以看出，Gram 矩阵 $\boldsymbol{G}$ 由 P^2 个对称 Toeplitz 矩阵构成。结合性质 2 可知 Gram 矩阵 $\boldsymbol{G}$ 为 Toeplitz 矩阵。

在式(3-24)中，由于矩阵 $\boldsymbol{G}$ 中元素满足对称关系，即可以表示为

$$[g_{|q-q'|}(i,j)]_{q,q'=0}^{Q} = [g_{|q-q'|}(j,i)]_{q,q'=0}^{Q} \quad (3-25)$$

结合性质 1 可知矩阵 $\boldsymbol{G}$ 为对称 Toeplitz 矩阵。

至此，上述结论得证。

此时，由 Toeplitz 矩阵性质 3 可知 Gram 矩阵 $\boldsymbol{G}$ 中第一行元素即可以完全描述整个矩阵的性能。Gram 矩阵 $\boldsymbol{G}$ 中第一行元素可以表示为

$$\boldsymbol{gg}_{p,q} = \frac{1}{N}\left|\sum_{n=0}^{N-1}\exp[-\mathrm{j}4\pi f_n(p-1)\Delta r/c]\exp[\mathrm{j}4\pi f_n n T_{\mathrm{r}}(q-1)\Delta\nu/c]\right| \quad (3-26)$$

因此，感知矩阵 $\boldsymbol{\Theta}$ 的最大互相关系数可以在 Gram 矩阵 $\boldsymbol{G}$ 第一行中取得，即

$$\mu_{\max} = \max_{q-p\neq 0} \boldsymbol{gg}_{p,q}$$
$$= \max_{q-p\neq 0} \left| \frac{1}{N}\sum_{n=0}^{N-1} \exp[-\mathrm{j}4\pi f_n (p-1)\Delta R/c]\exp[\mathrm{j}4\pi f_n n T_{\mathrm{r}}(q-1)\Delta\nu/c] \right| \tag{3-27}$$

对比式(3-26)与式(3-17)可知:在距离、速度域离散采样间隔相等的情况下,感知矩阵的互相关系数与模糊函数矩阵具有相同的表达形式,两者是等价的。结合式(3-27)与式(3-17)可知

$$\mu_{\max} = \max_{q-p\neq 0} |\boldsymbol{A}(\tau_p,\nu_q)| \tag{3-28}$$

因此,感知矩阵最大互相关系数可以表示为模糊函数旁瓣的最大值。同理,感知矩阵 $\boldsymbol{\Theta}$ 的平均互相关系数 $\mu_{\kappa\_\mathrm{ave}}$ 可以表示为

$$\mu_{\kappa\_\mathrm{ave}} = \frac{\sum\limits_{q-p\neq 0}(|\boldsymbol{A}(\tau_p,\nu_q)| \geqslant \kappa)\cdot \|\boldsymbol{A}(\tau_p,\nu_q)\|}{\sum\limits_{q-p\neq 0}(|\boldsymbol{A}(\tau_p,\nu_q)| \geqslant \kappa)} \tag{3-29}$$

3.4.2 静止条件下感知矩阵互相关性与模糊函数的关系

对于静止条件下的稀疏重构模型,式(3-19)所示的 Gram 矩阵 $\boldsymbol{G}$ 展开形式可以简化表示为

$$\boldsymbol{G} = |\hat{\boldsymbol{\Theta}}^{\mathrm{H}}\hat{\boldsymbol{\Theta}}| = \begin{bmatrix} |\langle\hat{\boldsymbol{\Theta}}_1,\hat{\boldsymbol{\Theta}}_1\rangle| & |\langle\hat{\boldsymbol{\Theta}}_1,\hat{\boldsymbol{\Theta}}_2\rangle| & \cdots & |\langle\hat{\boldsymbol{\Theta}}_1,\hat{\boldsymbol{\Theta}}_P\rangle| \\ |\langle\hat{\boldsymbol{\Theta}}_2,\hat{\boldsymbol{\Theta}}_1\rangle| & |\langle\hat{\boldsymbol{\Theta}}_2,\hat{\boldsymbol{\Theta}}_2\rangle| & \cdots & |\langle\hat{\boldsymbol{\Theta}}_2,\hat{\boldsymbol{\Theta}}_P\rangle| \\ \vdots & \vdots & & \vdots \\ |\langle\hat{\boldsymbol{\Theta}}_P,\hat{\boldsymbol{\Theta}}_1\rangle| & |\langle\hat{\boldsymbol{\Theta}}_P,\hat{\boldsymbol{\Theta}}_2\rangle| & \cdots & |\langle\hat{\boldsymbol{\Theta}}_P,\hat{\boldsymbol{\Theta}}_P\rangle| \end{bmatrix} \tag{3-30}$$

式中:$\hat{\boldsymbol{\Theta}}$ 为 $\boldsymbol{\Theta}$ 各列归一化后的矩阵,$\hat{\boldsymbol{\Theta}}_i$ 代表矩阵 $\hat{\boldsymbol{\Theta}}$ 的第 i 列。

Gram 矩阵 $\boldsymbol{G}$ 中的元素分别代表感知矩阵 $\boldsymbol{\Theta}$ 的第 i 列与 j 列的互相关系数 $\mu_{i,j}$,可以表示为

$$\mu_{i,j} = |\hat{\boldsymbol{\Theta}}_i^{\mathrm{H}}\hat{\boldsymbol{\Theta}}_j| = \left| \frac{|\langle\boldsymbol{\Theta}_i,\boldsymbol{\Theta}_j\rangle|}{\|\boldsymbol{\Theta}_i\|_2\ \|\boldsymbol{\Theta}_j\|_2} \right|$$
$$= \left| \frac{1}{N}\sum_{n=0}^{N-1}\exp\left[\mathrm{j}4\pi f_n\frac{i\Delta R}{c}\right]\exp\left[-\mathrm{j}4\pi f_n\frac{j\Delta R}{c}\right] \right|$$
$$= \left| \frac{1}{N}\sum_{n=0}^{N-1}\exp[-\mathrm{j}4\pi f_n(i-j)\Delta R/c] \right| \tag{3-31}$$

式中:ΔR 为距离维离散间隔。

从式(3-31)可以看出,在距离离散间隔确定的情况下,$\mu_{i,j}$ 的取值主要由

$i-j$ 确定。对于 Gram 矩阵 $\boldsymbol{G}$ 每个对角线上的元素，$i-j$ 的取值是相同的，因此，Gram 矩阵 $\boldsymbol{G}$ 中任何一条对角线上的元素取值相同，由此可知 Gram 矩阵 $\boldsymbol{G}$ 为 Toeplitz 矩阵。又由于 $|\hat{\boldsymbol{\Theta}}_i^{\mathrm{H}}\hat{\boldsymbol{\Theta}}_j|=|\hat{\boldsymbol{\Theta}}_j^{\mathrm{H}}\hat{\boldsymbol{\Theta}}_i|$，因而 Gram 矩阵 $\boldsymbol{G}$ 为对称 Toeplitz 矩阵。同样根据对称 Toeplitz 矩阵的定义可知，其第一行元素就可以完全描述整个矩阵的性能。此时，Gram 矩阵 $\boldsymbol{G}$ 中第一行元素可以表示为

$$\mu_{i,j}=\left|\frac{1}{N}\sum_{n=0}^{N-1}\exp[-\mathrm{j}4\pi f_n(i-1)\Delta R/c]\right| \tag{3-32}$$

对比式(3-32)与式(3-18)可知，在距离离散采样间隔相等的情况下，感知矩阵的互相关系数与模糊函数矩阵具有相同的表达形式，两者是等价的。

感知矩阵 $\boldsymbol{\Theta}$ 的最大互相关系数可以表示为

$$\mu_{\max}=\max_{i\neq 0}\left|\frac{1}{N}\sum_{n=0}^{N-1}\exp[-\mathrm{j}4\pi f_n i\Delta R/c]\right| \tag{3-33}$$

比较式(3-33)和式(3-18)可看出，在速度为零的条件下，$\boldsymbol{\Theta}$ 的最大互相关系数 $\mu_{\max}$ 与信号距离模糊函数存在以下对应关系：

$$\mu_{\max}=\max_{i\neq 0}|\boldsymbol{A}(\tau_i,0)| \tag{3-34}$$

同理，平均互相关系数 $\mu_{\kappa\_\mathrm{ave}}$ 可以用距离模糊函数表示为

$$\mu_{\kappa\_\mathrm{ave}}=\frac{\sum_{i\neq 0}(|\boldsymbol{A}(\tau_i,0)|\geqslant\kappa)\cdot\|\boldsymbol{A}(\tau_i,0)\|}{\sum_{i\neq 0}(|\boldsymbol{A}(\tau_i,0)|\geqslant\kappa)} \tag{3-35}$$

通过上述分析，可以得到以下结论。

(1) SRSF 信号模糊函数上的各点与 Gram 矩阵 $\boldsymbol{G}$ 中的元素存在一一对应关系，两者是等价的。

(2)感知矩阵 $\boldsymbol{\Theta}$ 的最大互相关系数 $\mu_{\max}$ 等于 SRSF 信号模糊函数最高旁瓣的绝对值。

(3)感知矩阵 $\boldsymbol{\Theta}$ 的平均互相关系数 $\mu_{\kappa\_\mathrm{ave}}$ 等于 SRSF 信号模糊函数旁瓣的均值。

从以上分析可知，SRSF 信号的模糊函数同样可以影响基于压缩感知方法的 SRSF 信号稀疏重构性能。通过将感知矩阵 $\boldsymbol{\Theta}$ 互相关性与模糊函数相统一，可以极大地减小 Gram 矩阵 $\boldsymbol{G}$ 的维度，相比于传统感知矩阵设计方法，可以降低感知矩阵设计难度。当信号的模糊函数最高旁瓣值绝对值以及旁瓣均值越小时，感知矩阵互相关性较小，对应的稀疏重构性能越好，这也为稀疏波形设计提供了一种新的思路，即设计具有较低旁瓣的模糊函数可以提高 SRSF 信号的稀疏重构性能。3.5 节主要对上述结论进行验证，并基于此对 SRSF 信号进行设

计，提高基于压缩感知方法的稀疏波形重构性能。

3.5 基于模糊函数的 SRSF 波形设计方法

从上述分析可以看出，要想提高 SRSF 信号的稀疏重构性能，可以通过设计具有较低旁瓣的模糊函数来实现。以 PSLR 和 LSLR 分别代表模糊函数的峰值旁瓣和均值旁瓣，因此，感知矩阵的最大互相关系数和平均互相关系数设计问题可以转化为模糊函数的峰值旁瓣、均值旁瓣的设计问题。下文主要基于上述两个指标（PSLR、ISLR）对 SRSF 信号的模糊函数进行设计，进而验证通过对模糊函数的旁瓣进行设计可以实现对稀疏波形的优化，提升信号的稀疏重构性能。

3.5.1 基于二维模糊函数的 SRSF 波形设计方法

当目标的速度不为零时，在子脉冲个数确定不变的情况下，载频步进序列的改变将会引起信号的模糊函数旁瓣水平的变化。根据 SRSF 信号稀疏重构性能与模糊函数之间的联系，可以通过寻找最优的子脉冲步进序列得到性能更优的稀疏重构效果。

对于 SRSF 信号，其子脉冲的随机跳变以及稀疏位置的随机选择均能影响最终的结果。为便于优化设计，此处假设信号稀疏的位置已经确定（实际上，对于多功能球载雷达系统，所分配的时间资源是可以提前确定的，因此信号的稀疏位置可以认为是确定的）。图 3-4 所示为所需设计的 SRSF 信号的示意图，图中在不可用时间段中的子脉冲将不会发射，SRSF 信号的波形设计即在可用时间段中设计发射子脉冲的载频发射序列。

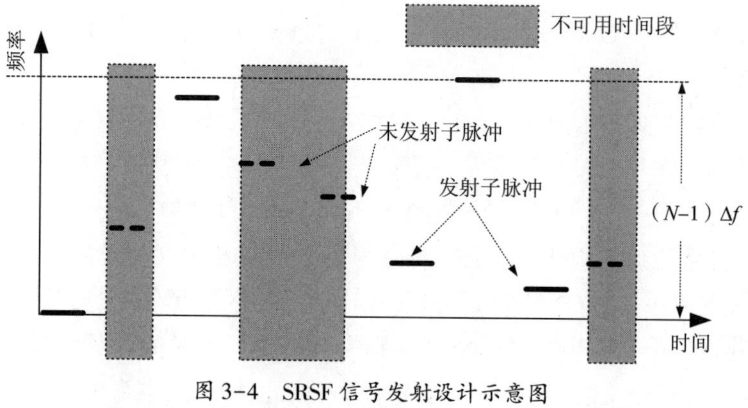

图 3-4　SRSF 信号发射设计示意图

不同的载频步进序列会使得模糊函数的旁瓣高低发生变化，综合考虑峰值旁瓣以及均值旁瓣，得到旁瓣水平较低的 SRSF 信号模糊函数，设计如下载频步进序列优化目标函数：

$$\underset{\Gamma_M}{\arg\min}\{\lambda\max[\,|\mathrm{PSLR}|\,]+(1-\lambda)[\,|\mathrm{ISLR}|\,]\}$$

$$\text{s.t.}\begin{cases}\Gamma_m\in[0,N-1]\\0\leqslant\Gamma_i\neq\Gamma_j\leqslant(N-1)\\0\leqslant i\neq j\leqslant N-1\\O(\boldsymbol{\Gamma}_M)=M\end{cases}\tag{3-36}$$

式中：$\boldsymbol{\Gamma}_M=[\Gamma_0\quad\Gamma_1\quad\cdots\quad\Gamma_{M-1}]$ 表示需要寻找的一组最优的载频随机步进序列；$O(\cdot)$ 表示集合中非零元素的个数，即跳频序列中发射的子脉冲个数。$\lambda\in[0,1]$ 表示权重系数，可以根据实际情况实时调节各优化指标的权重。

另外，PSLR 与 ISLR 可以表示为

$$\mathrm{PSLR}=10\lg(\max_{p-q\neq0}|\boldsymbol{A}(p,q)|^2)\tag{3-37}$$

$$\mathrm{ISLR}=10\lg\left(\mathrm{mean}\left(\sum_{p=1}^{P,Q}\sum_{q=1}\sum_{p-q\neq0}|\boldsymbol{A}(p,q)|^2\right)\right)\tag{3-38}$$

式中：max( )、mean( )函数表示取最大值与平均值运算。

3.5.2　基于一维模糊函数的 SRSF 波形设计方法

当目标的速度为零时，从式(3-18)可以看出，子脉冲的跳变顺序并不会影响最终的距离模糊函数结果。此时在研究稀疏信号波形设计时，不论信号的可用时间段位置是否确定，均只需对缺失的子脉冲进行设计即可。图 3-5 所示为基于距离模糊函数的 SRSF 信号波形设计示意图，图中假设子脉冲顺序步进，通过对缺失子脉冲载频的设计，实现对子脉冲信号的随机稀疏，最终得到距离模糊函数旁瓣最低的优化结果。

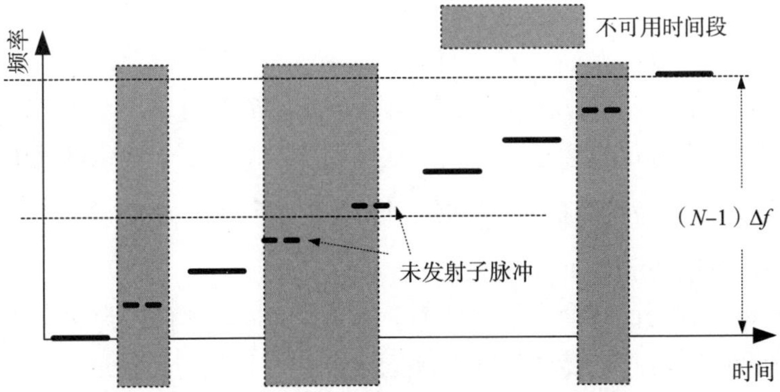

图 3-5　SRSF 信号发射设计示意图

同基于二维模糊函数的 SRSF 波形设计方法相似，当同时考虑峰值旁瓣以及均值旁瓣的水平，设计如下基于距离模糊函数的 SRSF 信号载频步进序列优

化目标函数：

$$
\begin{cases}
\arg\min\limits_{\Gamma_{N-M}}\{\lambda\,|\mathrm{PSLR}|+(1-\lambda)[\,|\mathrm{ISLR}|\,]\}\\
\text{s. t.}\begin{cases}\boldsymbol{\Gamma}_{N-M}\in[0,1,\cdots,N-1]\\ 0\leqslant \Gamma_i\neq\Gamma_j\leqslant(N-1)\\ 0\leqslant i\neq j\leqslant N-1\\ O(\boldsymbol{\Gamma}_M)=N-M\end{cases}
\end{cases}
\tag{3-39}
$$

式中：$\boldsymbol{\Gamma}_{N-M}=[\Gamma_0\quad \Gamma_1\quad\cdots\quad \Gamma_{N-M}]$ 表示寻找的信号载频跳变序列中需要至零位置的集合，相应的 SRSF 信号载频序列 $\boldsymbol{\Gamma}_N$ 为通过 $\boldsymbol{\Gamma}_{N-M}$ 对 $[0,1,\cdots,N-1]$ 中对应位置至零的结果。

对于式(3-36)以及式(3-39)所示的优化问题，目前有多种求解算法，其中遗传算法能以最大概率搜索到全局的最优解，因此本章利用遗传算法对上述优化问题进行寻优处理，算法实现流程图如图 3-6 所示。

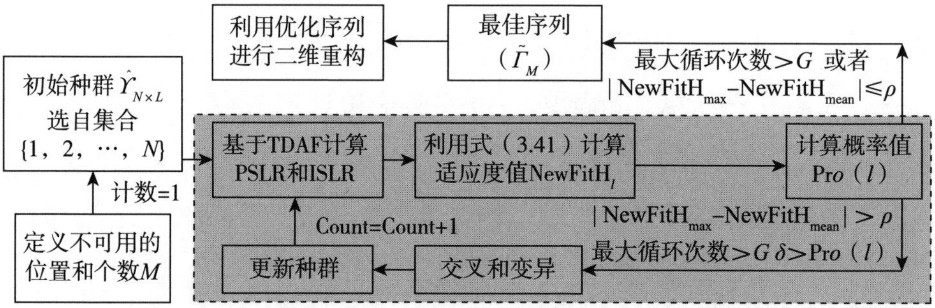

图 3-6 遗传算法实现过程

遗传算法的主要的处理流程可以表示如下。

(1)初始化：首先产生初始种群，即产生随机编码顺序，编码个数为 $M,M\leqslant N$。最初的 $\hat{\boldsymbol{\Gamma}}=[\Gamma_1,\Gamma_2,\cdots,\Gamma_N]$ 可以由 1 至 N 之间的随机数组成。$\hat{\boldsymbol{\Gamma}}$ 中未发射子脉冲对应的不可用位置可根据时间资源分配预先固定。因此，该位置的载波频率可以固定为 0，这表示将不使用这些频率点。在整个优化过程中，这些不可用的位置一直是固定的。假设初始种群具有 L 个个体，$\hat{\boldsymbol{\Gamma}}_l(l=1,2,\cdots,L)$，此时初始种群可以表示为 $\hat{\boldsymbol{Y}}_{N\times L}=\{\hat{\boldsymbol{\Gamma}}_1,\hat{\boldsymbol{\Gamma}}_2,\cdots,\hat{\boldsymbol{\Gamma}}_L\}$。

(2)评价：评价的目的就是对 L 个个体的性能进行评价。为此，以模糊函数的最大旁瓣以及均值旁瓣水平为适应度函数，对种群进行适应度评价，即

$$
\mathrm{FitH}_l=\lambda\,|\mathrm{PSLR}|+(1-\lambda)\,|\mathrm{ISLR}|,l=1,2,\cdots,L \tag{3-40}
$$

并设置交叉概率和变异概率(本章中设置交叉概率为 0.6，变异概率为 0.5)。由于 FitH_l 通常较小，因此将倒数和惩罚因子 $\gamma(0<\gamma<1)$ 用于适应度函数，则新

的适应度函数可以表示为

$$\mathrm{NewFitH}_l = 1/(\gamma \mathrm{FitH}_l), l = 1,2,\cdots,L \tag{3-41}$$

因此，被选择跳频序列的概率可以写为

$$\mathrm{Pro}(l) = \frac{\mathrm{NewFitH}_l}{\sum_{l=1}^{L} \mathrm{NewFitH}_l} \tag{3-42}$$

通常，需要设置一个阈值 δ，当 $\mathrm{Pro}(l)$ 超过该阈值时，将选择该个体。这些更好的个体可以被视为下一代的初始个体。

(3)选择：按照适应度对种群进行选择操作，选择适应性强的个体，即旁瓣水平低的序列予以保留并保存。

(4)交叉与变异：为了快速收敛，使用所选个体进行交叉和变异操作来生成下一个个体。交叉操作是基于交叉概率对选定的染色体进行交叉，并根据突变概率，利用均匀多点突变对某些序列进行突变，以在群体中产生新的序列。有关详细信息，请参阅文献[9]。

(5)对上述步骤(2)～(4)进行循环操作，直至达到设置的最大遗传代数 G 或者 $|\mathrm{NewFitH}_{max} - \mathrm{NewFitH}_{mean}| < \rho$，输出最优结果。其中，$\mathrm{NewFitH}_{max}$ 和 $\mathrm{NewFitH}_{mean}$ 表示最大和平均适应度函数。

传统基于感知矩阵互相关系数的稀疏波形设计方法需产生较大维度的 Gram 矩阵 $\boldsymbol{G}$，并需要对矩阵 $\boldsymbol{G}$ 进行搜索，存在运算量较大、对硬件要求高等问题。例如，假设距离、速度单元的离散个数为 50，则传统基于互相关系数的方法需生成维度为 2500×2500 的 Gram 矩阵，后续还需进行矩阵搜索等处理，这对设备的处理能力提出了较高要求。然而，基于模糊函数进行稀疏波形设计时，只需产生维度为 50×50 的模糊函数矩阵，这样的矩阵对硬件处理能力要求较低，也便于后续的旁瓣最大值搜索等操作。因此，基于模糊函数的 SRSF 波形参数遗传寻优算法具有实现简单、运算量小的优势。

3.6 实验验证与分析

本节主要对模糊函数与感知矩阵互相关系数之间的关系进行研究，并对基于模糊函数的稀疏波形设计方法的性能进行验证。

3.6.1 模糊函数与感知矩阵互相关系数的关系

仿真 1　二维重构模型

假设 RSF 信号参数设置与第二章保持一致，且设置距离维离散点数 P 、速

度维离散点数 Q 等于子脉冲个数,即 $P=Q=N$。在子脉冲个数 N 分别为 50、100、150 的条件下,设置随机发射的子脉冲数 M,依据式(3-28)与式(3-29)可以得到感知矩阵 $\boldsymbol{\Theta}$ 的最大互相关系数值 $\mu_{\max}$ 以及平均互相关系数值 μ_{κ_ave}($\kappa=0$,下同),其结果如表 3-1 所列。在上述参数条件下,图 3-7~图 3-9 给出了相应的 SRSF 信号二维模糊函数示意图,图中标示出了最大旁瓣的位置与幅度。

表 3-1　SRSF 信号最大互相关系数

N	M	$\mu_{\max}$	μ_{κ_ave}
50	50	0. 4040	0. 1237
	40	0. 4556	0. 1394
	30	0. 5186	0. 1615
100	100	0. 3169	0. 0880
	80	0. 3546	0. 0988
	60	0. 4163	0. 1141
150	150	0. 2650	0. 0719
	120	0. 2948	0. 0807
	90	0. 3390	0. 0932

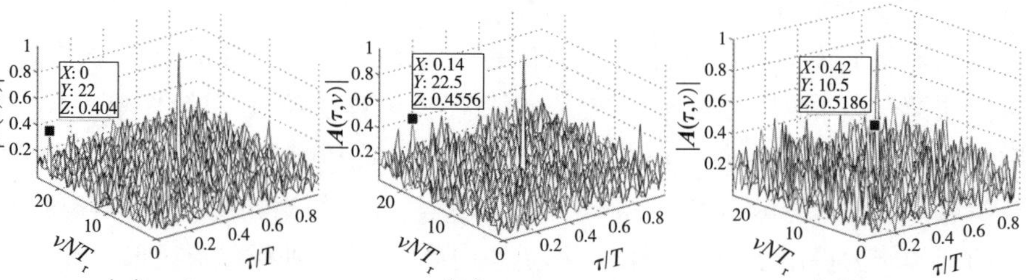

(a) $\alpha=1$　(b) $\alpha=0.8$　(c) $\alpha=0.6$

图 3-7　子脉冲个数为 50 时的二维模糊函数

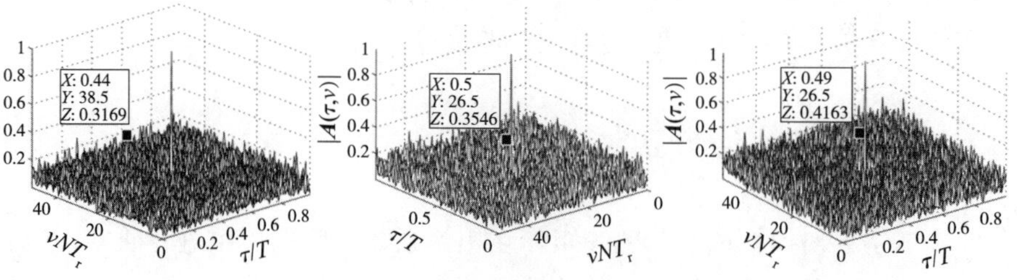

(a) $\alpha=1$　(b) $\alpha=0.8$　(c) $\alpha=0.6$

图 3-8　子脉冲个数为 100 时的二维模糊函数

对比图 3-7~图 3-9 的结果可以看出:当子脉冲个数为 50,以子脉冲全部发射以及只发射其中的 40 个子脉冲为例,利用压缩感知方法进行稀疏重构时,构建的感知矩阵最大互相关系数值分别为 0. 4040 和 0. 4556。图 3-7 子脉冲为

50，发射子脉冲 M 分别为 50 和 40 时的模糊函数，图中标示的旁瓣最大值同样为 0.4040 和 0.4556，这与表 3-1 中的数值大小保持一致。另外通过计算模糊函数的平均互相关系数值也会发现与感知矩阵的平均互相关系数值相等。当子脉冲为 100 以及 150 时，从表 3-1 与图 3-8、图 3-9 的对比中仍然可以得出相同的结论。

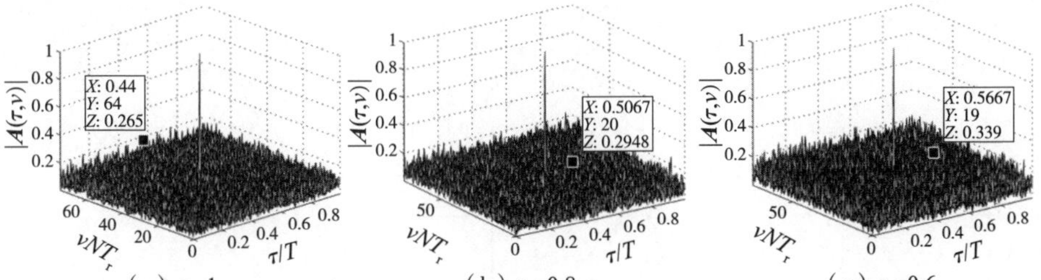

（a）α =1　（b）α =0.8　（c）α =0.6

图 3-9　子脉冲个数为 150 时的二维模糊函数

仿真 2　一维重构模型

上述分析是在目标存在速度条件下的实验结果，为进一步验证上述结论，假设其他条件保持不变，设置目标速度为 0，距离维离散点数 P 、速度维离散点数 Q 等于子脉冲个数的 1.2 倍，即 $P = Q = 1.2N$ 。此时构建相应的感知矩阵 $\boldsymbol{\Theta}$ 并依据式(3-34)与式(3-35)可以得到感知矩阵 $\boldsymbol{\Theta}$ 的最大互相关系数值 $\mu_{\max}$ 以及平均互相关系数值 μ_{κ_ave}，其结果如表 3-2 所列。在上述参数条件下，图 3-10~图 3-12 给出了在不同子脉冲个数条件下相应的 RSF 信号距离模糊函数结果示意图，图中标示出了最大旁瓣的位置与幅值。

表 3-2　SRSF 信号最大互相关系数

N	M	$\mu_{\max}$	μ_{κ_ave}
50	40	0.2243	0.0830
	30	0.2712	0.1188
	20	0.3715	0.1685
100	80	0.2124	0.0539
	60	0.2349	0.0821
	40	0.2940	0.1151
150	120	0.2059	0.0440
	90	0.2233	0.0657
	60	0.2570	0.0951

对比表 3-2 以及图 3-10~图 3-12 的结果可以看出：通过感知矩阵计算出的最大互相关系数值 $\mu_{\max}$ 与模糊函数的旁瓣的最大值相同。此外，通过感知矩

阵计算出的平均互相关系数值 μ_{κ_ave} 也与模糊函数的旁瓣均值相等。因此,上述实验进一步验证了感知矩阵互相关系数与模糊函数旁瓣之间的关系。

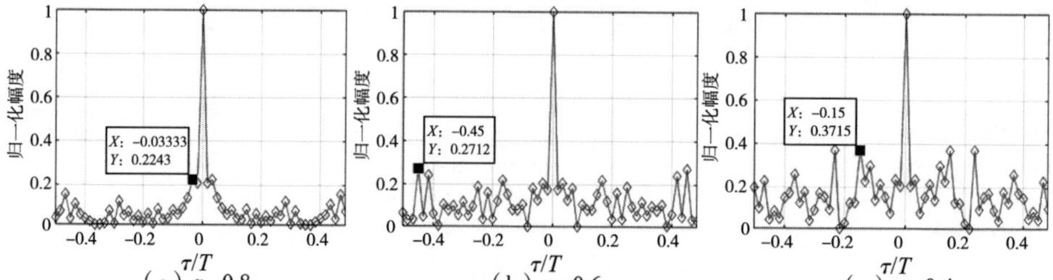

(a) α=0.8　(b) α=0.6　(c) α=0.4

图 3-10　子脉冲个数为 50 时的距离模糊函数

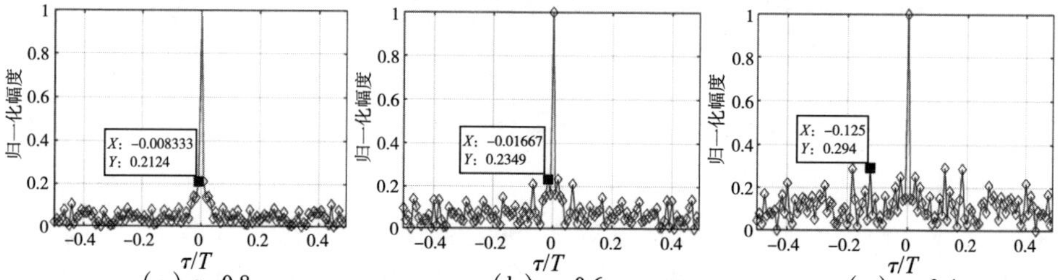

(a) α=0.8　(b) α=0.6　(c) α=0.4

图 3-11　子脉冲个数为 100 时的模糊函数

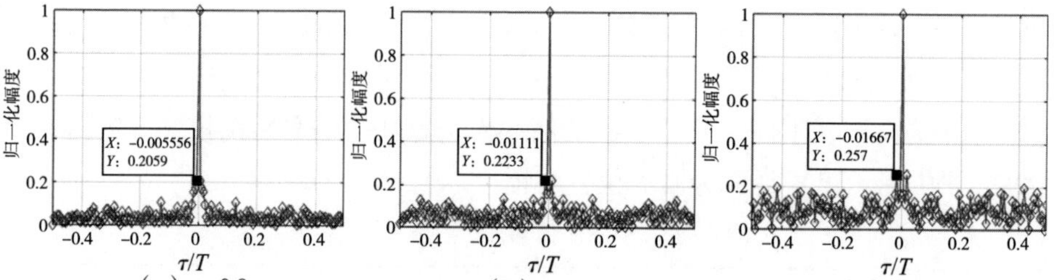

(a) α=0.8　(b) α=0.6　(c) α=0.4

图 3-12　子脉冲个数为 150 时的模糊函数

3.6.2　基于模糊函数的波形设计

通过 3.6.1 节的分析可知,基于感知矩阵的 SRSF 信号波形设计可以转化为对信号模糊函数的设计问题。下面对 3.5 节所提的 SRSF 信号模糊函数优化方法进行仿真实验。为体现完备性,仿真分别基于距离、速度二维模糊函数以及一维距离模糊函数两种情况对 SRSF 信号进行设计,验证所提波形设计方法的有效性。

1)基于二维模糊函数的波形设计

首先研究基于二维模糊函数的 SRSF 信号波形设计。以子脉冲信号 $N=50$ 为例,此时合成总带宽为 250MHz,设置 $\lambda=0.7$, 即增大对最大互相关系数的设计权重。图 3-13 所示的为子脉冲稀疏条件下，通过上述优化方法得到的优化后模糊函数的效果。表 3-3 为优化后模糊函数最大旁瓣以及均值旁瓣值的比较。

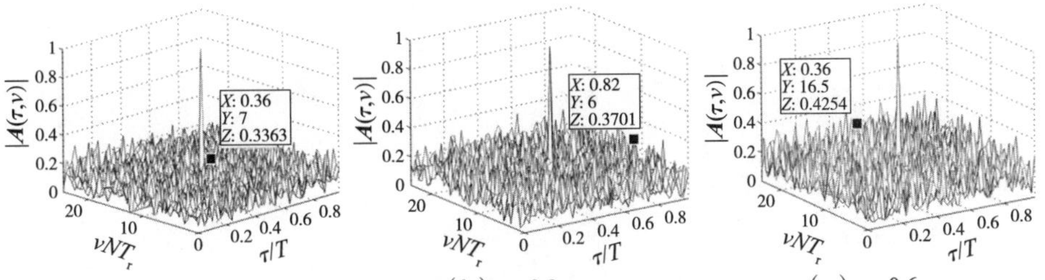

（a）α=1　（b）α=0.8　（c）α=0.6

图 3-13　优化后的模糊函数（N=50）

表 3-3　优化后的信号二维模糊函数最大旁瓣以及平均旁瓣值

N	M	PSLR		LSLR	
		优化前	优化后	优化前	优化后
50	50	0. 4040	0. 3363	0. 1237	0. 1231
	40	0. 4556	0. 3701	0. 1394	0. 1387
	30	0. 5186	0. 4254	0. 1615	0. 1611

从图 3-13 和表 3-3 的结果可以看出：与优化前的模糊函数旁瓣水平相比，优化后的 SRSF 信号模糊函数旁瓣水平得到显著抑制，主瓣依然保持不变。以稀疏发射 40 个子脉冲为例，优化前的最大旁瓣值为 0. 4556，优化后的最大值降为 0. 3701，平均旁瓣值也相应地有所减小。为验证模糊函数经过优化后的 SRSF 信号的稀疏重构性能，图 3-14~图 3-16 分别给出了稀疏度 K 为 8、10、12 时，在不同信噪比条件下模糊函数优化前后的稀疏重构误差对比，其中蒙特卡罗次数设置为 500 次。

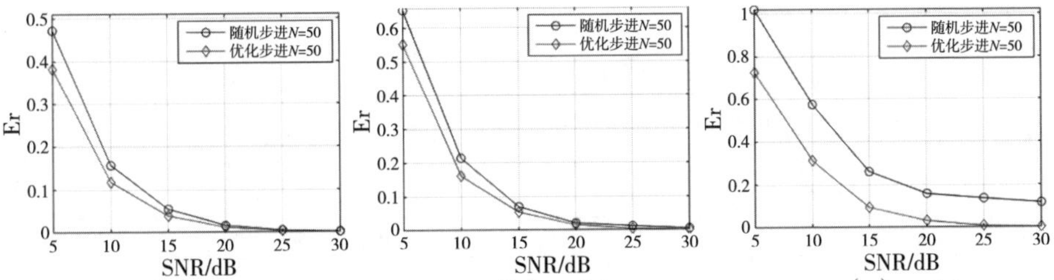

（a）α=1　（b）α=0.8　（c）α=0.6

图 3-14　不同欠采样率条件下稀疏重构误差对比（K=8）

从图 3-14~图 3-16 可以看出：经过模糊函数优化后的 SRSF 信号，其稀疏重构误差均得到了相应减小；在相同的稀疏度条件下，随着欠采样率 α 的逐渐变小，经过优化后的 SRSF 信号稀疏重构误差改善幅度逐渐增大，这是由于经过优化后,模糊函数的最大旁瓣值以及平均旁瓣值减小较多,根据第二章中最大互相关系数与稀疏度的关系可知,可以大大提高精确重构的稀疏度值。

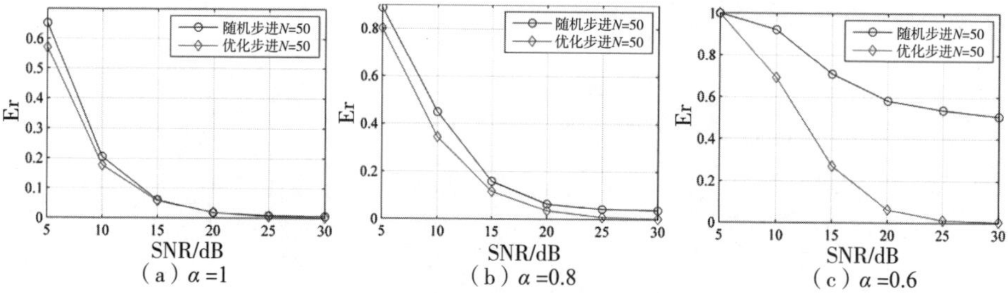

（a）$\alpha=1$　（b）$\alpha=0.8$　（c）$\alpha=0.6$

图 3-15　不同欠采样率条件下稀疏重构误差对比($K=10$)

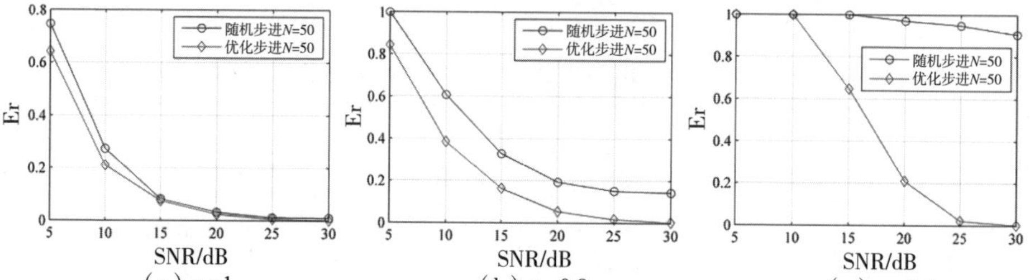

（a）$\alpha=1$　（b）$\alpha=0.8$　（c）$\alpha=0.6$

图 3-16　不同欠采样率条件下稀疏重构误差对比($K=12$)

为进一步显示所提方法的有效性,设置同等维度的降维随机矩阵($M\times N$),采用文献[10]所提的 Elad 感知矩阵优化方法进行感知矩阵优化,对不同稀疏度以及信噪比条件进行重构误差对比。实验中,子脉冲总数 N 为 32 个,发射的子脉冲个数 M 设置为 25 个,每个实验重复 500 次。同样利用 OMP 算法进行稀疏重建,最终的重构结果如图 3-17 所示。

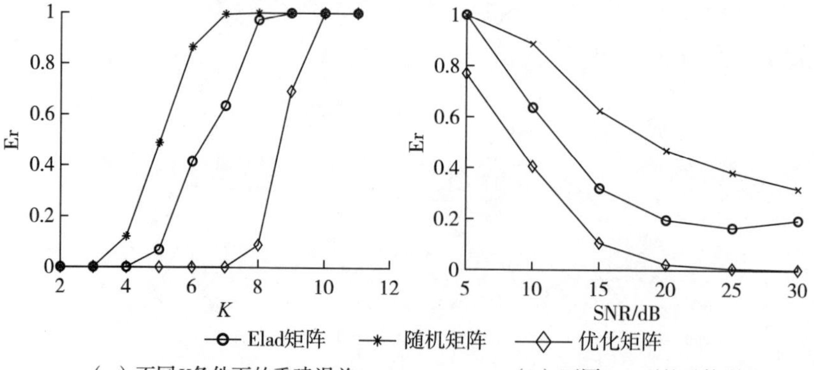

（a）不同K条件下的重建误差　（b）不同SNR下的重构误差

图 3-17　不同方法重建误差的比较

图 3-17(a)表明,在相同的测量次数下,所提方法对于稀疏度更大的信号,仍然具有较好的重构效果,同等条件下重构误差最小。另外,如图 3-17(a)所

示,所提方法可以改善低信噪比条件下的重建结果。为了进一步验证上述结论,我们假设有两个成像场景,分别包括 3 个和 6 个目标,其中目标的位置和幅度是随机生成的,如图 3-18 所示。

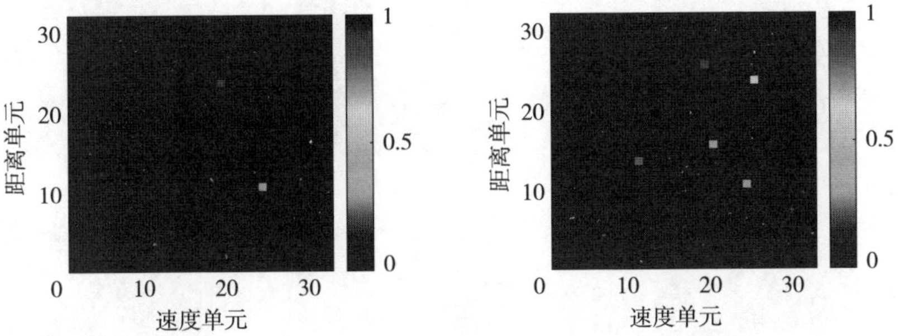

(a) 3个目标 (K=3)　　(b) 6个目标 (K=6)

图 3-18　原始重构场景

使用 3 个优化矩阵(Elad 优化矩阵、随机感知矩阵、本章优化感知矩阵)在不同信噪比条件下的稀疏重建结果如图 3-19 所示。其中,第 1 行和第 2 行给出了 3 个目标的恢复结果,信噪比分别设为 8dB 和 15dB,第 3 行和第 4 行给出了 6 个目标的恢复图像,信噪比分别设为 8dB 和 15dB。此外,图 3-19(a)~(c)分别为使用随机矩阵、Elad 矩阵和新矩阵得到的结果。

由图 3-19 可以看出,成像结果随着信噪比的降低而急剧恶化。重建结果中出现了许多伪重建点,影响了真实目标的分辨率。此外,随着目标数量的增加,重建性能显著下降。例如,当目标数量为 6,信噪比为 8dB 时,其他两种方法都存在弱目标丢失的现象。相比之下,尽管新方法的重建结果中存在一些伪点,但它仍然可以重建所有目标。因此,上述实验结果验证了该方法的有效性。

我们使用 CPU 恢复时间作为性能基准来评估所提出方法的计算复杂性。实验在 MATLAB 7. 11. 0 中,在一台双核 2. 20GHz CPU、4GB 内存的个人计算机上运行。假设模拟条件与 3. 6. 1 节一致(子脉冲总数 N 为 32 个),并将 Elad 方法的迭代次数和所提出方法的最大遗传代数设置为 100,设置不同的发射子脉冲条件,表 3-4 所列为不同数量的子脉冲处理时间比较。

关于重建时间,Elad 方法几乎是新方法的 10 倍之长。这是因为在 Elad 的方法中使用了 SVD 分解,这对于大维度 SM 来说计算成本很高。对于我们的方法,Gram 矩阵简化为 32×32,因此可以快速获得优化结果。上述结果也验证了基于 TDAF 的稀疏波形设计方法在计算中的优势。

在上述方法中,权重系数主要用于平衡最大互相干系数和平均互相干系数,在实际中很难获得适用于所有不同信号参数的权重。为了验证权重参数对优化性能的影响,进行如下实验。假设子脉冲的总数是 32,并且发送的子脉冲

M 是 25,且其他参数设置保持不变。计算出的不同权重系数条件下的最大互相干系数和平均互相干系数如图 3-20 所示。

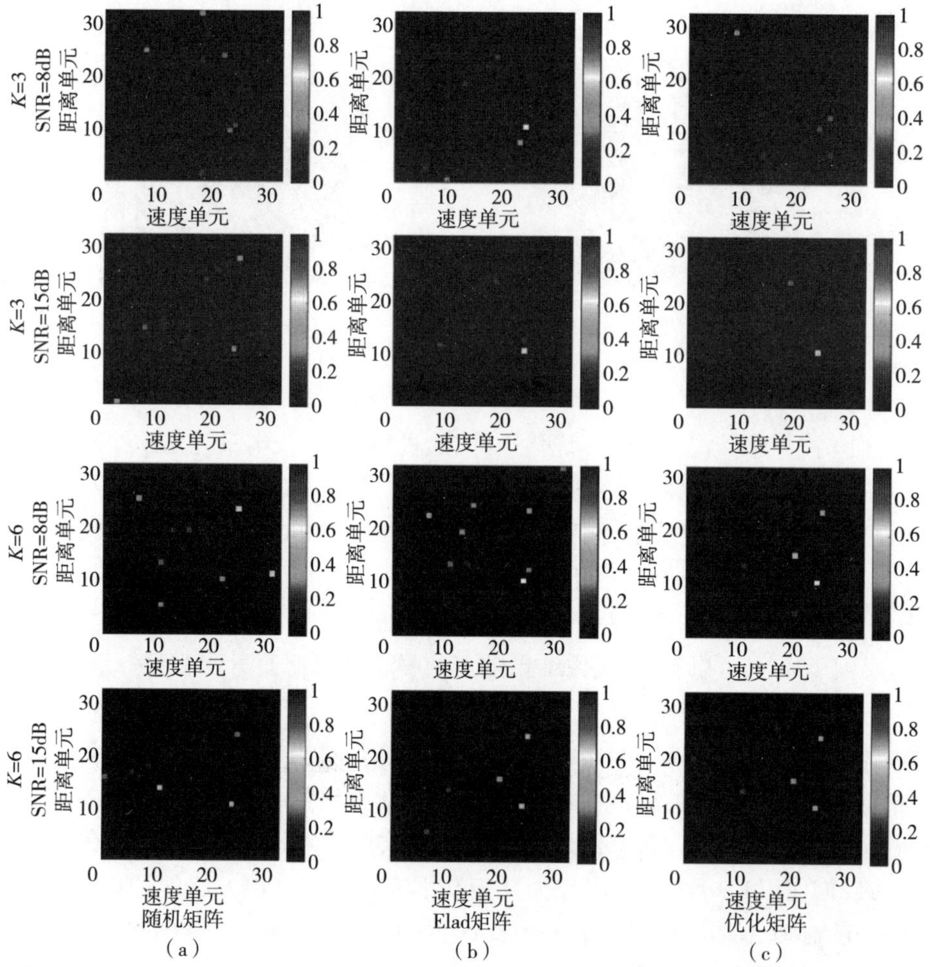

图 3-19 不同 SMR 条件下使用不同优化矩阵的稀疏重建结果

表 3-4 不同子脉冲数的处理时间

子脉冲个数	18	22	25	28	32
Elad 方法处理时间/s	87.3750	73.9800	98.3200	74.3050	81.8050
本节方法处理时间/s	9.4832	9.9842	10.9736	12.1976	13.2230

从图 3-20 中可以看出,最大互相干系数随着权重的增加而急剧减小,而平均互相干系数则随着权重的减小而急剧增大。此外,当权重大于 0.3 时,最大相关数保持相对稳定,并且当权重值在 0.3 和 0.5 之间时,平均互相关系数达到最大值。此外,由于最大互相干系数优化权重的增加,平均互相干系数没有

增加，且有下降的趋势。也就是说，平均互相干性系数也得到了优化。另外，最大互相干系数与测量次数和信号的稀疏性有关。当信号的稀疏性确定时，最大互相干系数越小，所需的测量次数就越少。因此，在实际优化过程中，我们建议设置更大的权重来增加最大互相关系数的优化权重。

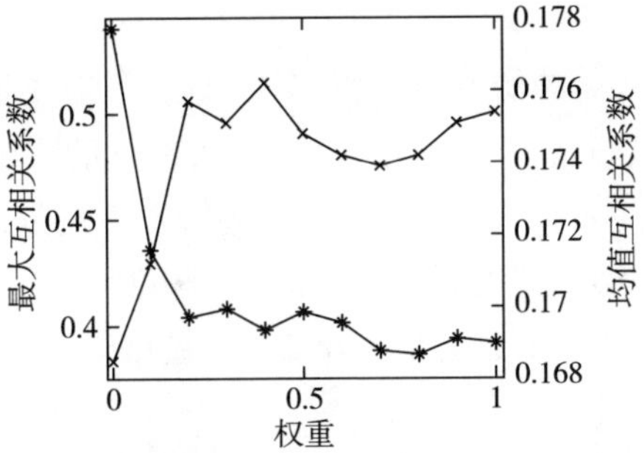

图 3-20　不同权重系数条件下的最大互相干系数和平均互相干系数

2）基于一维模糊函数的波形设计

上述仿真验证了在运动条件下，基于模糊函数的 SRSF 信号波形优化方法的有效性。下面验证在目标静止条件下，基于一维模糊函数的 SRSF 信号的波形设计方法。假设信号的参数同 3.6.1 节仿真 2，且同样设置 $\lambda=0.7$。图 3-21 所示为子脉冲稀疏条件下，通过上述优化方法对模糊函数旁瓣进行设计后的效果。表 3-5 所列为优化前后模糊函数最大旁瓣以及均值旁瓣值的比较。

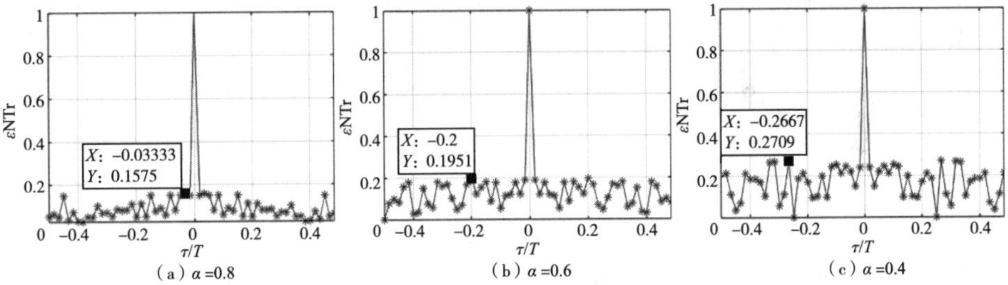

图 3-21　优化后的模糊函数（$N=50$）

表 3-5　优化前后的模糊函数旁瓣水平变化

N	M	PSLR		LSLR	
		优化前	优化后	优化前	优化后
50	40	0.2271	0.1575	0.0830	0.0790
	30	0.2712	0.1951	0.1188	0.1101
	20	0.3715	0.2709	0.1685	0.1608

从图 3-21 和表 3-5 的结果可以看出：在不同的稀疏条件下，通过本节所提方法对模糊函数进行优化后的旁瓣水平均得到显著降低。当 $M=20$ 时，优化前

最大旁瓣峰值为 0.3715，通过优化后的旁瓣峰值降低至 0.2709，降低幅度达 0.1006。因此，所提基于模糊函数的 SRSF 信号波形设计方法可以显著优化模糊函数的旁瓣水平。图 3-22～图 3-24 所示为稀疏度 K 为 10、12、14 时，在不同信噪比条件下一维模糊函数优化前后，SRSF 信号稀疏重构误差，蒙特卡罗次数设置为 500 次。

从图 3-22～图 3-24 的仿真结果可以看出：通过对不同欠采样率条件下的 SRSF 信号模糊函数进行优化，在不同信噪比条件下的稀疏重构误差均得到了减小。且随着欠采样率的降低，优化后的稀疏信号稀疏重构误差改善的幅度明显变大，这一现象同二维模糊函数优化时的原因相同，均是由于感知矩阵互相关系数（模糊函数旁瓣峰值）的减小，从而导致能够精度重构的信号稀疏度值增大。

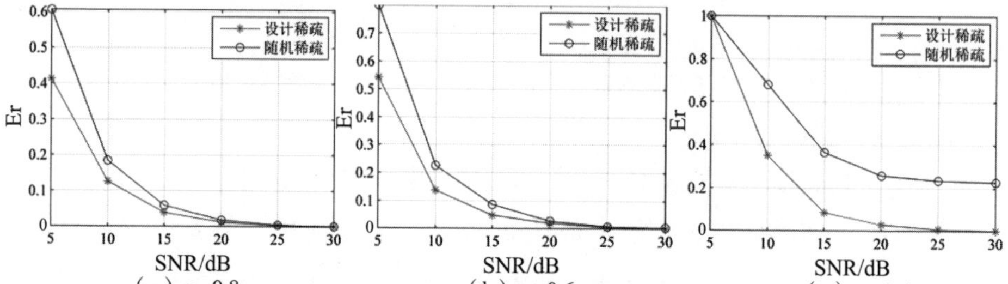

（a）$\alpha=0.8$　（b）$\alpha=0.6$　（c）$\alpha=0.4$

图 3-22　不同欠采样率条件下稀疏重构误差对比（$K=10$）

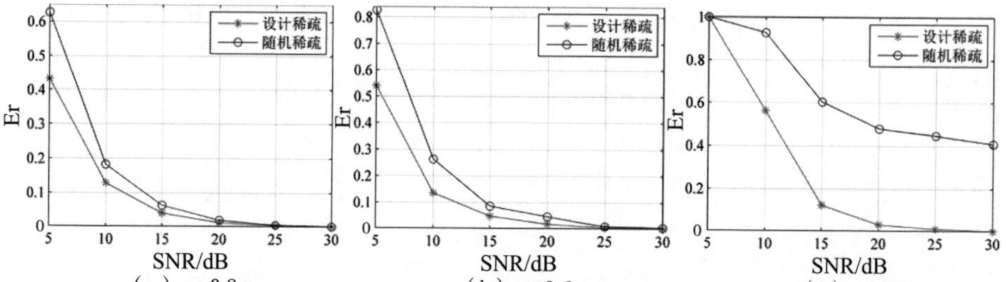

（a）$\alpha=0.8$　（b）$\alpha=0.6$　（c）$\alpha=0.4$

图 3-23　不同欠采样率条件下稀疏重构误差对比（$K=12$）

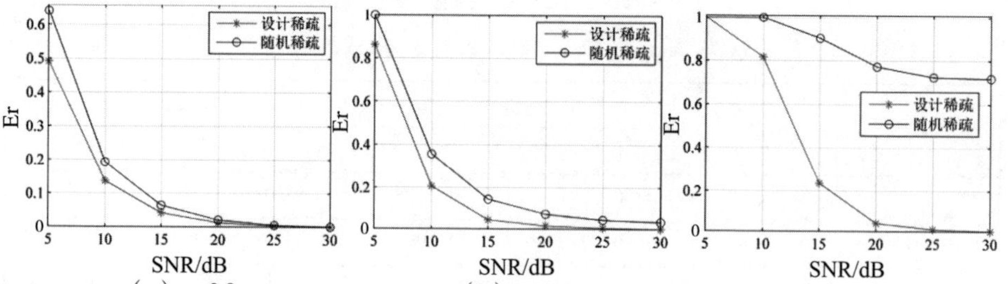

（a）$\alpha=0.8$　（b）$\alpha=0.6$　（c）$\alpha=0.4$

图 3-24　不同欠采样率条件下稀疏重构误差对比（$K=14$）

其他条件保持不变,采样率 $\alpha = 0.4$,信噪比为 20dB,图 3-25 给出了有 10 个非零散射点条件下优化前后的 SRSF 信号稀疏重构结果对比。为显示所提方法的有效性,设置同等维度的降维随机矩阵($M \times N$),采用文献[10-11]中所提的方法进行感知矩阵优化(文中称为 Elad 方法以及 Sapiro 方法),利用优化后的随机矩阵进行稀疏重构。图 3-24 中目标散射点的位置与幅度值均为随机产生,图 3-25(a) ~ (d) 中圆圈线为真实目标位置与幅度,星号线表示重构结果。

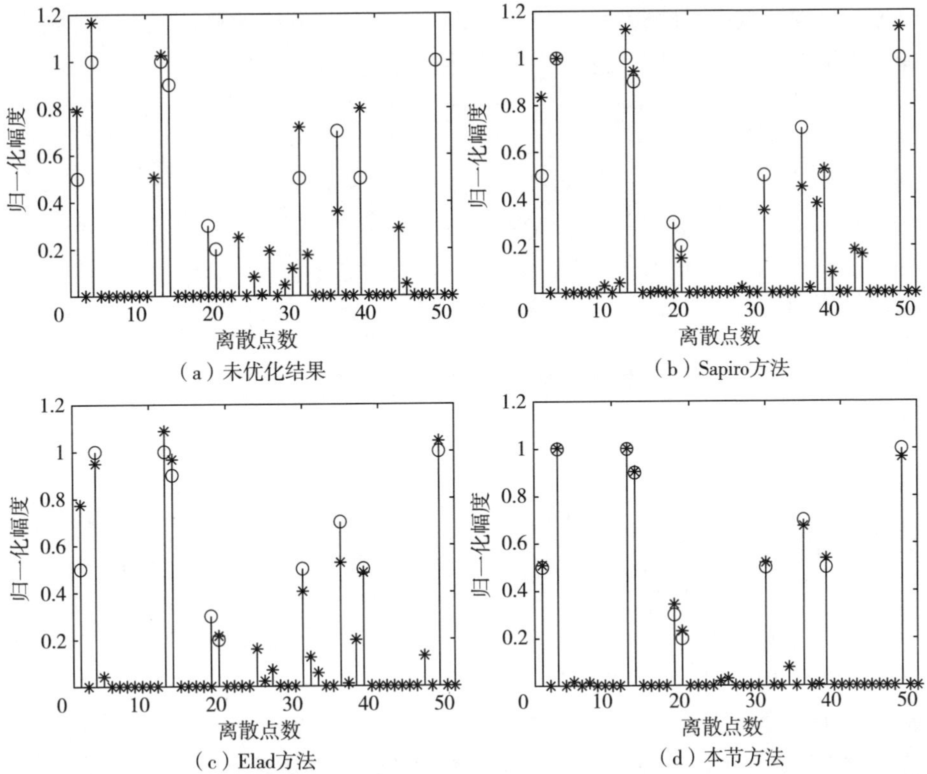

图 3-25　不同方法稀疏重构结果对比

从仿真结果可以看出,在相同的稀疏度条件下,优化前稀疏信号的重构结果存在较多的虚假重构点,且在目标位置的幅度重构也存在较大的误差。虽然通过 Elad 方法以及 Sapiro 方法设计的随机量测矩阵进行稀疏重构时,重构结果的虚假重构得到一定程度的抑制,且重构幅度误差也进一步下降。但是,利用本节信号自相关函数的优化,SRSF 信号重构结果的虚假点明显少于优化前的信号,真实位置的幅度重构误差也得到了显著减小,计算得到的重构误差分别为 0.2545、0.1411、0.1110 以及 0.0412。另外,Elad 方法以及 Sapiro 方法并没有通过对稀疏波形进行优化而提升重构性能,相比较而言本节方法利用波形稀疏信息进行感知矩阵设计,不仅提升了重构性能,且更适合于实际装备用于优化资源调度,从而显示了所提方法的优越性。

为进一步验证自相关函数优化后的 SRSF 信号稀疏重构性能,图 3-26 给出了目标稀疏度 K 为 10 时,在不同信噪比条件下优化前后重构误差对比,蒙特卡罗次数设置为 500。从图 3-26 的仿真结果可以看出,通过对不同稀疏度条件下的 SRSF 信号自相关函数进行优化,稀疏重构误差均得到了有效减小。随着稀疏度的降低,优化后的稀疏信号稀疏重构误差改善的幅度明显变大,这是由于通过波形设计减小了感知矩阵互相关系数(自相关函数旁瓣峰值),从而能够精确重构稀疏度更大的信号,这也验证了所提优化方法的正确性。

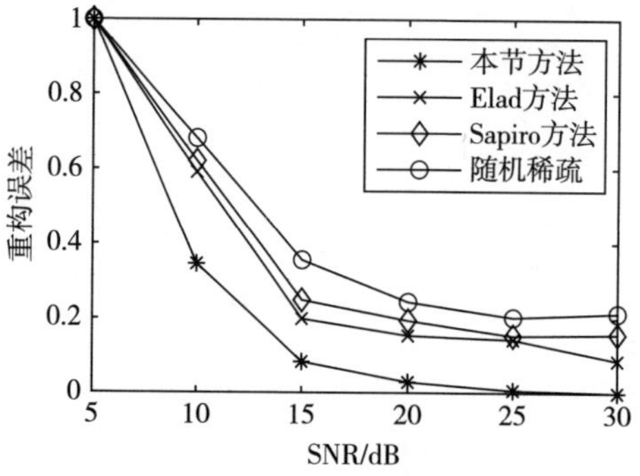

图 3-26 不同方法重构误差对比

3.7 小 结

本章通过对 SRSF 信号模糊函数与感知矩阵互相关性之间联系的分析,得出感知矩阵互相关性与模糊函数旁瓣水平具有一一对应关系的结论。并基于该结论,提出基于模糊函数进行 SRSF 信号波形设计的方法。该方法将基于凸优化的波形设计方法与基于传统模糊函数的波形设计方法相统一,拓展了稀疏波形设计方法范畴。同传统基于凸优化的波形设计方法相比,具有物理意义明确、计算量小、容易实现等优点。本章通过遗传算法实现对模糊函数旁瓣的设计。实际上,基于传统模糊函数的波形设计方法,其相应的研究成果还有很多。因此,下一步可以将其他基于模糊函数的旁瓣设计方法与 SRSF 信号的波形设计相结合,有利于进一步提高信号的稀疏重构性能,且对于丰富稀疏波形设计方法同样具有重要意义。

参 考 文 献

[1]贺志毅,汤斌,郝祖全. 脉内调频、脉间步进跳频雷达信号的模糊函数[J]. 电子学报,2003,31(7):1118-1120.

[2]丁鹭飞,耿富录,陈建春. 雷达原理[M]. ·5 版·北京:电子工业出版社,2014.

[3]谭贤四,武文,孙合敏,等. 频率编码脉冲信号性能分析[J]. 系统工程与电子技术,2001,23(5):102-105.

[4]STANKOVIC L,STANKOVIC S,AMIN M. Missing samples analysis in signals for applications to L-estimation and Compressive Sensing[J]. IEEE Transactions on Signal Processing. 2014,1(94):401-408.

[5]张贤达. 矩阵分析与应用[M]. 北京:清华大学出版社,2013.

[6]XIONG J,WANG W Q,SHAO H Z. Frequency diverse array transmit beampattern optimization with genetic algorithm[J]. IEEE Antennas and Wireless Propagation Letters,2017,16:469-472.

[7]倪勤. 最优化方法与程序设计[M]. 北京:科学出版社,2009.

[8]黄平. 最优化理论与方法[M]. 北京:清华大学出版社,2009.

[9]VIVEKANANDAN P,RAJALAKSHMI M,NEDUNCHEZHIAN R. An intelligent genetic algorithm for mining classification rules in large datasets[J]. Comput. Informat,2011,32(1):49-58.

[10]ELAD M. Optimized projections for compressed sensing[J]. IEEE Transactions on Signal Processing,2007,55(12):5695-5702.

[11]DUARTE J M C,SAPIRO G. Learning to sense sparse signals:simultaneous sensing matrix and sparsifying dictionary optimization[J]. IEEE Transactions on Image Processing,2009,18(7):1395-1408.

第四章 非线性步进频率波形设计

4.1 引 言

在传统线性步进频率波形的基础上，随机步进频率(RSF)波形脉间载频实现了随机步进，具有优良的低截获性能，已成为现代宽带雷达系统研究的重点波形样式。然而，目前研究的 RSF 波形，其载频步进均服从离散均匀分布，即子脉冲载频跳变为随机整数序列。对于这类 RSF 波形，其参数设置仍要求载频步进量满足 $\Delta f \leqslant 1/T$ (Δf 为载频步进量，T 为子脉冲宽度)的“紧约束条件”，否则将会出现周期性的距离栅瓣，在进行延展目标探测时将会产生测距模糊以及距离像混叠等问题。

非线性频率步进(NSF)波形通过改变脉间载频的线性步进间隔，使信号的能量在频谱上的分布由载频线性步进时的均匀分布变为不再均匀，从而有望克服步进频率波形以及 RSF 波形存在的周期性距离栅瓣问题。实际上，由于脉间载频的非线性分布，NSF 波形的旁瓣水平将会显著提升。在子脉冲稀疏的条件下，旁瓣水平将会更加恶劣。因此，研究脉间载频非线性步进方式对应的旁瓣性能则显得十分必要。另外，在子脉冲稀疏的条件下，如何获得最优的非线性步进方式，即如何设计子脉冲载频的跳变方式，使得稀疏 NSF(SNSF)波形能获得最佳的重构性能也将是本章研究的重点。

本章首先基于压缩感知理论构建了 NSF 波形统一的稀疏重构模型；然后利用感知矩阵互相关性作为指标对不同载频分布方式下的 NSF 波形稀疏重构性能进行了分析对比，得出 NSF 波形距离旁瓣水平决定了信号稀疏重构性能的结论；最后提出了一种基于波形优化的 NSF 波形距离合成性能提升方法，通过遗传算法对 NSF 波形子脉冲载频步进量进行设计，达到了提升波形稀疏重构性能的目的。

4.2 NSF 波形及其稀疏重构模型

假设 NSF 波形包含 N 个发射子脉冲，其发射信号形式同样可以表示为

$$S(t) = \sum_{n=0}^{N-1} \mu_1(t - nT_r)\exp(j2\pi f_n t) \tag{4-1}$$

式中：$\mu_1(t)$ 为子脉冲复包络；T_r 为脉冲重复周期；N 为子脉冲个数；f_n 为第 n 个子脉冲载频，可以表示为

$$f_n = f_c + \Delta f_n = f_c + \Gamma_n \Delta f \tag{4-2}$$

式中：f_c 为初始载频；Δf_n 为第 n 个子脉冲载频；Δf 为载频步进量；$\boldsymbol{\Gamma} = [\Gamma_0, \Gamma_1, \cdots, \Gamma_{N-1}]$ 为载频步进序列。若用 $\rho(\Gamma_n)$ 表示分布的 $\boldsymbol{\Gamma}$ 概率密度函数，根据 Γ_n 分布形式可以得到不同样式的 NSF 波形。此处给出 3 种常见的分布方式。

(1) 离散均匀分布：$\rho(\Gamma_n) = 1/N$。$\boldsymbol{\Gamma}$ 为随机整数序列，即 $\Gamma_n \in \{-(N-1)/2, -(N-1)/2+1, \cdots, (N-1)/2\}$。最终的信号合成带宽为 $N\Delta f$，即为传统 RSF 信号形式。

(2) 连续均匀分布：$\rho(\Gamma_n) = 1/N$。$\boldsymbol{\Gamma}$ 为随机实数序列，即 $\Gamma_n \in [-N/2, N/2]$。此时最终的信号合成带宽同样为 $N\Delta f$。

(3) 高斯分布：$p(\Gamma_n) = A'\exp(-\Gamma_n^2/2\sigma^2)$，其中，$\sigma^2$ 表示方差。$\boldsymbol{\Gamma}$ 为随机实数序列，服从 $N(0,\sigma^2)$ 高斯分布。此时合成带宽与 σ^2 有关，σ^2 越大，信号带宽越大。

对于距离雷达为 R_k 的 K 个散射点，其回波信号可以表示为

$$S_r(t) = \sum_{k=1}^{K} \varepsilon_k \sum_{n=0}^{N-1} \mu_1\left(t - nT_r - \frac{2R_k}{c}\right)\exp\left[j2\pi f_n\left(t - \frac{2R_k}{c}\right)\right] + w(t) \tag{4-3}$$

式中：$\varepsilon_k, k = 1,2,\cdots,K$ 表示第 k 个散射点强度；$w(t)$ 为噪声。

上述回波信号在经过混频、采样后可以得到

$$U(n) = \sum_{n=0}^{N-1} \sum_{k=1}^{K} \varepsilon(k)\exp\left(-j4\pi f_n \frac{R_k}{c}\right) + w_n \tag{4-4}$$

对于 N 个子脉冲组成的采样信号可以得到长度为 $N \times 1$ 维的数据 $\boldsymbol{u}$。如图 4-1所示，将雷达开窗范围 R 进行离散化，均匀划分为 P 个网格。

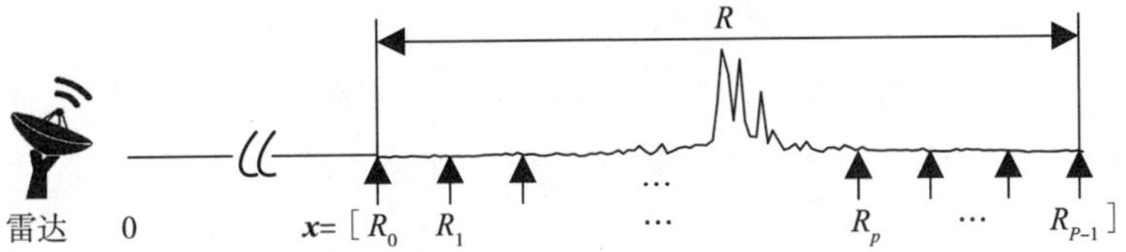

图 4-1　雷达观测距离范围划分示意图

因此，式(4-4)写成矩阵形式可以表示为

$$\boldsymbol{u} = \boldsymbol{\Phi x} + \boldsymbol{w} \tag{4-5}$$

式中：$\boldsymbol{x} \in R^{P\times 1}$ 为离散化合成距离像信息；$\boldsymbol{w}$ 为噪声；$\boldsymbol{\Phi}$ 为 $N \times P(N \leqslant P)$ 维字

典矩阵，构造方式为 $[\boldsymbol{\Phi}]_{N\times P}=\exp\left[-\mathrm{j}4\pi f_n\dfrac{R_p}{c}\right]$。

考虑随机量测条件下的重构模型，此时利用随机量测矩阵 $\boldsymbol{\Psi}_{M\times N}(M\leqslant N)$ 对回波数据进行降采样，对应的降采样回波模型可以表示为

$$\boldsymbol{Y}=\boldsymbol{\Psi u}=\boldsymbol{\Psi\Phi x}+\boldsymbol{\Psi w}=\boldsymbol{\Theta x}+\boldsymbol{w}' \tag{4-6}$$

式中：$\boldsymbol{Y}$ 为 $M\times N$ 维降采样数据；$\boldsymbol{\Theta}$ 为 $P\times P$ 维感知矩阵；$\boldsymbol{w}'$ 为噪声。

依据稀疏重构理论，信号 $\boldsymbol{x}$ 的求解可以转化为 l_0 范数下的最优化问题得到，即

$$\hat{\boldsymbol{x}}=\min\ \|\boldsymbol{x}\|_0\quad \text{s. t.}\quad \boldsymbol{Y}=\boldsymbol{\Theta x}+\boldsymbol{w}' \tag{4-7}$$

对于式(4-7)可以利用常用的稀疏重构算法(如 OMP、SP、SL0 等)实现快速重构，得出距离像合成结果 $\hat{\boldsymbol{x}}$。

4.3 NSF 波形稀疏重构性能分析

实际上，随机稀疏的数据可以视为载频步进序列部分位置不发射子脉冲，即 Γ_n 为 0。因此，不失一般性，本节主要以全数据条件为例，对 NSF 波形稀疏重构性能进行分析。此时，对于 NSF 波形稀疏重构模型，感知矩阵 $\boldsymbol{\Theta}$ 互相关系数可以表示为

$$\boldsymbol{\mu}(i,j)=\frac{1}{N}\left|\sum_{n=0}^{N-1}\exp\left[\mathrm{j}4\pi\frac{\Gamma_n\Delta f}{c}(R_i-R_j)\right]\right| \tag{4-8}$$

式(4-8)可以进一步化简为

$$\boldsymbol{\mu}(l)=\frac{1}{N}\left|\sum_{n=0}^{N-1}\exp\left[\mathrm{j}4\pi\frac{\Gamma_n\Delta f}{c}R_l\right]\right|,l=0,1,\cdots,P-1 \tag{4-9}$$

由式(4-9)可以看出，感知矩阵互相关系数函数与 NSF 波形的一维自相关函数具有相同的表达式，因而感知矩阵互相关系数也对应了 NSF 波形的主旁瓣水平。

当子脉冲载频服从离散均匀分布时，即 Γ_n 为随机整数序列，此时，载频的随机分布并不会影响式(4-9)的求和结果，因此可以直接计算出对应的互相关系数为

$$\boldsymbol{\mu}_{\mathrm{D}}(l)=\frac{\sin(2\pi N\Delta fR_l/c)}{N\sin(2\pi\Delta fR_l/c)} \tag{4-10}$$

当子脉冲载频服从其他形式随机分布时，此时定量化描述 $\boldsymbol{\mu}$ 中元素分布情况将十分困难。对于随机信号，可以利用信号的概率分布特点对其统计性能进

行描述。因此,此处主要利用一阶均值和二阶方差统计量对互相关系数$\boldsymbol{\mu}(l)$的分布情况进行分析。

此时,互相关系数$\boldsymbol{\mu}(l)$均值可以表示为

$$\begin{aligned}\bar{\boldsymbol{\mu}} &= E\{\boldsymbol{\mu}(l)\} \underline{\underline{\mathrm{def}}} \int_{-\infty}^{\infty} \boldsymbol{\mu}(l) f(\boldsymbol{\mu}(l)) \mathrm{d}\boldsymbol{\mu}(l) = \int_{\Gamma_n \in \Xi} \boldsymbol{\mu}(l) \rho(\Gamma_n) \mathrm{d}\Gamma_n \\ &= \frac{1}{N} \int_{\Gamma_n \in \Xi} \rho(\Gamma_n) \exp\left(\mathrm{j}4\pi \frac{\Gamma_n \Delta f}{c} R_l\right) \mathrm{d}\Gamma_n = \frac{1}{N} \Pi(l)\end{aligned} \tag{4-11}$$

式中:$f(\cdot)$为$\boldsymbol{\mu}(l)$的概率密度函数;Ξ为m_n分布区域;$\Pi(l)$为Γ_n分布的特征函数,可以表示为

$$\Pi(l) = \int_{\Gamma_n \in \Xi} \rho(\Gamma_n) \exp\left(\mathrm{j}4\pi \frac{\Gamma_n \Delta f}{c} R_l\right) \mathrm{d}\Gamma_n \tag{4-12}$$

互相关系数$\boldsymbol{\mu}(l)$的方差可以表示为

$$\begin{aligned}&\mathrm{Var}[\boldsymbol{\mu}(l)] \underline{\underline{\mathrm{def}}} E\{\boldsymbol{\mu}^*(l)\boldsymbol{\mu}(l)\} - |\bar{\boldsymbol{\mu}}(l)|^2 \\ &= \frac{1}{N} + \frac{1}{N^2} E\left\{\sum_{n=0}^{N-1} \sum_{,m=0,m\neq n}^{N-1} \exp\left(\mathrm{j}4\pi \frac{\Gamma_n \Delta f}{c} R_l - \mathrm{j}4\pi \frac{\Gamma_m \Delta f}{c} R_l\right)\right\} - \frac{1}{N^2} |\Pi(l)|^2 \\ &= \frac{1}{N} + \left(\frac{1}{N^2} - \frac{1}{N^3}\right) |\Pi(l)|^2 - \frac{1}{N^2} |\Pi(l)|^2 = \frac{1}{N}\left(1 - \frac{1}{N^2} |\Pi(l)|^2\right)\end{aligned} \tag{4-13}$$

基于上述分析,可以得到载频服从连续均匀分布以及高斯分布时对应的互相关系数均值($\bar{\boldsymbol{\mu}}_{\mathrm{L}}(l)$、$\bar{\boldsymbol{\mu}}_{\mathrm{G}}(l)$)、方差($\mathrm{Var}[\boldsymbol{\mu}_{\mathrm{L}}(l)]$)分别为

$$\bar{\boldsymbol{\mu}}_{\mathrm{L}}(l) = \frac{\sin(2\pi N \Delta f R_l / c)}{N 2\pi \Delta f R_l / c} \tag{4-14}$$

$$\mathrm{Var}[\boldsymbol{\mu}_{\mathrm{L}}(l)] = \frac{1}{N}\left[1 - \left(\frac{\sin(2\pi N \Delta f R_l / c)}{N 2\pi \Delta f R_l / c}\right)^2\right] \tag{4-15}$$

$$\bar{\boldsymbol{\mu}}_{\mathrm{G}}(l) = \exp\left(\frac{-8\pi^2 \sigma^2 \Delta f R_l^2}{c^2}\right) \tag{4-16}$$

$$\mathrm{Var}[\boldsymbol{\mu}_{\mathrm{G}}(l)] = \frac{1}{N}\left[1 - \left(\exp\left(\frac{-8\pi^2 \sigma^2 \Delta f R_l^2}{c^2}\right)\right)^2\right] \tag{4-17}$$

而对于载频服从离散均匀分布时,可以看出其互相关系数均值为式(4-10)所示的固定形式,而对应的方差为0。

基于上述分析,图4-2所示为对应的NSF波形不同载频分布条件下互相关系数均值以及方差分布情况示意图,其中,图4-2(a)所示为生成的服从不同随机分布的3组序列计算得出的感知矩阵互相关系数分布情况,图4-2(b)所示为对应的互相关系数统计特性。

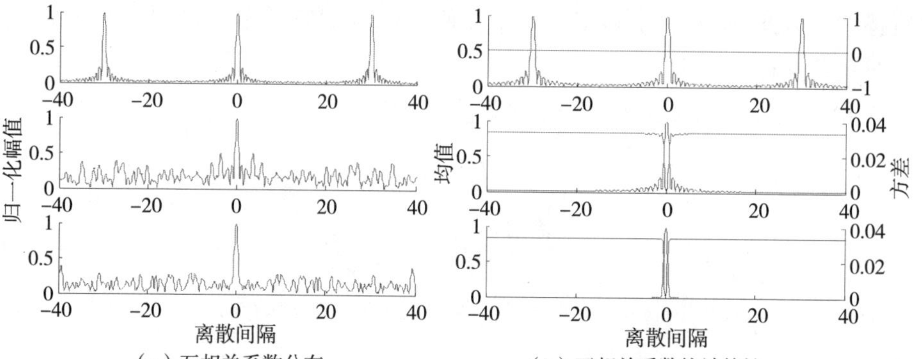

图 4-2 不同分布条件下感知矩阵互相关系数分布情况示意图

图 4-2 中第 1 排为载频服从离散均匀分布,第 2 排为服从连续均匀分布,第 3 排为高斯分布时的互相关系数分布情况。此时,感知均值最大互相关系数对应中心原点(横坐标为 0)以外的最大旁瓣位置。从上面的分析和图 4-2 的仿真结果可得出以下结论。

(1) NSF 波形稀疏重构对应的感知矩阵互相关系数大小与信号载频分布规律和子脉冲个数有关。因此,在相同的合成带宽条件下,选取具有较低旁瓣的载频分布方式可以提高信号的稀疏重构性能。

(2) 当载频服从离散均匀分布时,其互相关系数分布为类"sinc"形式(式(4-10))。实际上,这种随机方式仍然可以视为一种载频线性分布方式,即载频随机序列对最终的结果没有影响。但是这种分布方式下,互相关系数会周期性的出现互相关系数为 1 的情况。

在稀疏重构理论中,待恢复信号稀疏度 K 与最大互相关系数 $\mu_{\max}$ 之间存在如下关系:

$$K \leqslant \frac{1}{2}\left(1 + \frac{1}{\mu_{\max}}\right) \tag{4-18}$$

根据式(4-18)所示的稀疏重构条件,此时将会导致重构失败。因此,为防止互相关系数出现周期性峰值,重构的距离范围 R 一般满足 $R \leqslant c/2\Delta f$。

可以看出,式(4-18)即为步进频率体制中的最大不模糊距离窗范围。这也是当前基于 NSF 波形的稀疏重构方法通常考虑在一个不模糊距离单元的原因,即防止构建的感知矩阵出现相关的列。

(3) 当载频服从连续均匀分布时,其互相关系数分布均值为"sinc"形式,并不会出现周期性峰值,因而重构距离范围并没有限制条件。同样,当载频服从高斯分布时,其互相关系数分布均值为指数函数形式,也避免了周期栅瓣的影响,从而克服了不模糊距离窗的问题。

(4)由于载频服从连续均匀分布或高斯分布时,周期性栅瓣转化为高的旁瓣,造成感知矩阵互相关系数整体偏大(图 4-2(a))。而在不发生距离模糊的范围内,载频服从离散均匀分布时的互相系数分布具有较小的旁瓣。

可以看出,载频服从均匀分布或高斯分布等形式的 NSF 波形可以避免产生距离混叠现象,适用于延展目标的高分辨距离合成,但是高距离旁瓣导致最大互相关系数较大,使得稀疏重构性能下降。研究一种具有低旁瓣载频分布的 NSF 波形对于提高稀疏重构性能具有重要意义。

4.4　基于遗传算法的 NSF 信号波形设计方法

基于 4.3 节分析可知,NSF 波形载频随机分布方式直接影响信号的稀疏重构性能,感知矩阵互相关系数大小与载频的分布形式有关。因此,为进一步提升 NSF 波形的稀疏重构性能,本节研究了一种基于遗传算法的 NSF 波形载频步进量设计方法。

为便于设计,此处以载频服从离散均匀分布的 RSF 波形为基础,假设 NSF 波形第 n 个子脉冲载频可以表示为

$$f_n = f_c + (\Gamma_n + \xi_n)\Delta f \tag{4-19}$$

式中:Γ_n 为第 n 个子脉冲的载频步进量,为服从离散均匀分布的随机整数序列;ξ_n 为第 n 个子脉冲载频偏移量。

波形优化的目的就是通过寻找一组载频偏移量 $\xi = [\xi_1, \xi_2, \cdots, \xi_N]$,使得感知矩阵互相关系数最小。而期望的感知矩阵互相关系数矩阵可以表示为对角单位矩阵形式,即

$$\boldsymbol{I}_{P\times P} = \begin{bmatrix} 1 & 0 & \cdots & 0 \\ 0 & 1 & \cdots & 0 \\ \vdots & \vdots & & \vdots \\ 0 & 0 & \cdots & 1 \end{bmatrix} \tag{4-20}$$

此时,可以设计感知矩阵互相关系数矩阵优化目标函数为

$$\min \ \| \boldsymbol{u} - \boldsymbol{I}_{P\times P} \|_F^2$$
$$\text{s. t.} \begin{cases} |\xi_n| < 1 \\ \xi_1 = 0 \\ \xi_N = 0 \end{cases} \tag{4-21}$$

式中:$\|\cdot\|_F$ 为 F-范数;设置 $\xi_1 = 0$ 以及 $\xi_N = 0$ 是为了保证合成带宽不变。

考虑到感知矩阵最大互相关系数对稀疏重构性能影响较大,为此添加最大

互相关系数约束,式(4-21)优化目标函数可以变为

$$\begin{cases} \min\lambda \ \| \boldsymbol{u} - \boldsymbol{I}_{P\times P} \|_{\mathrm{F}}^{2} + (1-\lambda)\mu_{\max} \\ \qquad \text{s. t.} \begin{cases} |\xi_n| < 1 \\ \xi_1 = 0 \\ \xi_N = 0 \end{cases} \end{cases} \tag{4-22}$$

式中:$\lambda(0 \leqslant \lambda \leqslant 1)$ 为优化系数,用于控制不同优化目标函数的权重。

对于上述非线性优化问题,可以用常用的遗传算法进行优化,得到一组载频偏移量 $\boldsymbol{\xi} = [\xi_1, \xi_2, \cdots, \xi_N]$,从而实现对 NSF 波形载频的优化。

4.5 实验验证与分析

本节主要对上述结论进行仿真验证,首先给出仿真条件,假设 NSF 波形载频 f_c 为 10GHz,合成带宽大小为 300MHz,对应的信号分辨率为 0.5m,仿真中使用 OMP 算法进行稀疏重构。

4.5.1 不同载频随机方式下的重构性能对比

为验证载频服从不同分布方式时的重构性能,设置发射子脉冲个数 N 为 60,载频步进量设置为 5MHz,此时对于载频服从离散均匀分布的 RSF 波形来说,其不模糊距离窗的大小为 30m。图 4-3 所示为不同载频分布方式下的距离成像结果,设置的观测目标在一个不模糊距离窗内,信噪比设置为 15dB,其中,图中脉冲序列显示的是从小到大排列后的序列。

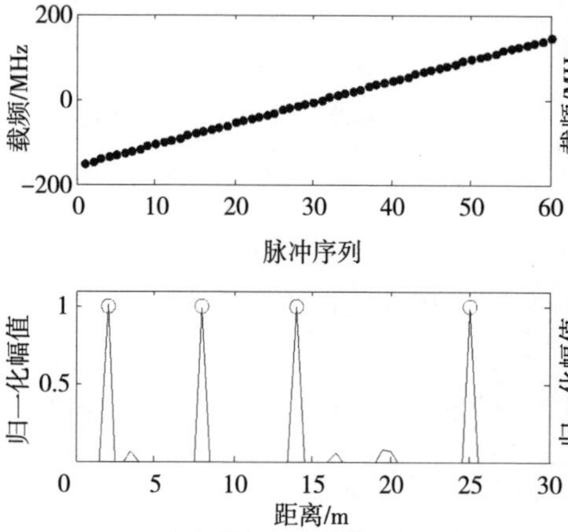

(a) 载频服从离散均匀分布

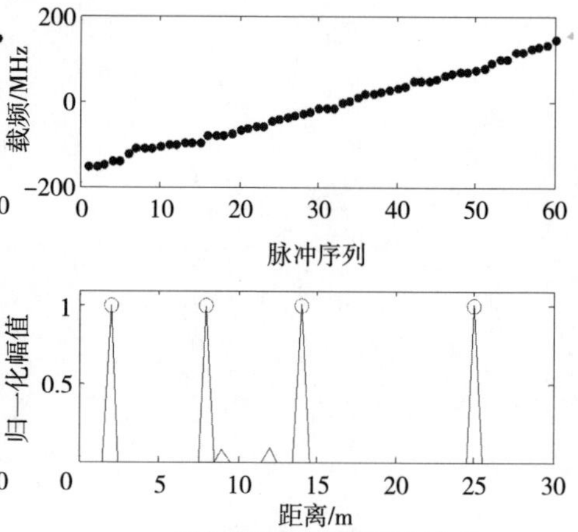

(b) 载频服从连续均匀分布

图 4-3 不同分布条件下距离合成结果示意图

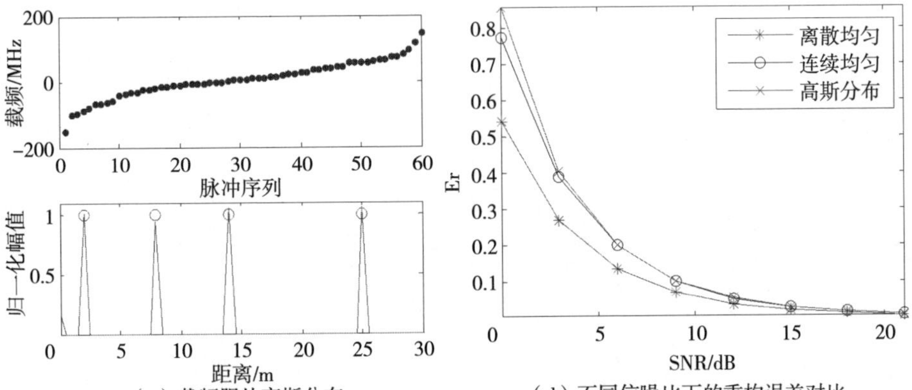

（c）载频服从高斯分布　　（d）不同信噪比下的重构误差对比

图 4-3　不同分布条件下距离合成结果示意图(续)

从图 4-3 的仿真结果可以看出,在 3 种不同的载频分布条件下,NSF 信号均可以得出正确的距离像结果。在图 4-3(d)中,不同信噪比条件下的重构误差对比可以看出,载频服从离散均匀分布的 RSF 波形具有最小的稀疏重构误差,这是由于在一个不模糊距离窗中,离散均匀分布形式所构成的感知矩阵互相关系数旁瓣值明显小于其他两种分布形式。另外,其他两种分布的重构误差相差不大,因为这两种分布具有较高的互相关系数旁瓣值,因而影响了稀疏重构性能。相比较而言,连续均匀分布形式在低信噪比条件下性能稍好于高斯分布的载频步进形式。这两种分布的主要优势在于没有不模糊距离窗限制,因而可以对延展目标进行正确重构。为此设置长度超过一个不模糊距离窗的延展目标,利用这 3 种载频分布方式重构出的结果如图 4-4 所示。

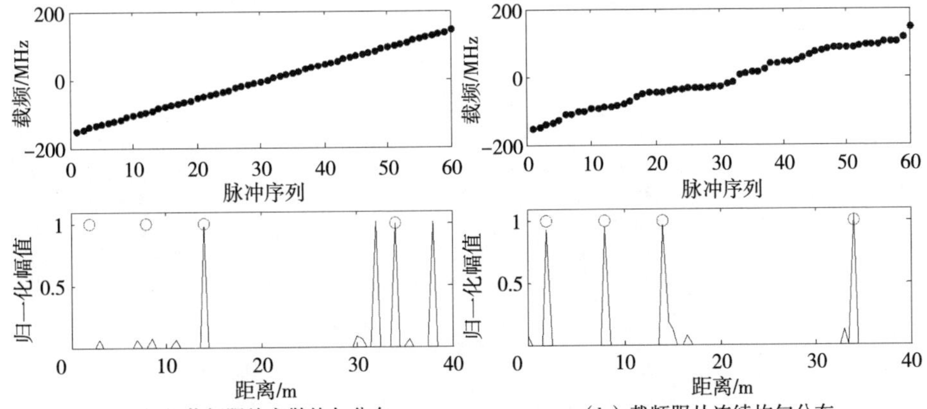

（a）载频服从离散均匀分布　　（b）载频服从连续均匀分布

图 4-4　不同分布条件下距离合成结果示意图

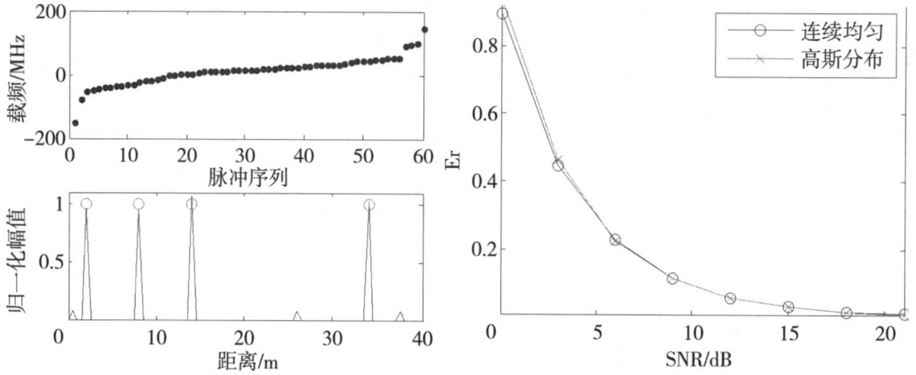

（c）载频服从高斯分布　　（d）不同信噪比下的重构误差对比

图 4-4　不同分布条件下距离合成结果示意图(续)

从图 4-4 的结果可以看出,在目标超过一个不模糊距离窗的条件下,离散均匀分布的 RSF 波形重构结果错误,而其他两种载频分布方式仍可以准确重构出目标的距离像结果。同时,从重构误差来看,这两种载频随机分布方式的 NSF 波形重构误差与图 4-3(d)所示的一个不模糊距离窗内的重构误差相近,因此后续波形设计仿真实验主要以一个不模糊距离窗内的重构为条件进行设计。

4. 5. 2　不同条件下距离合成性能对比

为进一步验证不同条件下的稀疏重构性能,对上述 3 种不同分布方式的 NSF 波形在不同信噪比以及不同子脉冲个数条件下的重构性能进行分析,为使得载频服从离散均匀分布方式下的 NSF 波形可用,设置的目标如图 4-5 所示,即所有散射点在一个不模糊距离窗范围内,图 4-5(a)分别为发射 42 个子脉冲和 24 个子脉冲时重构误差比较,图 4-5(b)为 SNR 分别为 10dB 以及 20dB 时不同发射子脉冲个数时重构误差比较。

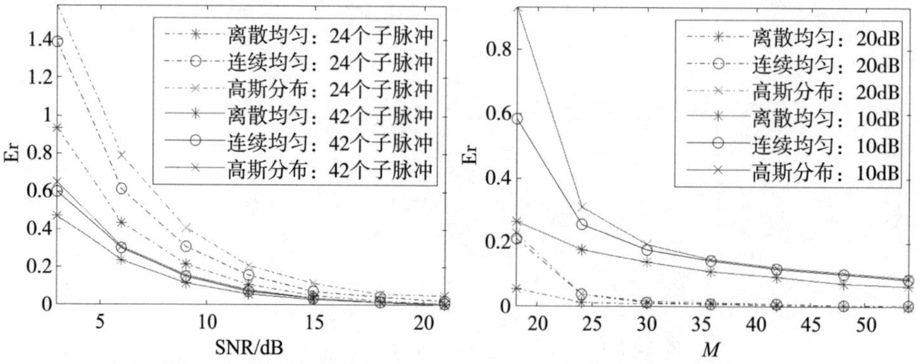

（a）不同SNR条件下的误差对比　　（b）不同发射脉冲数下的重构误差对比

图 4-5　不同分布条件下距离合成误差对比示意图

从上述仿真结果可以看出,在不同的信噪比以及不同的发射子脉冲个数条件下,载频服从离散均匀分布的 NSF 波形均具有最好的稀疏重构性能,这是由于在一个不模糊距离窗内,载频离散均匀分布对应的感知矩阵互相关系数具有最小的旁瓣,因而系数重构性能最好,而其他两种分布方式互相关系数具有较高的旁瓣,所以重构性能受到影响。相比较而言,载频连续均匀分布比高斯分布的重构性能稍好,这与前一个仿真结果一致。

4.5.3　NSF 波形优化性能对比

载频服从连续均匀分布以及高斯分布的 NSF 波形可以克服不模糊距离的问题,但却存在信号旁瓣较高的缺点,影响了信号的稀疏重构性能。为与载频离散均匀分布的 RSF 波形重构性能相比较,设置探测目标在一个不模糊距离窗内。仿真给出了优化后波形稀疏重构结果(发射 30 个子脉冲时)以及与不同载频分布方式下的 NSF 波形重构性能对比。

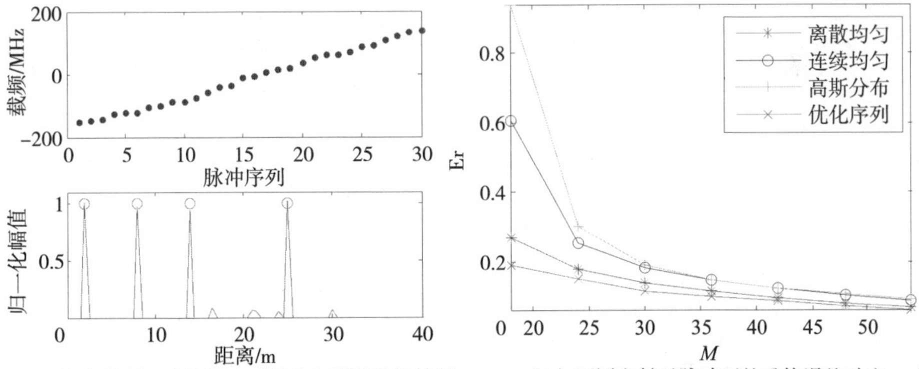

(a) 发射30个子脉冲时的优化波形重构结果　　(b) 不同发射子脉冲下的重构误差对比

图 4-6　不模糊窗内距离合成结果示意图

可以看出,经过波形优化后的 NSF 波形具有最好的稀疏重构性能,也进一步验证了上述对于 NSF 波形稀疏重构性能分析的正确性。

4.6　小　结

本节分析了三种不同载频分布方式下的 NSF 波形稀疏重构性能,并对影响其性能的因素进行了分析。总的来看,离散均匀分布形式的 NSF 波形可以看作一种线性步进方式的波形,其具有步进频率体制存在的不模糊距离窗问题,不适于延展目标的距离像合成。载频服从连续均匀分布以及高斯分布的 NSF 波形避免了不模糊距离窗问题,但是存在较高的旁瓣,从而影响了信号的稀疏重构性能。最后,根据上述问题提出的波形优化方法既避免了不模糊距离窗问题,又降低了信号旁瓣,从而提高了信号的稀疏重构性能。

参考文献

[1]WANG L,HUANG T Y,LIU Y M. Phase compensation and image autofocusing for randomized stepped frequency ISAR[J]. IEEE Sensors Journal,2019,19(10):3784-3796.

[2]陈怡君,李开明,张群,等. 稀疏线性调频步进信号ISAR成像观测矩阵自适应优化方法[J]. 电子与信息学报,2018,40(3):509-516.

[3]吕明久,陈文峰,夏赛强,等. 基于联合块稀疏模型的随机调频步进ISAR成像方法[J]. 电子与信息学报,2018,40(11):2614-2620.

[4]ELAD M. Optimized projections for compressed sensing[J]. IEEE Trans on Signal Process,2007,55(12):5695-5702.

[5]UJJWAL M,SANGHAMITRA B. Genetic algorithm-based clustering technique[J]. Pattern Recognition,2000,33(9):1455-1465.

第五章　步进频率波形平动补偿方法

5.1 引　言

步进频率波形要得到大的合成带宽,需要发射多个子脉冲信号,而进行二维成像时,则需要连续发射多组脉冲串信号。在实际中,外界干扰以及现代多功能雷达的多模工作方式等会使得发射信号存在缺失或者需要人为去除的现象。传统平动补偿方法对这种距离(频率)、方位(孔径)二维同时稀疏的步进频率信号补偿效果不佳,运动补偿将变得困难。

目前步进频率信号运动补偿方法研究主要包括以下方面:一是利用辅助信息补偿方法,最常用的是通过窄带测速得到目标的运动信息,这类方法主要问题是参数估计误差大、补偿精度较低;二是运动参数估计法补偿。主要是利用脉冲间的相关性通过时域法、频域法、最小熵(最大对比度)法等估计目标运动参数;三是基于特定波形的参数估计方法,如针对最常用正负步进频率波形,相应的速度估计算法主要有相位差分法、脉组误差法、脉组求和法等。上述方法大多是基于完整数据条件下的运动参数估计,研究稀疏步进信号主要还是基于运动补偿已经完成或者是基于转台模型,忽略了回波信号稀疏对运动补偿算法带来的不利影响。

本章针对随机稀疏步进信号进行运动补偿使用现有算法效果较差的问题,利用全局类算法对信号稀疏不敏感的特点,提出一种基于全局最小熵的随机稀疏步进信号运动补偿算法。该算法分为包络对齐与初相校正两步。首先通过全局最小熵方法得到包络对齐后的脉冲一维距离像,再以全局最小熵作为代价函数,通过黄金分割法对速度、加速度进行估计。其中,为提高速度估计精度,对速度进行二次估计,第一次为粗速度估计,第二次为精速度估计,进而完成初相校正。理论分析和仿真结果表明该算法具有以下特点:估计精度高、复杂度低、运算量小,且在低信噪比条件下同样适用。

5.2 频率、孔径二维稀疏步进频率信号回波模型

由于子脉冲为单载频信号的频率步进波形与子脉冲为线性调频信号的调频步进波形只相差子脉冲脉压过程,其他处理流程一致,因此本章以随机稀疏调频步进信号(RSCFS)为例分析频率、孔径二维稀疏调频步进信号的运动补偿方法。

由于平台扰动的随机性以及雷达多模工作方式导致最终得到的回波信号是距离、方位二维稀疏的。这里的距离、方位二维稀疏调频步进信号是指每组脉冲串中频率随机稀疏,同时方位向也存在孔径稀疏,其发射波形如图 5-1 所示。图 5-1(a)中虚线部分代表的是缺失子脉冲,且每组脉冲缺失的子脉冲互不相同。图 5-1(b)中每个正方形代表一个子脉冲,其中白色正方形代表缺失的子脉冲,黑色框格为发射子脉冲。沿方位向的整条无色框格代表没有发射的一组子脉冲,即缺失的孔径。下面对这种频率、孔径二维稀疏调频步进信号进行建模。

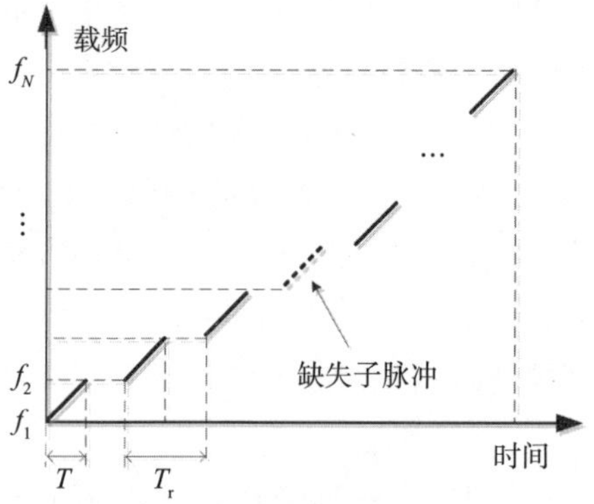

(a) 脉组内稀疏示意图

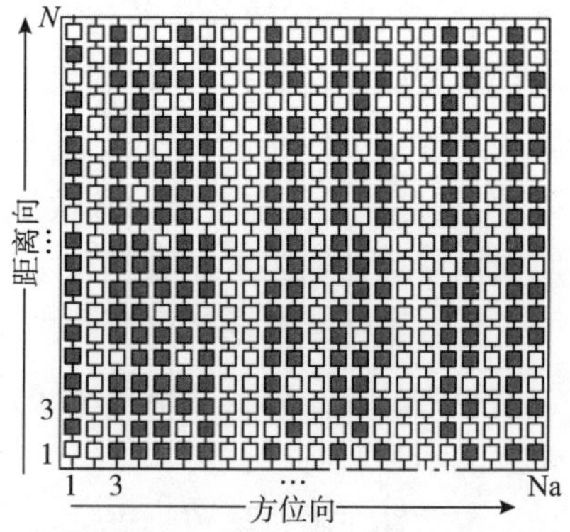

(b) 频率、孔径二维稀疏情况示意图

图 5-1 二维稀疏 CFS 信号波形示意图

前面已给出步进频率回波信号的表示式,而对于发射的多个脉组,其回波可以表示为

$$s_r'(t;n;n_a) = \sum_{n_a=0}^{Na-1}\sum_{n=0}^{N-1}\mu(t - nT_r - t_{n_a} - 2R(n;n_a)/c)$$
$$\exp[j2\pi f_{n,n_a}(t - 2R(n;n_a)/c)] + w \tag{5-1}$$

式中:f_{n,n_a} 表示第 n_a 个脉组中第 n 个子脉冲的载频,可以表示为

$$f_{n,n_a} = f_0 + \Gamma_{n,n_a}\Delta f \tag{5-2}$$

式中:Γ_{n,n_a} 表示第 n_a 个脉组内第 n 个子脉冲载频跳变规律。$\mu(\cdot)$ 为脉内调制

函数，当子脉冲为线性调频信号时，可以表示为

$$\mu(t)=\mathrm{rect}\left(\frac{t}{T}\right)\exp(\mathrm{j}\pi Kt^2) \tag{5-3}$$

为准确描述目标的运动状态，此处假设等效后的目标沿雷达径向速度为 V，径向加速度为 a，加加速度为 Aa，目标离雷达的距离可以表示为

$$R(n;n_{\mathrm{a}})\approx R_0+V(nT_{\mathrm{r}}+n_{\mathrm{a}}NT_{\mathrm{r}})+\frac{1}{2}a\,(nT_{\mathrm{r}}+n_{\mathrm{a}}NT_{\mathrm{r}})^2+\frac{1}{6}\mathrm{Aa}\,(nT_{\mathrm{r}}+n_{\mathrm{a}}NT_{\mathrm{r}})^3 \tag{5-4}$$

式中：R_0 为参考距离。

此时，调频步进回波信号经子脉冲压缩的结果为

$$s''(t;n;n_{\mathrm{a}})=A\frac{\sin\{\pi\mu T[t-nT_{\mathrm{r}}-t_{n_{\mathrm{a}}}-\tau]\}}{\pi\mu T[t-nT_{\mathrm{r}}-t_{n_{\mathrm{a}}}-\tau]}\cdot\exp\{-\mathrm{j}2\pi(f_0+\Gamma_{n,n_{\mathrm{a}}}\Delta f)\tau\} \tag{5-5}$$

式中：第一个相位项为子脉冲压缩后的结果；第二个相位项为频率步进的结果；A 为脉压幅度增益；$\tau=2R_0/c+2(V(nT_{\mathrm{r}}+n_{\mathrm{a}}NT_{\mathrm{r}})+a(nT_{\mathrm{r}}+n_{\mathrm{a}}NT_{\mathrm{r}})^2)/2c+\mathrm{Aa}(nT_{\mathrm{r}}+n_{\mathrm{a}}NT_{\mathrm{r}})^3/6c$。

对于频率、孔径二维稀疏的调频步进信号回波，即在一个脉组内随机发射的频率点数为 $M(M<N)$，其余频点直接置零或不发射；当回波信号孔径随机稀疏时，即随机发射的孔径数为 Na′，其余孔径选择置零或不发射。将调频步进回波脉压信号（式(5-1)）用矩阵 $\boldsymbol{S}''=[\boldsymbol{S}''_1(t;n),\cdots,\boldsymbol{S}''_{n_{\mathrm{a}}}(t;n),\cdots,\boldsymbol{S}''_{\mathrm{Na}}(t;n)]\in\mathbb{C}^{N\times\mathrm{Na}}$ 表示，则频率、孔径二维稀疏过程可以等效为对传统调频步进回波信号在距离、方位二维进行随机抽取后的结果，该过程可以表示为

$$\begin{cases}\boldsymbol{S}'_{n_{\mathrm{a}}}(t;n)=\boldsymbol{\Phi}_{n_{\mathrm{a}}}\boldsymbol{S}''_{n_{\mathrm{a}}}(t;n)\\ \boldsymbol{S}(n;n_{\mathrm{a}})=\boldsymbol{S}'\boldsymbol{\Phi}_{\mathrm{a}}\end{cases} \tag{5-6}$$

式中：$\boldsymbol{S}''_{n_{\mathrm{a}}}$ 为第 n_{a} 组子脉冲序列；$\boldsymbol{\Phi}_{n_{\mathrm{a}}}$ 为频率随机置零矩阵，可以通过从 $N\times N$ 维单位矩阵随机置零 $N-M$ 行得到；$\boldsymbol{S}'_{n_{\mathrm{a}}}=[\boldsymbol{S}'_1(t;n),\cdots,\boldsymbol{S}'_{n_{\mathrm{a}}}(t;n),\cdots,\boldsymbol{S}'_{\mathrm{Na}}(t;n)]\in\mathbb{C}^{N\times\mathrm{Na}}$ 为频率随机稀疏后的信号矩阵；$\boldsymbol{\Phi}_{\mathrm{a}}$ 为孔径稀疏随机置零矩阵，同样可以从 Na×Na 维单位矩阵随机置零 Na−Na′行得到；$\boldsymbol{S}(n;n_{\mathrm{a}})\in\mathbb{C}^{N\times\mathrm{Na}}$ 为随机抽取后的回波脉压结果，即对式(5-5)所示的 N×Na 维回波信号进行行、列随机置零后得到的稀疏回波矩阵。

从式(5-5)可以看出，目标运动将会导致回波产生包络走动以及相位变化。因此，首先需进行脉间包络对齐。稀疏条件下的包络对齐方法将在后文给出，为便于分析，假设包络对齐已完成，在 $t_{n,n_{\mathrm{a}}}=nT_{\mathrm{r}}+t_{\mathrm{a}}+2R_0/c$ 时刻对子脉冲

信号进进行采样，最终得到Na′组回波采样矩阵为

$$\boldsymbol{S}_{\mathrm{u}}(V,a,\mathrm{Aa})=[\boldsymbol{s}_{n,1}(V,a,\mathrm{Aa}),\cdots,\boldsymbol{s}_{n,n_{\mathrm{a}}}(V,a,\mathrm{Aa}),\cdots,\boldsymbol{s}_{n,\mathrm{Na}'}(V,a,\mathrm{Aa})] \tag{5-7}$$

式中

$$\begin{aligned}\boldsymbol{s}_{n,n_{\mathrm{a}}}(V,a,\mathrm{Aa})&=\boldsymbol{u}_{n,n_{\mathrm{a}}}(V,a,\mathrm{Aa})\otimes\exp[-\mathrm{j}4\pi(f_0+\Gamma_{n,n_{\mathrm{a}}}\Delta f)(R_0/c)]\\&=\boldsymbol{u}_{n,n_{\mathrm{a}}}(V,a,\mathrm{Aa})\otimes\boldsymbol{s}(n,n_{\mathrm{a}})\end{aligned} \tag{5-8}$$

式中：⊗表示 Hadarmard 积；$\boldsymbol{s}(n,n_{\mathrm{a}})$ 为距离成像所需的相位信息；$\boldsymbol{u}_{n,n_{\mathrm{a}}}(V,a,\mathrm{Aa})$ 为目标运动引入的相位项，可以表示为

$$\boldsymbol{u}_{n,n_{\mathrm{a}}}(V,a,\mathrm{Aa})=\\\exp\left\{-\mathrm{j}4\pi f_{n,n_{\mathrm{a}}}\left[V(nT_{\mathrm{r}}+n_{\mathrm{a}}NT_{\mathrm{r}})+\frac{1}{2}a\,(nT_{\mathrm{r}}+n_{\mathrm{a}}NT_{\mathrm{r}})^2+\frac{1}{6}\mathrm{Aa}\,(nT_{\mathrm{r}}+n_{\mathrm{a}}NT_{\mathrm{r}})^3\right]/c\right\} \tag{5-9}$$

传统 CFS 信号脉压主要包括子脉冲压缩以及子脉冲间脉冲压缩两个步骤：第一步对接收的子脉冲进行匹配滤波处理，得到目标的“一维粗距离像”；第二步对各组子脉冲进行第二次脉压处理（IDFT），最终得到目标的高分辨率一维距离像。当目标运动时，必须进行运动补偿后才能进行第二次脉压处理，否则将会导致距离像走动导致散焦等，这不仅影响距离向成像，还会使得后续方位向散焦，因此必须对相位时移项加以补偿。为精确的对运动参数进行估计，下面首先对调频步进信号的运动参数估计精度进行分析。

5.3 运动对调频步进信号的影响分析

从式（5-5）可以看出，目标的运动将对脉压信号的包络以及相位产生影响，为了得到正确的合成距离像，就必须对目标的径向运动进行补偿。下面分别分析速度、加速度以及加加速度对调频步进信号距离像合成的影响。

5.3.1 速度对调频步进信号的影响分析

在分析速度对调频步进信号距离像合成的影响时，首先假设目标的加速度、加加速度为零，此时式（5-5）中一组子脉冲信号可以表示为

$$s_{\mathrm{r}}''(t)=A\frac{\sin\{\pi\mu T[t-nT_{\mathrm{r}}-\tau]\}}{\pi\mu T[t-nT_{\mathrm{r}}-\tau]}\exp\left[-\mathrm{j}2\pi f_n\frac{2(R_0-VnT_{\mathrm{r}})}{c}\right]+w \tag{5-10}$$

1）对子脉冲信号脉压的影响分析

（1）包络走动的影响。

目标的运动会导致脉压信号峰值产生偏移，多普勒偏移量为 $2VnT_{\mathrm{r}}/c$。对

于一个脉组内的 N 个回波,其最大走动量为 $2VNT_r/c$ 。为保证后续能够采样到子脉冲脉压的峰值,一般要求可以忍受的最大时移应该小于子脉冲分辨率的一半,即

$$\left|\frac{2VNT_r}{c}\right| < \frac{1}{2\Delta f} \Leftrightarrow |V| < \frac{c}{4\Delta f N T_r} \tag{5-11}$$

(2)对脉压输出幅度的影响。

由目标运动引起的峰值偏移将会导致采样信号幅度的变化,进而影响后续“IDFT”处理时的非均匀加权效应。如果目标运动的最大时移满足 $2VNT_r/c < 1/2\Delta f$,则采样信号仍然可以落在主瓣内,变化量小于 4dB,这时幅度变化对后续 IDFT 处理的影响较小,可以忽略不计。

假设雷达参数设置如下:载频 $f_0 = 10\text{GHz}$,子脉冲个数为 $N = 100$,子脉冲带宽 $\Delta f = 5\text{MHz}$,子脉冲脉宽 $T = 2\mu\text{s}$,则合成总带宽为 500MHz,子脉冲重复频率 PRF = 3000Hz 。图 5-2 所示为不同速度条件下一组子脉冲序列的包络走动示意图。在上述参数下,速度对子脉冲脉压影响可以忽略的条件是 $|V| <$ 450m/s (式(5-11))。这对于常规目标来说是一般可以满足的,但对于高速目标则需要进行补偿,图 5-2 中的实验结果也验证了这一结论。

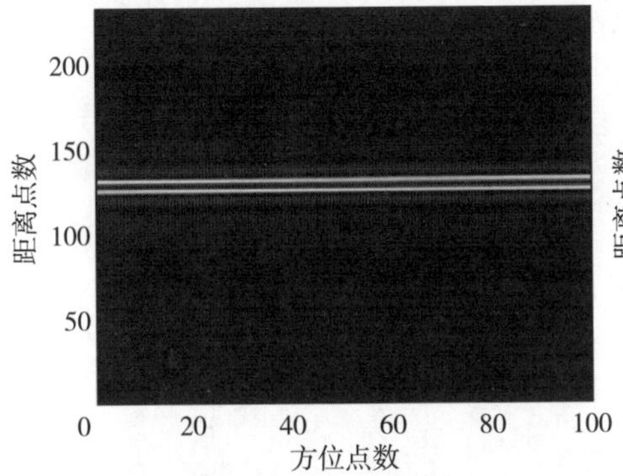

(a)速度为400m/s时的距离像

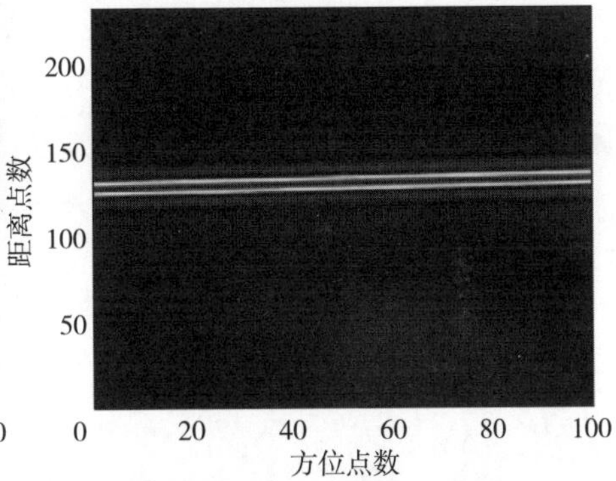

(b)速度为1000m/s时的距离像

图 5-2　速度对子脉冲包络的影响

2)对距离像合成的影响分析

考虑速度对距离像合成的影响,式(5-10)中脉冲间的相位为

$$\psi(t) = 2\pi f_0 \frac{2V}{c} nT_r + 2\pi \Gamma_n \Delta f \frac{2V}{c} nT_r - 2\pi \Gamma_n \Delta f \frac{2R}{c} - 2\pi f_0 \frac{2R}{c} \tag{5-12}$$

(1)一次项的影响。

式(5-12)中第一项 $4\pi f_0 ViT_r/c$ 为一次相位项,一次相位项主要会产生耦合距离误差,在一组子脉冲持续时间内,其造成的耦合距离误差可以表示为

$2f_0VNT_r/\Delta fc$。该相位项主要会造成回波峰值的时移，影响对距离的测量精度，而对距离像的形状无影响，假设可容忍的时移误差为半个合成后的距离单元，即 $1/2N\Delta f$，则补偿速度精度应满足：

$$\left|2f_0\frac{VNT_r}{\Delta fc}\right| < \frac{1}{2\Delta f} \Leftrightarrow |V| < \frac{c}{4Nf_0T_r} \tag{5-13}$$

在上述参数条件下，一次相位项可以忽略的条件是 $|V| < 0.25\text{m/s}$。由此可见，对于一次项的补偿精度要求很高。

(2)二次项的影响。

式(5-12)中第二项 $4\pi\Gamma_n\Delta fVnT_r/c$ 为二次相位项，它会导致合成距离的时移以及发散。假设子脉冲步进规律 $\Gamma_n=[0,1,\cdots,N-1]$，并假设一组子脉冲持续时间内二次相位变化不超过 π 为合成像的不失真条件，则目标速度 V 应满足以下关系：

$$\left|2\pi\Gamma_n\Delta f\frac{2V}{c}nT_r\right| < \pi \Leftrightarrow |V| < \frac{c}{4N^2\Delta fT_r} \tag{5-14}$$

在上述参数条件下，二次相位项可以忽略的条件是 $|V|<4.5\text{m/s}$。由此可见，对于二次项的补偿精度要求要远低于一次项的补偿精度。图 5-3 所示为在不同速度条件下合成距离像的结果示意图。可以看出，一次项主要导致合成距离像的走动，且在速度较小的情况下，走动就较为明显。二次项主要导致合成距离像的发散，但并不会导致距离走动。

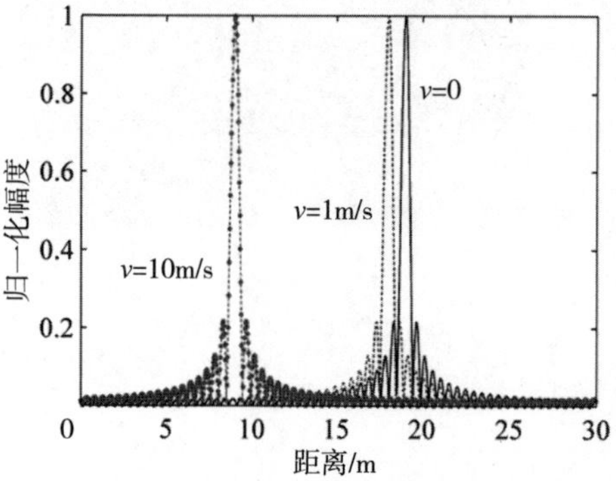

(a) 一次项对距离像合成的影响

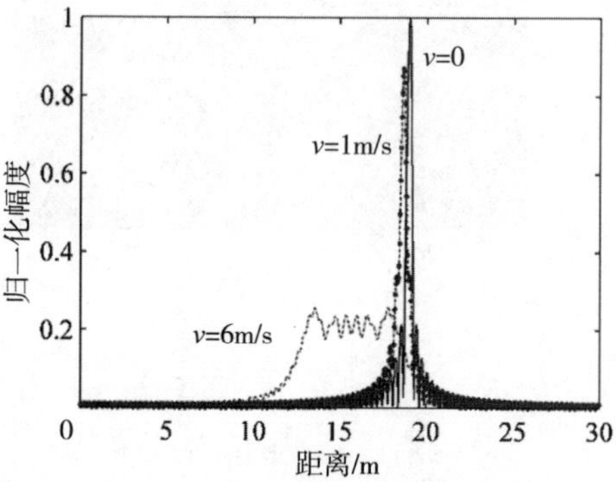

(b) 二次项对距离像合成的影响

图 5-3 速度对距离像合成的影响

5.3.2 加速度对调频步进信号的影响

下面分析加速度对调频步进信号距离合成的影响。假设速度为零，式(5-5)可以写为

$$U_r(t)=A\frac{\sin\{\pi\mu T[t-nT_r-2(R_0-a(nT_r)^2/2)/c]\}}{\pi\mu T[t-nT_r-2(R_0-a(nT_r)^2/2)/c]}\exp[-j4\pi f_n(R_0-a(nT_r)^2/2)/c]+w \tag{5-15}$$

1)对子脉冲信号脉压的影响分析

(1)包络走动的影响。

同速度引起的脉压峰值偏移一样,目标的加速度也会导致脉压峰值的偏移,在一个脉组内的最大走动量为 $a(nT_r)^2/c$,为保证成像质量,同样要求可以忍受的最大时移小于子脉冲分辨率的一半,即

$$\left|\frac{a(nT_r)^2}{c}\right|<\frac{1}{2\Delta f}\Leftrightarrow|a|<\frac{c}{4\Delta f(NT_r)^2} \tag{5-16}$$

(2)对脉压输出幅度的影响。

若目标运动的最大时移满足 $|a(nT_r)^2/c|<1/2\Delta f$,则采样信号仍然可以落在主瓣内,变化量小于4dB,这时幅度变化对后续IDFT处理的影响较小。因此,只要满足式(5-16)的要求即可保证对采样信号强度的要求。

图5-4所示为加速度对子脉冲包络走动的影响示意图。可以看出在加速度为5000m/s²,子脉冲包络基本没有走动,当加速度达到30000m/s²,子脉冲包络的出现较为明显的走动。在上述参数条件下,加速度对子脉冲脉压的影响可以忽略的条件是 $|a|<1.35\times10^4\ \mathrm{m/s^2}$。这一补偿精度要求在实际中通常可以满足,可见加速度对子脉冲脉压的影响基本可以忽略不计。

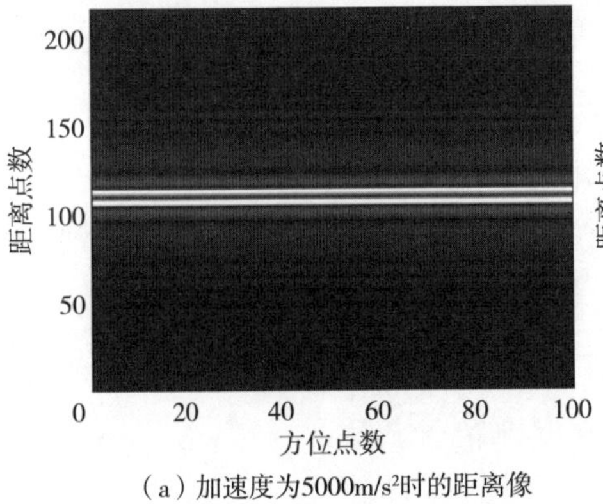

(a)加速度为5000m/s²时的距离像

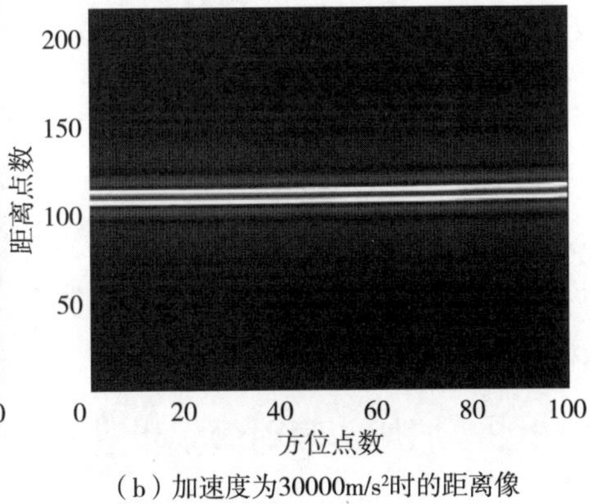

(b)加速度为30000m/s²时的距离像

图5-4　加速度对距离像合成的影响

2)对距离像合成的影响分析

考虑加速度对距离像合成的影响,式(5-15)中脉冲间的相位为

$$\psi(t)=\pi\Gamma_n\Delta f\frac{a}{c}(nT_r)^2+\pi f_0\frac{a}{c}(nT_r)^2-2\pi\Gamma_n\Delta f\frac{2R}{c}-2\pi f_0\frac{2R}{c} \tag{5-17}$$

由此(5-17)可以看出,加速度的存在使得距离像出现相位项出现二次项、三次项,将会导致距离像的偏移和发散。对这两项的补偿精度同样是满足在成像时间内距离像展宽不超过距离分辨单元的一半,即相位变化不超过 π,因此有下面加速度二次项、三次项补偿精度要求。

(1)二次项补偿精度。

$$|a| < \frac{c}{2N^2 f_0 T_r^2} \tag{5-18}$$

以上述参数为例,对加速度二次项的补偿精度要求为 $|a|<13.5\text{m/s}^2$。

(2)三次项补偿精度。

$$|a| < \frac{c}{2N^3 \Delta f T_r^2} \tag{5-19}$$

同样,在上述参数条件下,对加速度三次项的补偿精度要求为 $|a|<270\text{m/s}^2$。下面以一组仿真实验验证加速度对调频步进信号距离像合成的影响,图 5-5 所示为不同加速度对距离像合成结果的影响。

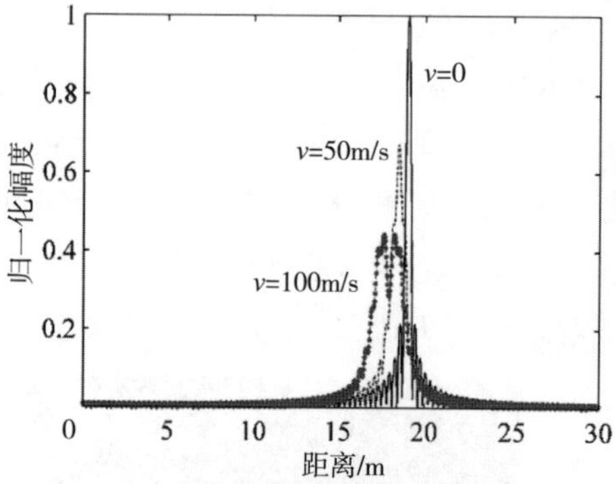

(a)二次项对距离像合成的影响

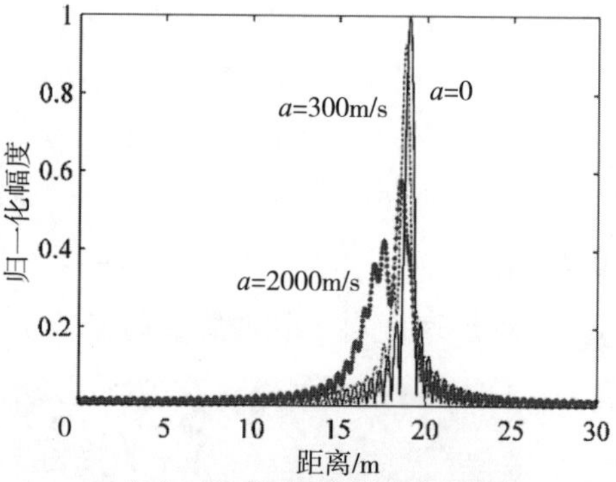

(b)三次项对距离像合成的影响

图 5-5 加速度对距离像合成的影响

从图 5-5 中可以清楚地看出,在相同的加速度情况下,二次项对距离像合成的影响远大于三次项的影响,补偿精度要求也越高,实际中必须对加速度二次项进行补偿。

5.3.3 加加速度对调频步进信号的影响

下面分析加加速度对调频步进信号的影响,此时同样假设速度、加速度为零,式(5-5)可以改写为

$$U_r(t) = A\frac{\sin\{\pi\mu T[t - nT_r - 2(R_0 - \text{Aa}\,(nT_r)^3/6)/c]\}}{\pi\mu T[t - nT_r - 2(R_0 - \text{Aa}\,(nT_r)^3/6)/c]}$$
$$\exp[-\text{j}2\pi f_n(R_0 - \text{Aa}\,(nT_r)^3/6)/c] + w \tag{5-20}$$

分析加加速度对调频步进信号的影响与加速度分析过程相似，这里不再赘述，只给出具体结论。

(1)包络走动的影响。

加加速度需要满足的补偿条件为

$$|Aa| < \frac{3c}{2\Delta f\,(NT_r)^3} \tag{5-21}$$

同样在上述参数条件下，对加加速度的补偿精度要求为 $|Aa|<2.4\times10^6\ \mathrm{m/s^3}$。

(2)对脉压输出幅度的影响。

该项补偿精度与式(5-21)相同，补偿精度要求同样为 $|Aa|<2.4\times10^6\ \mathrm{m/s^3}$。

(3)三次项补偿精度。

三次项需要满足的补偿条件为

$$|Aa| < \frac{3c}{2N^3 f_0 T_r^3} \tag{5-22}$$

在上述参数条件下，三次项的补偿精度要求为 $|Aa|<1215\ \mathrm{m/s^3}$

(4)四次项补偿精度。

四次项需要满足的补偿条件为

$$|Aa| < \frac{3c}{2N^4 \Delta f T_r^3} \tag{5-23}$$

在上述参数条件下，四次项的补偿精度要求为 $|Aa|<2.4\times10^4\ \mathrm{m/s^3}$。

图 5-6 所示为加加速度对调频步进子脉冲包络以及距离像合成的影响示意图。从上述加加速度补偿要求以及图 5-6 的结果来看，对加加速度的补偿精度要求均较低，在实际中通常很容易满足，因此在对目标进行运动补偿时可以忽略加加速度的影响。

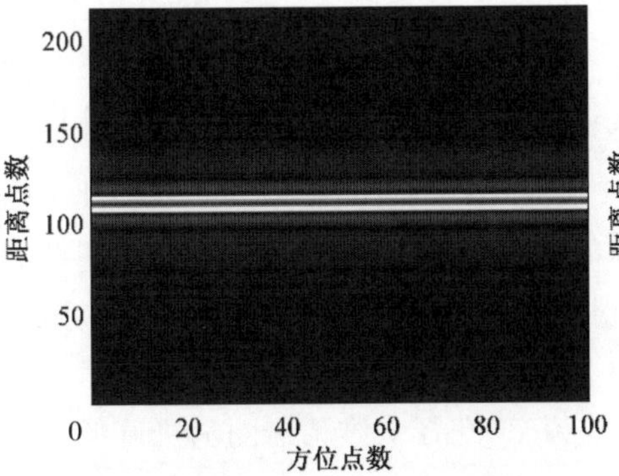

(a) 加加速度为20000m/s³时的距离像

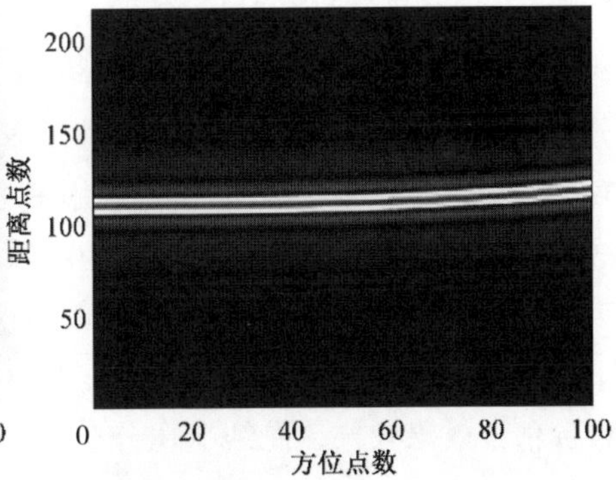

(b) 加加速度为3×106m/s³时的距离像

图 5-6 加加速度对距离像合成的影响

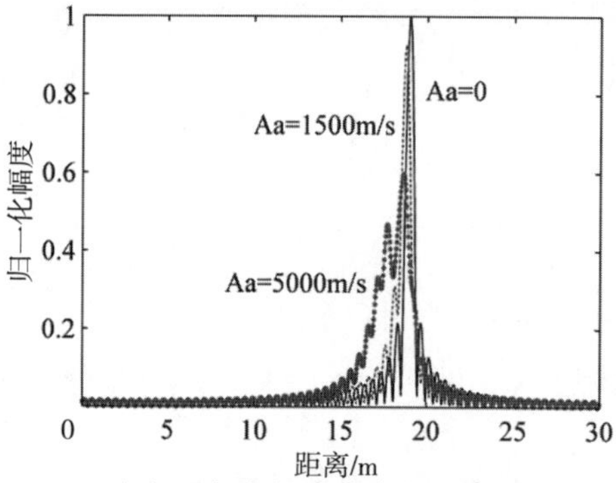

（c）三次项对距离像合成的影响

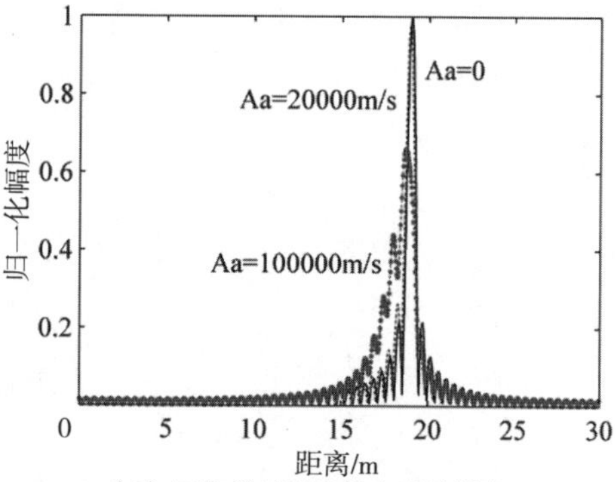

（d）四次项对距离像合成的影响

图 5-6　加加速度对距离像合成的影响(续)

综上所述,运动对调频步进信号的距离像合成具有较大影响,必须进行补偿。首先,调频步进信号距离像合成对速度的补偿精度要求较高,同时需要高精度的加速度补偿要求,而对于加加速度的要求相对较低。为此,实际情况中可以忽略对加加速度的补偿要求。下面基于上述结论,研究波形稀疏条件下的调频步进信号运动补偿新方法。

5.4　频率、孔径二维稀疏调频步进信号运动补偿新方法

5.4.1　信号稀疏对运动补偿的影响

传统的步进频率信号在进行运动参数估计时大多利用的是相邻脉组中对应载频的子脉冲进行相关处理或者对一维距离像进行参数搜索补偿,并利用评价指标(最小熵、对比度等)进行精度判别的方式。在信号不稀疏的情况下,这些方法具有较好的估计精度且处理简单。但是,由于上述方法利用回波信号部分信息进行处理,当信号频率、孔径二维稀疏时,估计精度受到信号稀疏的影响较大。当信号频率稀疏时,传统利用一个脉组的距离像进行运动参数估计的方法由于子脉冲的部分缺失而导致距离像的旁瓣较高,这无疑增大了参数估计的难度。当信号孔径稀疏时,利用相邻脉组子脉冲进行相关处理的方法将会由于子脉冲的空缺而造成误差增大甚至失效。此外,这类方法对于具有加速运动的目标估计效果较差。总结上述分析,对于频率、孔径二维稀疏的随机调频步进信号,传统运动补偿算法存在的主要问题有以下几点。

(1)由于只利用了信号的部分信息进行参数估计,受信号稀疏的影响将会增大。

(2)当信号稀疏时,估计精度将会大大降低,甚至失效。

(3)传统利用子脉冲相关性的算法对具有加速度的运动目标参数估计性能较差。

可以看出,传统的这类方法由于只利用了部分回波信息进行运动参数估计,所以“抵抗”稀疏的性能较差。因此,本章提出利用全局类方法对信号稀疏不敏感的特点对随机稀疏调频步进信号进行运动补偿,下面具体进行分析。

5.4.2 基于全局最小熵的运动补偿方法

针对频率、孔径稀疏随机调频步进信号,类似常规处理思想,本章将其运动补偿分为包络对齐、初相校正两步处理,下面分别进行分析。

1)包络对齐处理

传统的包络对齐算法如互相关法、最小熵法、Norm1 法等都是基于相邻脉冲之间的相关性进行对齐,由于信号稀疏,常规的包络对齐算法性能将会下降甚至失效,具体效果将在后文仿真中给出。文献[19]中全局最小熵包络对齐方法利用的是全局思想对随机稀疏线性调频信号进行包络对齐,且具有处理速度快的优势。本章将该方法用于频率、孔径二维稀疏调频步进信号的包络对齐。对于脉压后的稀疏信号 $\boldsymbol{S}'_{n_{\mathrm{a}}}(t;n)$,其全局最小熵 E 可表示为

$$E = -\int_{t} p_{\mathrm{ave}}(t)\ln p_{\mathrm{ave}}(t)\,\mathrm{d}t \tag{5-24}$$

$$P_{\mathrm{ave}}(t) = \sum_{n_a=1}^{\mathrm{Na}'} \left|\boldsymbol{S}'_{n_{\mathrm{a}}}(t;n)\right| \tag{5-25}$$

式中:$P_{\mathrm{ave}}(t)$ 表示和包络,它包含了所有脉冲的包络信息。

由于全局最小熵包络对齐算法在计算全局熵值时运用了全部的包络信息,弥补了脉冲间的不连贯,因此能够完成随机稀疏调频步进频信号回波的包络对齐。

2)初相校正

在完成随机稀疏调频步进信号包络对齐以后,便可得到 Na′组回波采样矩阵 $\boldsymbol{S}_{\mathrm{u}}(V,a)=[\boldsymbol{s}_{n,1}(V,a),\cdots,\boldsymbol{s}_{n,n_{\mathrm{a}}}(V,a),\cdots,\boldsymbol{s}_{n,\mathrm{Na}'}(V,a)]$。其中包含由目标运动带来的相位项 $[u_{n,1}(V,a),\cdots,u_{n,n_{\mathrm{a}}}(V,a),\cdots,u_{n,\mathrm{Na}'}(V,a)]$,必须进行初相校正。由于步进信号子脉冲载频步进变化,因此无法运用传统的 PGA 法、多普勒中心法等进行初相校正。可以通过估计目标的速度与加速度,构建补偿函数来完成,即

$$\boldsymbol{S}'_{\mathrm{u}}(n,n_{\mathrm{a}}) = \boldsymbol{S}_{\mathrm{u}}(V,a)\odot\boldsymbol{U}(-\hat{V},\ -\hat{a}) \tag{5-26}$$

式中：$\boldsymbol{S}'_{\mathrm{u}}(n,n_{\mathrm{a}})=[s'_{\mathrm{u}}(n,1),\cdots,s'_{\mathrm{u}}(n,n_{\mathrm{a}}),\cdots,s'_{\mathrm{u}}(n,\mathrm{Na}')]$ 为相位补偿后的数据矩阵；$\hat{V}$、$\hat{a}$ 分别为估计得到的速度、加速度值，；$U(-\hat{V},\hat{a})$ 可表示为

$$\boldsymbol{U}(-\hat{V},-\hat{a})=[u_{n,1}(-\hat{V},-\hat{a}),\cdots,u_{n,n_{\mathrm{a}}}(-\hat{V},-\hat{a}),\cdots,u_{n,\mathrm{Na}'}(-\hat{V},-\hat{a})] \tag{5-27}$$

并称为运动补偿矩阵。

由于调频步进信号的距离、多普勒解耦特点，因此可以对速度、加速度分别进行估计。一方面可以避免对速度、加速度熵值二维曲面进行搜索带来的运算量大的问题。另外，由于步进频率波形对速度的补偿精度要求较高，为进一步提高速度估计精度，可以将速度估计分成两步进行：首先对速度进行粗估计，再进行加速度估计；然后再对速度进行一次精估计，最终得到精确的速度、加速度估计值。

经过式(5-26)的相位补偿，再将子脉冲序列进行顺序重排，然后通过对缺失频点补零后进行 IDFT 处理便可得到 Na′组近似的目标一维距离像。

$$\begin{aligned}|\hat{s}(k,n_{\mathrm{a}})|&=\frac{1}{N}\left|\sum_{n=0}^{N-1}s'_{\mathrm{u}}(n,n_{\mathrm{a}})\exp(\mathrm{j}2\pi nk/N)\right|\\&=\frac{1}{N}\left|\frac{\sin(\pi(k-2N\Delta fR_0/c))}{\sin\left(\frac{\pi}{N}(k-2N\Delta fR_0/c)\right)}\right|+\xi(N,n_{\mathrm{a}})\end{aligned} \tag{5-28}$$

式中：$k=0,1,\cdots,N-1$；$\xi(N,n_{\mathrm{a}})$ 可视为因频点缺失而引入的起伏噪声。

需要指出的是，此处利用的“IDFT”处理结果并不是为了得到高分辨距离像，只是作为估计目标运动参数的参考量，所以精度要求并不高。要想得到更为精确的目标一维距离像可以通过其他成像方法获得，这也是第 6 章需要研究的具体内容。

因此，如果能够正确估计出运动参数，便能得到精确的初相校正结果，消除运动引入的相位项。传统的最小熵、最大对比度法利用的是一个一维距离像通过遍历搜索来进行运动参数估计，当回波数据稀疏时，一维距离像将会出现较高的旁瓣，此时只利用一组数据将会出现较大误差，导致估计精度不高，而且需要对速度、加速度区间进行遍历搜索，运算量较大。针对上述问题，为提高估计精度，本章通过构造全局最小熵函数，将全部一维距离像信息都用于运动参数估计过程。为叙述方便，假设用 $\hat{s}_{V,a}(k,m)$ 表示速度补偿后的一维距离像，构造的随机稀疏调频步进信号全局最小熵函数如下。

$$E(V,a)=-\sum_{k=0}^{N-1}h_k(V,a)\ln h_k(V,a) \tag{5-29}$$

$$h_k(V,a)=\frac{\sum\limits_{n_a=0}^{\mathrm{Na}'-1}|\hat{s}_{V,a}(k,n_{\mathrm{a}})|}{\sum\limits_{n_{\mathrm{a}}=0}^{\mathrm{Na}'-1}\sum\limits_{k=0}^{N-1}|\hat{s}_{V,a}(k,n_{\mathrm{a}})|} \tag{5-30}$$

式中：$h_k(V,a)$ 包含了全部 Na′组一维距离像信息。

从式(5-29)可以看出，全局最小熵与速度、加速度有关，如果估计出的速度、加速度参数越精确，补偿后的 Na′组一维距离像 $\hat{s}_{V,a}(k,n_{\mathrm{a}})$ 便越接近于真实值，此时全局最小熵便越小；反之，则熵值越大。因此可以基于式(5-29)进行运动参数搜索。

为克服传统参数遍历法运算量大的缺点，本章运用黄金分割法思想进行参数搜索。因此，本章基于全局最小熵的稀疏随机调频步进信号运动补偿算法步骤如下。

步骤 1：运用全局最小熵包络对齐算法对稀疏回波进行包络对齐，得到 M' 组脉冲的回波采样数据 $\boldsymbol{S}_u(V,a)$ 。

步骤 2：设置速度搜索区间：$\hat{V}=[v_{\min},v_{\max}]$，设置搜索精度 ε，一般搜索精度 $\varepsilon=0.001$。

步骤 3：选取黄金分割点 v_1、v_2，满足 $v_1=\hat{v}_{\max}-\alpha(\hat{v}_{\max}-\hat{v}_{\min})$ 、$v_2=v_{\min}+\alpha(v_{\max}-v_{\min})$，$\alpha=0.618$ 为黄金分割点。

步骤 4：构建运动补偿函数 $u_{n_a,n}(-v_1,0)$ 、$u_{n_a,n}(-v_2,0)$，对回波采样序列进行补偿，通过“IDFT”得到 Na' 组一维距离像 $\hat{s}_{v_1}(k,n_{\mathrm{a}})$ 、$\hat{s}_{v_2}(k,n_{\mathrm{a}})$，并计算该速度条件下最小熵值 $E(v_1)$ 、$E(v_2)$ 。计算公式分别为

$$\begin{cases}\hat{s}_{v_1}(k,n_{\mathrm{a}})=\mathrm{IDFT}[s_{n,n_{\mathrm{a}}}(v,a)\odot u_{n,n_{\mathrm{a}}}(-v_1,0)]\\ \hat{s}_{v_2}(k,n_{\mathrm{a}})=\mathrm{IDFT}[s_{n,n_{\mathrm{a}}}(v,a)\odot u_{n,n_{\mathrm{a}}}(-v_2,0)]\end{cases} \tag{5-31}$$

$$\begin{cases}E(v_1)=-\sum\limits_{k=0}^{N-1}h_k(v_1)\ln(h_k(v_1))\\ E(v_2)=-\sum\limits_{k=0}^{N-1}h_k(v_2)\ln(h_k(v_2))\end{cases} \tag{5-32}$$

式中

$$\begin{cases}h_k(v_1)=\sum\limits_{n_{\mathrm{a}}=0}^{\mathrm{Na}'-1}|\hat{s}_{v_1}(k,n_{\mathrm{a}})|/\sum\limits_{n_{\mathrm{a}}=0}^{\mathrm{Na}'-1}\sum\limits_{n=0}^{N-1}|\hat{s}_{v_1}(k,n_{\mathrm{a}})|\\ h_k(v_2)=\sum\limits_{n_{\mathrm{a}}=0}^{\mathrm{Na}'-1}|\hat{s}_{v_2}(k,n_{\mathrm{a}})|/\sum\limits_{n_{\mathrm{a}}=0}^{\mathrm{Na}'-1}\sum\limits_{n=0}^{N-1}|\hat{s}_{v_2}(k,n_{\mathrm{a}})|\end{cases} \tag{5-33}$$

步骤 5：若 $|v_1-v_2|>\varepsilon$，则收缩搜索区间。

若 $E(v_1) < E(v_2)$，则收缩搜索区间如下：

$$\begin{cases} v_{\max} = v_2 \\ v_2 = v_1 \\ E(v_2) = E(v_1) \\ v_1 = v_{\max} - \alpha(v_{\max} - v_{\min}) \\ E(v_1) = -\sum_{k=0}^{N-1} h_k(v_1)\ln(h_k(v_1)) \end{cases} \tag{5-34}$$

若 $E(v_1) > E(v_2)$，则收缩搜索区间如下：

$$\begin{cases} v_{\min} = v_1 \\ v_1 = v_2 \\ E(v_1) = E(v_2) \\ v_2 = v_{\min} + \alpha(v_{\max} - v_{\min}) \\ E(v_2) = -\sum_{n'=0}^{N-1} h_k(v_2)\ln(h_k(v_2)) \end{cases} \tag{5-35}$$

步骤 6：经过 K 次迭代后，若 $|v_1 - v_2| \leqslant \varepsilon$，则终止参数搜索。此时若 $E(v_1) < E(v_2)$，则 v_1 为最终的速度估计值；否则 v_2 为最终的速度估计值。

速度的精估计按照上述过程进行，在此不再赘述。在第二次速度精估计时，由于速度误差已经较小，可以缩小速度搜索范围，减少处理时间。

最终，总结本章算法实现步骤如图 5-7 所示。

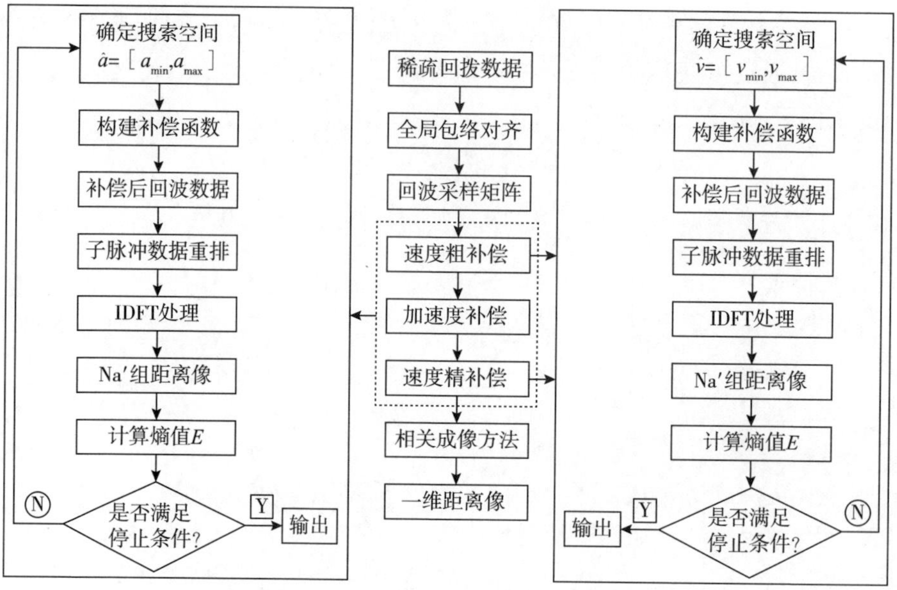

图 5-7　本章方法处理流程示意图

5.5 算法性能分析

5.5.1 运算量分析

本章方法包括包络对齐与初相校正两个步骤，下面分别进行分析。

包络对齐阶段：对于全局最小熵包络对齐方法，其计算量主要集中在算法中时、频域转换过程，一般迭代 3~7 次即可满足估计精度要求。如果忽略运算量较小的加法、乘法运算，算法中只用到了 4 次傅里叶变换，一次傅里叶变换的运算量为 $O(N\log_2 N)$，对于整个包络对齐过程运算量为 $4P\mathrm{Na}NO(N\log_2 N)$，$P$ 为迭代次数。

初相校正阶段：其主要运算量集中在参数搜索阶段。黄金分割法迭代次数 J_v 可以用下式计算，即

$$J_v \geqslant \frac{\log\dfrac{\varepsilon}{v_{\max}-v_{\min}}}{\log\alpha} \tag{5-36}$$

通常第一次速度搜索范围设置较大，假设速度范围为[−1000,1000]，精度 $\varepsilon=0.001$，则速度迭代次数为 30 次；第二次速度精估计搜索范围不需很大，通常设置为[−100,100]，此时迭代次数为 25 次。同理，加速度估计范围通常设置为[−50,50]，迭代次数为 $J_a=29$ 次。而利用的是速度、加速度区间遍历的方法，假设搜索区间及精度要求不变，仅速度区间搜索次数就要达到 2×10^6 次，这将消耗大量的处理时间。而本章算法大大缩减了搜索次数，减少了运算时间。

另外，在熵值计算过程中，只有简单的加法、乘法运算，计算量较小。主要运算量同样集中在傅里叶变换过程，一次搜索需进行 2Na 次傅里叶变换，则运算量为 $O(2\mathrm{Na}N\log_2 N)$，那么总的运算量为 $O(2J_V\mathrm{Na}N\log_2 N+2J_a\mathrm{Na}N\log_2 N)$。

总的来说，本章提出的随机稀疏调频步进信号运动补偿算法总的运算量为 $4P\mathrm{Na}NO(N\log_2 N)+O((J_V+2J_a)2\mathrm{Na}N\log_2 N)$。可以看出，由于算法中最耗时的运算为傅里叶变换过程，所以本章算法运算量较小。

5.5.2 抗噪性能分析

在随机稀疏调频步进信号运动补偿算法中，常规最小熵方法通常利用一个脉冲串进行处理，而本章算法利用的是所有脉冲信息，增加了信噪比积累，适用

于低信噪比条件下的运动补偿。具体来看,对于 IDFT 过程具有 N' 倍的信噪比积累。由于运动参数估计运用了全局的思想,利用了 Na′组脉冲,所以具有 Na′倍信噪比积累。因此,相对于常规处理算法,本章算法具有 N'Na′倍信噪比增益,更加适用于低信噪比条件下的运动补偿。

5.6 实验验证与分析

首先说明本章欠采样率、信噪比、参数估计误差的定义。定义信号频率、孔径二维欠采样率为 $\alpha(\alpha_r,\alpha_a)$ 。其中,$\alpha_r = M/N$ 表示子脉冲欠采样率,$\alpha_a = \mathrm{Na}'/\mathrm{Na}$ 表示方位向脉组欠采样率, M 、Na′分别为稀疏后信号的频点与孔径数。定义信号信噪比计算公式为 $\mathrm{SNR}=10\lg((P-P')/P')$。其中, $P=\|S_P\|_F^2/(\mathrm{Na}N)$ 为仿真信号的平均功率, S_P 为回波信号。$P'=\|S'\|_F^2/(\mathrm{Na}N)$ 为噪声的平均功率, S' 为添加的高斯白噪声。定义速度、加速度参数估计误差公式为 $\mathrm{Er}=\|\boldsymbol{x}-\hat{\boldsymbol{x}}\|_F^2/\|\boldsymbol{x}\|_F^2$。其中, x 、$\hat{x}$ 分别为参数的真实值与估计值。

5.6.1 算法性能仿真

假设雷达发射信号为频率、孔径二维 RCFS 信号,其参数设置如 4.3 节保持一致,子脉冲个数 Na=128,雷达与目标中心的距离为 R_0=45km,等效后的目标运动速度 V=400m/s,加速度为 a=30m/s,信噪比为 0。仿真所用模型如图 5-8 所示,仿真散射点距离设置为 0,5m,8m。对于欠采样率为 α(0.8,0.8)的随机稀疏调频步进波形,其包络对齐前后的效果如图 5-9 所示。

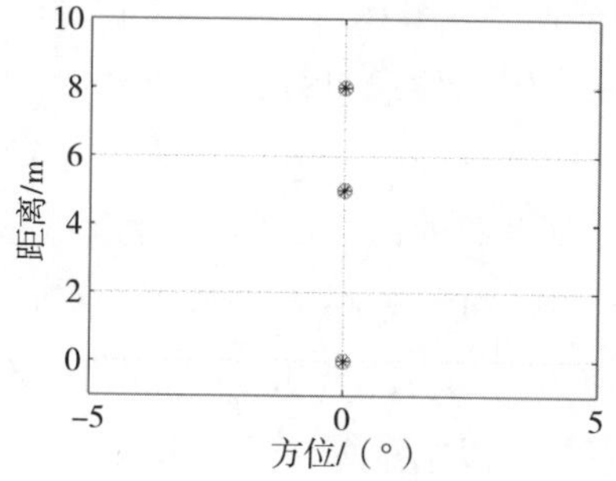

图 5-8 目标模型

仿真结果分析:图 5-9(a)所示为包络对齐前的效果,存在明显的走动。图 5-9(b)~图 5-9(e)分别为用不同包络对齐算法进行包络对齐后的效果。可以看出,由于相关性遭到破坏,互相关法、最小熵法得到的包络对齐效果较差，Norm1 法甚至已经失效，而图 5-9(e)中的全局最小熵法仍然可以完成包络对齐。图 5-9(f)所示为通过全局最小熵包络对齐后再进行 IDFT 处理得到的目标一维距离像，由于运动引入的相位项还没有去除，所以一维距离像仍然是发散的，还需进行初相校正。

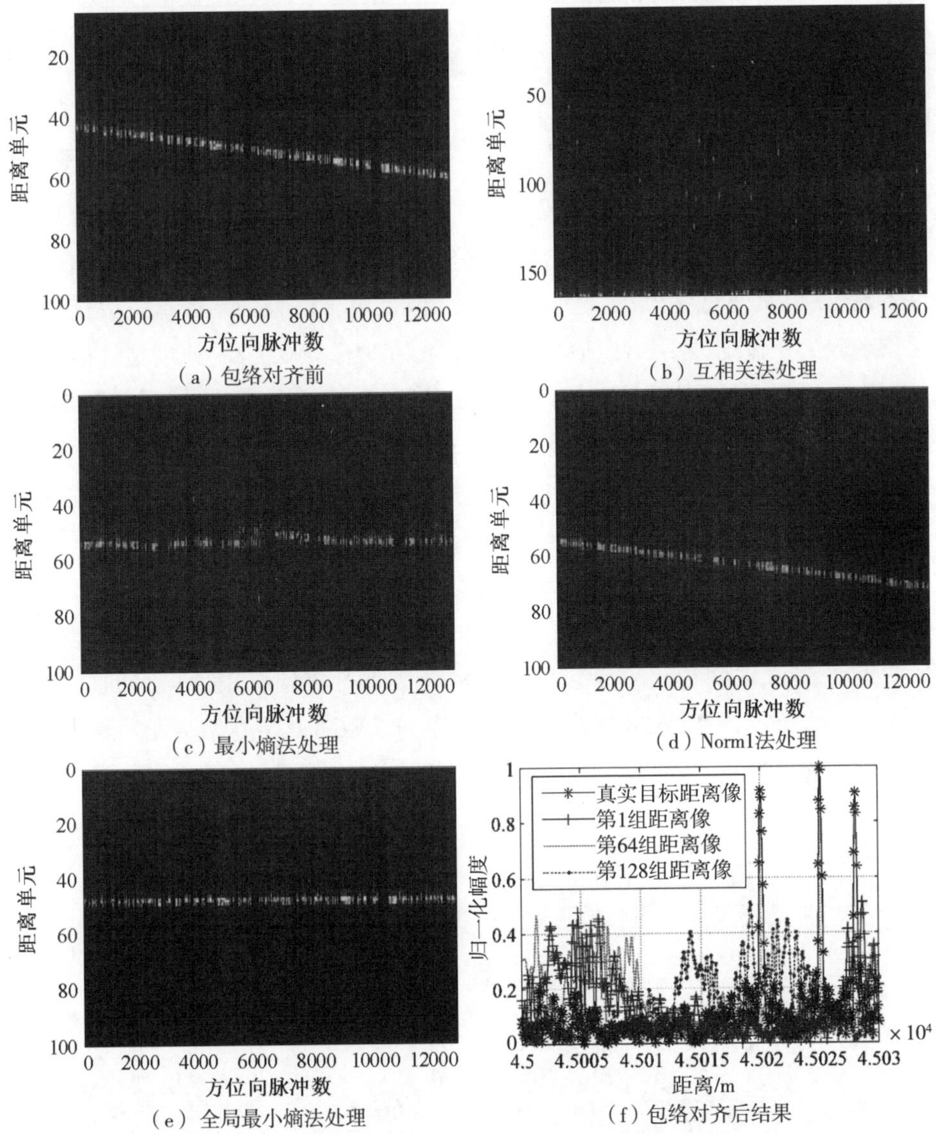

（a）包络对齐前 （b）互相关法处理
（c）最小熵法处理 （d）Norm1法处理
（e）全局最小熵法处理 （f）包络对齐后结果

图 5-9 不同算法包络对齐效果比较

经过包络对齐处理后，利用本章算法估计得到运动参数如表 5-1 所列。为便于比较，表中列出了传统最小熵（对比度）法、SAEM 方法、复包络相关法、子脉冲包络拟合法的估计结果。其中本章算法速度、加速度遍历区间分别为[-1000,1000]、[-100,100],精度 $\varepsilon = 0.01$。为节约搜索时间,SAEM 方法、最小熵法的速度、加速度遍历区间分别设置为[350,450]和[25,35]。

表 5-1 参数估计结果

参数	本章算法	最小熵法	SAEM 方法	包络相关	包络拟合
$V/(\mathrm{m/s})$	400.19	398.41	397.98	420.52	433.38
$a/(\mathrm{m/s^2})$	29.99	29.81	28.61	0	0

注:包络相关代表复包络相关法;包络拟合代表子脉冲包络拟合法

从表 5-1 可以看出,通过本章算法可以精确地估计出目标的运动参数,子脉冲包络拟合法以及复包络相关法由于不能估计加速运动的目标,所以估计精度不高。SAEM 方法虽然可以估计加速度,但是由于信号频率稀疏造成估计结果误差较大。传统最小熵法估计得到的参数精度有明显提高,速度估计误差仍然很大。最后,分别用表 5-1 估计的运动参数进行初相校正的结果如图 5-10 所示。

仿真结果分析:图 5-10(a)~(d)分别为用复包络相关法、子脉冲包络拟合法、SAEM 方法、传统最小熵法估计得到的运动参数进行初相校正的结果。与真实的一维距离像比较可以发现,虽然这些方法补偿掉了一维距离像散焦现象,但是一维距离像的走动仍然存在,说明补偿精度不够,其中,传统最小熵法补偿后的走动最小,说明校正效果较好。本章算法进行相位校正后得到的结果如图 5-10(e)所示,可以看出补偿后得到目标一维距离像与真实的距离像重合,说明校正效果最好。因此本章算法对稀疏调频步进信号的补偿效果优于其他几种方法。

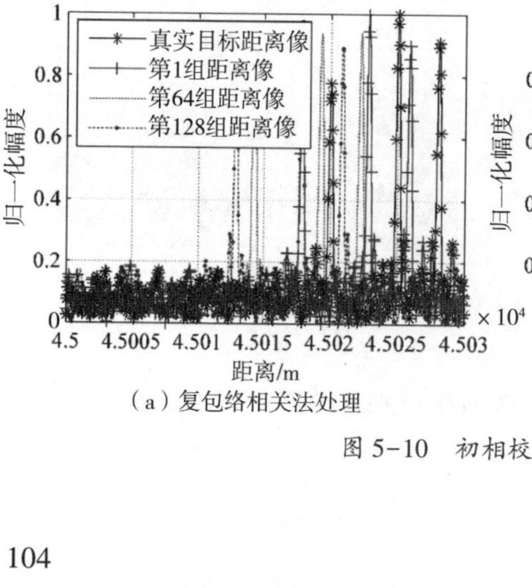

(a) 复包络相关法处理

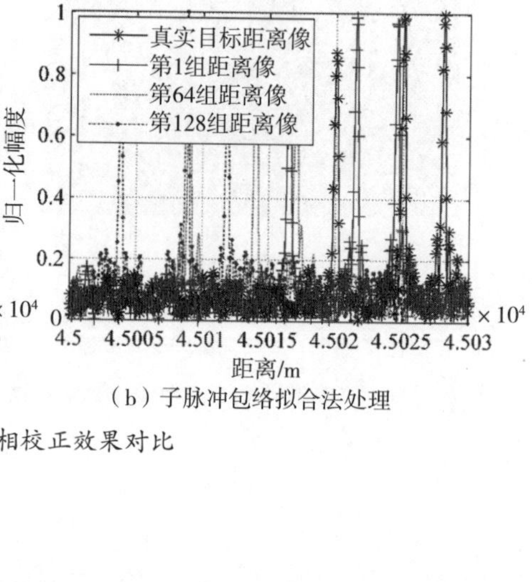

(b) 子脉冲包络拟合法处理

图 5-10 初相校正效果对比

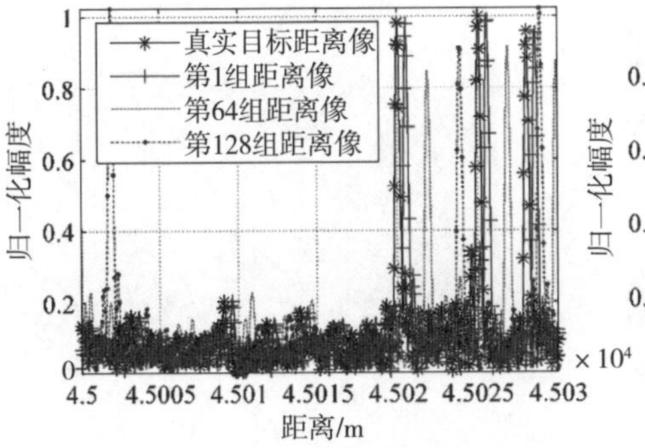

（c）SAEM方法处理

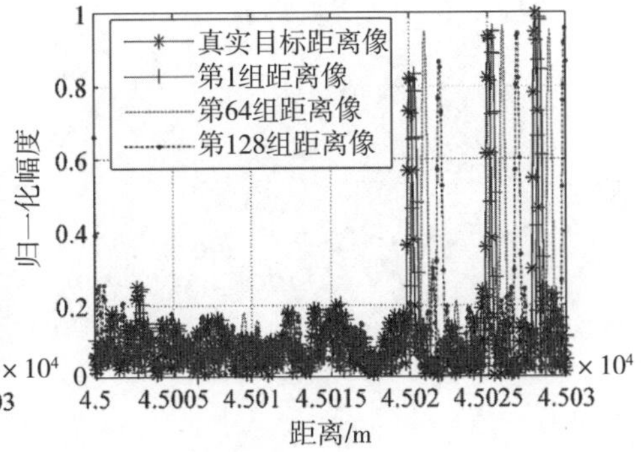

（d）最小熵法补偿效果

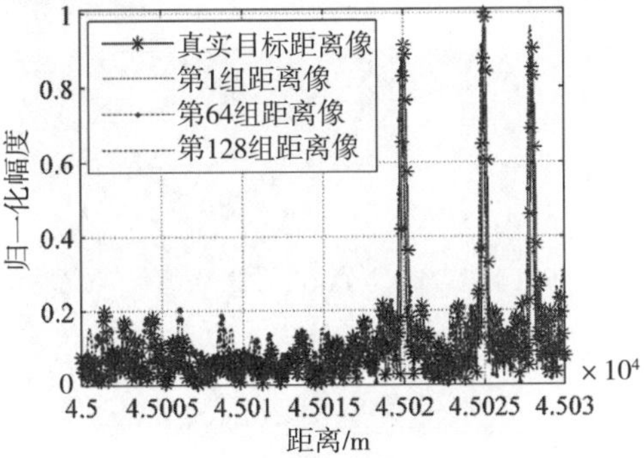

（e）本章算法补偿效果

图 5-10　初相校正效果对比(续)

假设其他条件不变,当信号进一步稀疏时($\alpha(0.7,0.5)$),各算法的包络对齐前后的效果如图 5-11 所示,相应的参数估计结果如表 5-2 所列。

从表 5-2 中的估计结果可以看出,当信号进一步稀疏时,本章算法仍能准确估计出目标的运动参数。最小熵法算法估计精度有所降低,SAEM 方法虽然误差较大,但是仍能使用。而复包络相关法、子脉冲包络拟合法已经失去估计性能。利用表 5-2 中的估计结果进行初相校正后的结果如图 5-12 所示。

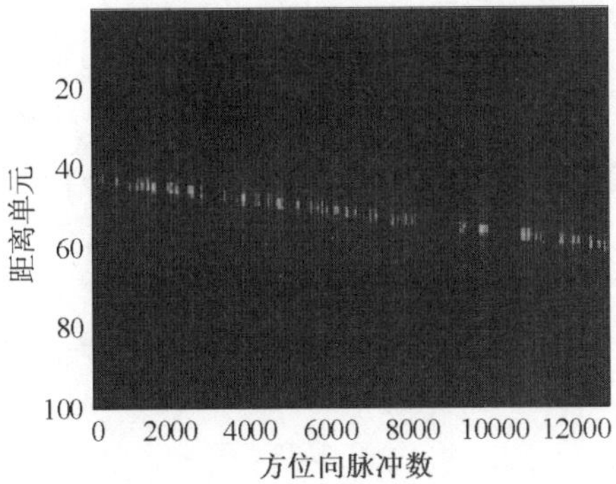

（a）包络对齐前

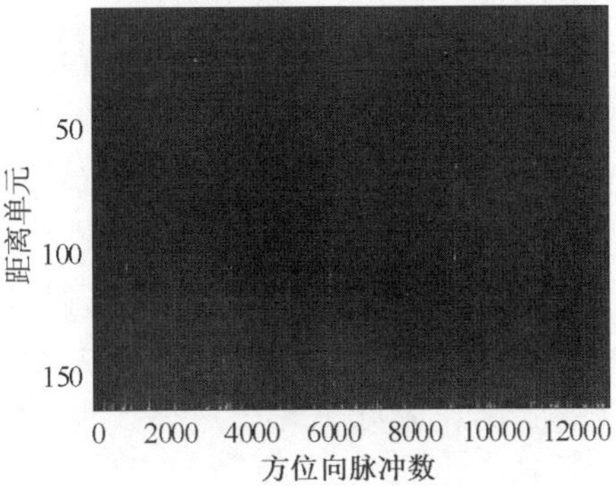

（b）互相关法处理

图 5-11　不同算法包络对齐效果比较

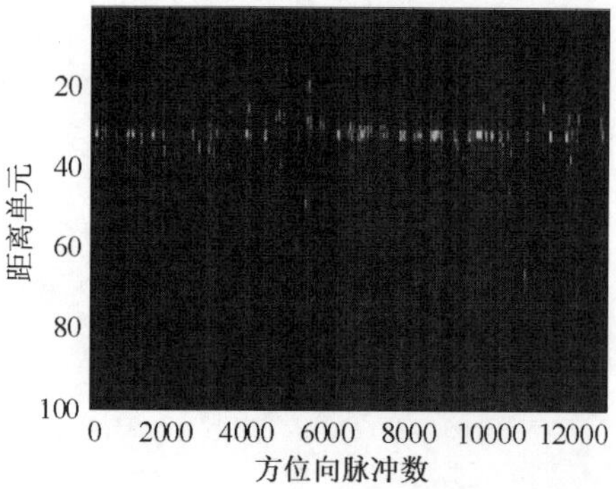

（c）最小熵法处理

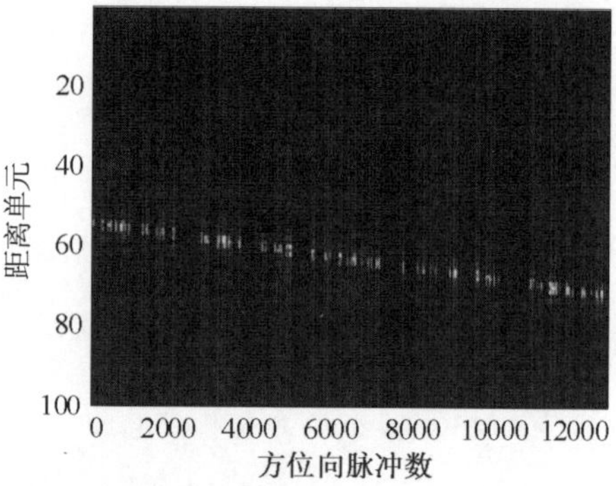

（d）Norm1法处理

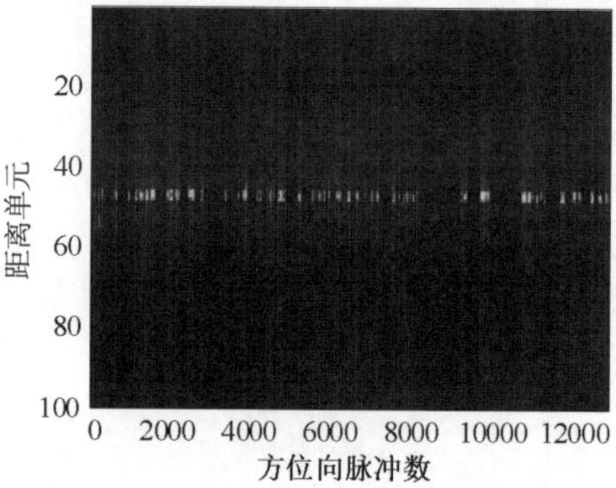

（e）全局最小熵法处理

图 5-11　不同算法包络对齐效果比较(续)

表 5-2　参数估计精度表

参数	本章算法	最小熵法	SAEM 方法	相关法	拟合法
V/(m/s)	399.79	393.72	395.42	22.84	12.81
a/(m/s^2)	29.98	28.86	33.13	0	0

注:包络相关代表复包络相关法;包络拟合代表子脉冲包络拟合法。

仿真结果分析:图 5-12(a)~(b)所示为复包络相关法以及子脉冲包络拟合法的补偿结果,由图可以看出已经起不到补偿作用。图 5-12(c)所示为 SAEM 方法得到的补偿效果,估计误差很大,走动较为明显。图 5-12(d)为传统最小熵校正结果,距离像走动问题更加明显。图 5-12(e)所示为本章算法进行初相校正后得到的目标一维距离像,仍然能够得到精确的一维距离像,起到了很好的补偿效果。因此,本章算法在信号进一步稀疏的条件下仍然具有较高的稳定性和准确度。

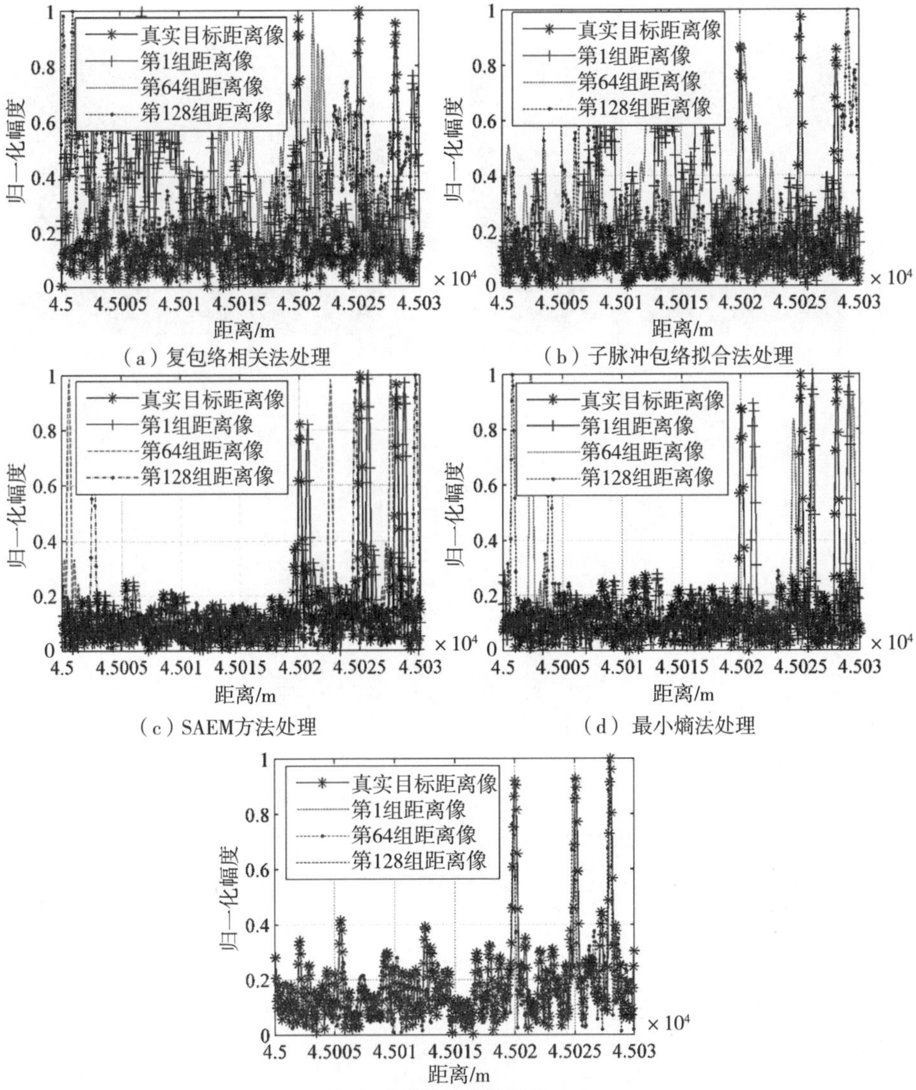

（a）复包络相关法处理

（b）子脉冲包络拟合法处理

（c）SAEM方法处理

（d）最小熵法处理

（e）本章算法补偿效果

图 5-12 初相校正效果对比

为进一步验证本章所提方法的性能，图 5-13 所示为信号欠采样率为 $\alpha(0.4,0.4)$ 时，利用本章方法得到的包络对齐以及相位校正结果。可以看出，本章所提算法可以在欠采样率较小时实现对稀疏信号的包络对齐以及相位校正，体现出低欠采样率条件下较好的补偿性能。

另外，从图 5-13(a)～(c)的距离像合成结果可以看出，由于信号稀疏，导致一维距离像旁瓣增多，这对于弱小散射点的识别有一定影响。因此，可以在运动补偿完以后通过其他方法得到更为精确的目标一维距离像，这也是下一步值得研究的问题。

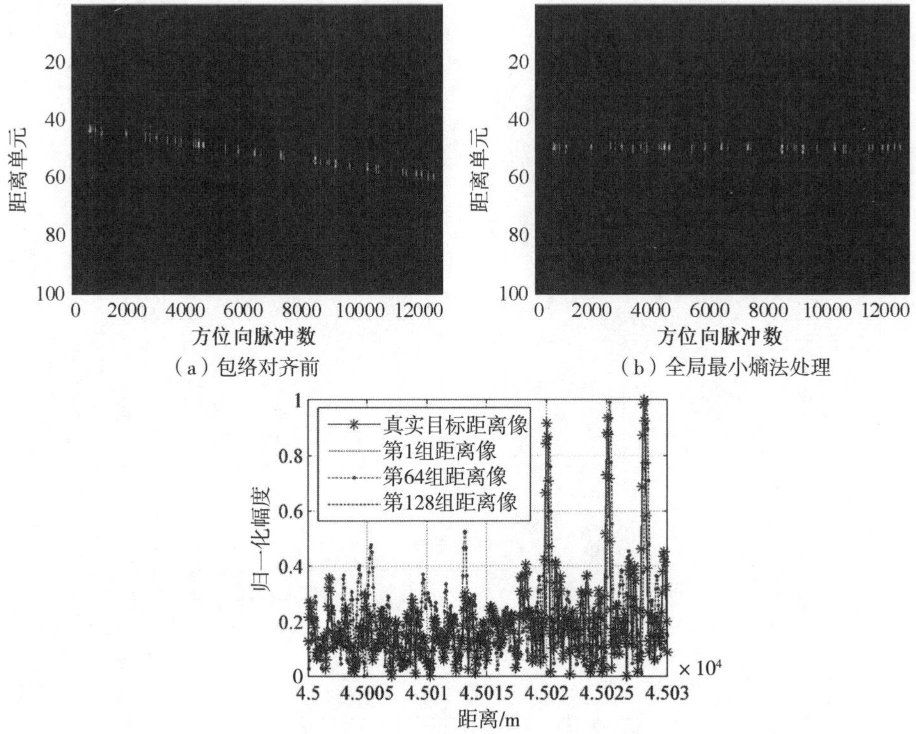

（a）包络对齐前　　（b）全局最小熵法处理

（c）距离像合成结果

图 5-13　本章算法运动补偿效果

5.6.2　信噪比对估计性能影响

假设其他条件不变，当欠采样率为 $\alpha(0.5,0.5)$ 时，进行 100 次实验，得到如图 5-14 所示的不同信噪比条件下本章算法估计速度、加速度参数的误差曲线。

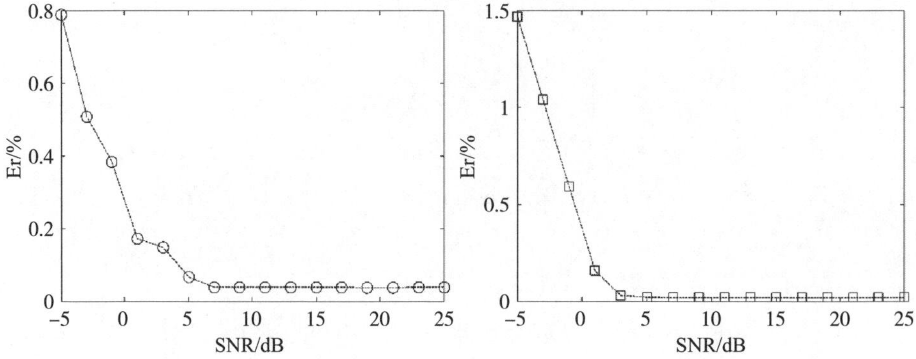

（a）速度估计误差曲线　　（b）加速度估计误差曲线

图 5-14　参数估计误差曲线

从图 5-14 中可以看出：通过本章算法在信噪比低至-5dB 的条件下，速度估计误差仍能控制在 1%以下，加速度误差控制在 1.5%以内。因此，本章算法在较低的低信噪比条件下仍然具有较强的稳健性。

5.6.3　成像效果比较

本节主要对不同方法补偿后的成像效果进行对比。由于复包络相关法以及子脉冲包络拟合法精度较低且不能对加速度进行估计，因此，本节给出基于最小熵法以及 SAEM 方法的成像结果作为对比。仿真所用模型如图 5-15(a)所示，设置目标飞行方向与雷达坐标系 X 轴的夹角为 60°，飞机飞行速度为 450m/s，假设球载系统受气流影响，运动速度为 10m/s，加速度为-4m/s^2，运动方向与雷达坐标系 X 轴夹角为-15°。信号参数设置保持不变，频率、孔径欠采样率设置为 $\alpha(0.5,0.5)$。由于频率与孔径稀疏条件下利用传统成像方法的旁瓣很高，成像效果不好，此处利用 CS 方法进行处理，图 5-15(b)~(d)所示为信噪比为 10dB 时的最终成像结果。

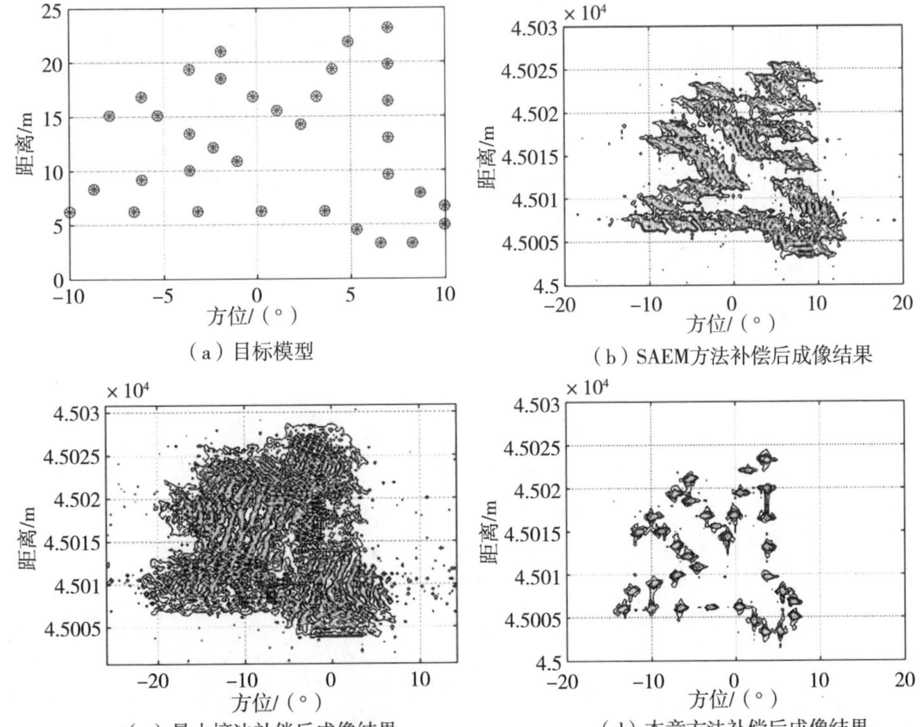

(a) 目标模型　(b) SAEM方法补偿后成像结果

(c) 最小熵法补偿后成像结果　(d) 本章方法补偿后成像结果

图 5-15　成像结果比较

从图 5-15 可以看出，通过最小熵法以及 SAEM 方法补偿后的成像结果无法实现良好的图像聚焦,而通过本章方法得到的最终 ISAR 图像具有良好的聚焦效果,实现了稀疏频率与稀疏孔径条件下的运动补偿,也验证了本章方法的有效性。

5.7 小　结

本章针对随机稀疏调频步进信号运动补偿问题,提出了一种基于全局最小熵的平动补偿算法。算法的主要优势为:可以实现对信号频率、孔径二维稀疏条件下的运动补偿;在较低信噪比条件下,该方法仍然具有较好的估计性能;该方法具有较小的复杂度,且由于利用了黄金分割法,实现了快速地运动参数搜索,计算量较小。由于该算法分为包络对齐与相位校正两步,其中全局包络对齐方法的对齐精度为一个距离分辨单元,对齐精度并不是很高。因此,下一步可以采用更为精确的稀疏信号包络对齐方法,进一步提升包络对齐的精度,对于提高后续的相位校正精度具有重要意义。

参考文献

[1]毛二可,龙腾,韩月秋. 频率步进雷达数字信号处理[J]. 航空学报,2001,22(S1):16-25.

[2]蒋楠稚,王毛路,李少洪,等. 频率步进脉冲距离高分辨一维成像速度补偿分析[J]. 电子科学学刊,1999,21(5):665-670.

[3]包云霞,任丽香,何佩琨,等. 频率步进雷达距离像互相关测速补偿算法[J]. 系统工程与电子技术,2008,30(11):2112-2115.

[4]陈杰,肖怀铁,范红旗,等. 基于图像对比度最优的频率步进 ISAR 成像方法[J]. 国防科技大学学报,2014,36(1):93-97.

[5]张焕颖,张守宏,李强. 调频步进雷达 ISAR 成像方法[J]. 电子学报,2007,35(12):2329-2334.

[6]Kim K T. Focusing of high range resolution profiles of moving targets using stepped frequency waveforms[J]. IET Radar Sonar Navig,2010,4(4):564-575.

[7]ZHANG S H,LIU Y X,LI X. Minimum entropy based ISAR motion compensation with low SNR[C]. 2013 IEEE China Summit & International Conference on Signal and Information Processing,Beijing,2013:593-596.

[8]黄文韬,周建江,路冉. 基于多核 DSP 的高分辨距离像运动补偿算法实现[J]. 数据采集与处理,2014,29(4):92-99.

[9]王晓东. 基于步进频率的目标成像与速度精确测量方法[J]. 四川兵工学报,2015,(5):115-118.

[10]牛涛,陈卫东. 脉冲步进频率雷达的一种运动补偿新方法[J]. 中国科学技术大学,2005,35(2):161-166.

[11]刘峥,张守宏. 步进频率雷达目标的运动参数估计[J]. 电子学报,2000,28(3):43-45,12.

[12]周玉冰,周建江. 步进频率雷达基于二次速度估计的高分辨距离像成像算法[J]. 信号处理,2013,29(2):188-193.

[13]张劲东,顾陈,李玉晟,等. 正负步进频率雷达的运动补偿新方法[J]. 现代雷达,2009,31(2):36-39.

[14]顾福飞,张群,娄昊,等.一种孔径和频率二维稀疏的步进频 SAR 成像方法[J]. 航空学报,2015,36(4):1221-1229.

[15]PANG B,et al. Imaging enhancement of stepped frequency radar using the sparse reconstruction technique [C]. Progress in Electromagnetics Research,2013:63-89.

[16]FU F G,ZHANG Q,HAO L,et al. Two-dimensional sparse synthetic aperture radar imaging method with stepped-frequency waveform[J]. Journal of Applied Remote Sensing,2015,9:1-16.

[17]YANG J G,JOHN T,HUANG X T,et al. Random-frequency SAR imaging based on Compressed Sensing [J]. IEEE Transactions on Geoscience and Remote Sensing,2013,51(2):983-994.

[18]XU D L,DU L,LIU H W,et al. Compressive Sensing of stepped-frequency radar based on transfer learning [J]. Signal Processing,2014,63(12):3076-3087.

[19]ZHU D,WANG L,YU Y,et al. Robust ISAR range alignment via minimizing the entropy of the average range profile[J]. IEEE GRSL,2009,6(2):204-208.

第六章　步进频率波形距离像合成

6.1 引　言

对于基于步进频率波形的合成孔径雷达/逆合成孔径雷达(Synthetic Aperture Radar/Inverse Synthetic Aperture Radar,SAR/ISAR)系统,要获得最终的二维成像结果,需要依次进行距离像合成以及方位向聚焦两个步骤。本章主要研究步进频率波形的距离向合成方法。

一般情况下,步进频率波形在距离向通过"IFFT"即可获得合成后的高分辨距离像。然而,这种方法没有考虑距离模糊问题,当目标长度大于信号最大不模糊距离窗时,将会出现距离像混叠。常用的合成距离包络法、时域合成法、频域合成法虽然能够解决距离混叠问题,但是将这些传统抗距离像混叠方法应用于稀疏步进频率波形时,距离合成结果将会出现较多的虚假重构,甚至失效的问题出现。由于目标距离像可以视为由视线方向上有限个散射点组成,具有稀疏特性。因此,基于稀疏表示特别是压缩感知理论的步进频率波形合成方法得到广泛应用,解决了子脉冲稀疏条件下的距离像合成。然而,这类方法存在子脉冲个数少(低采样率)或者低信噪比条件下合成性能下降的问题。

针对上述问题,本章进行了以下三个方面工作。首先基于压缩感知理论,提出一种稀疏步进频率波形的抗混叠距离像合成方法,解决传统步进频率波形距离合成存在的模糊距离问题。其次,基于分布式压缩感知理论,通过挖掘回波信号具有的结构稀疏信息,提出一种稀疏步进频率波形高分辨距离像合成方法,提高了低采样率、低信噪比条件下的距离像合成性能。再次,将连续压缩感知应用至稀疏步进频率波形的距离像合成中,解决了传统稀疏重构方法存在的网格失配问题,提高了距离像合成性能。最后,考虑到回波信号距离向存在的联合稀疏信息,构建了多量测向量模型下基于原子范数最小化的高分辨距离像合成方法,进一步提高了距离像重构性能。

6.2 基于压缩感知的距离像抗混叠合成

对于子脉冲为线性调频信号的调频步进信号,需要对子脉冲进行脉冲压缩处理。在第五章中,我们建立了基于匹配滤波的稀疏调频步进频率信号(Sparse Chirp Frequency-Stepped signal,SCFS)回波模型。由于 Dechirp 方法具有采样率低、实现简单的优势,因此本节我们构建基于 Dechirp 方法的调频步进信号回波模型。

6.2.1 基于的 Dechirp 的 SCFS 回波模型

传统的 CFS 信号需发射 N 个载频连续变化的子脉冲,而 SCFS 信号通过随机选择 $M(M<N)$ 个子脉冲进行发射,因此可看作为传统 CFS 信号的随机采样形式。对于 SCFS 信号,其发射波形可以表示为

$$s_{\mathrm{r}}(\hat{t};m)=\sum_{m=0}^{M-1}\mathrm{rect}\left[\frac{\hat{t}}{T}\right]\exp[\mathrm{j}\pi(\mu\hat{t}^2+2f_m\hat{t})] \tag{6-1}$$

式中:$\hat{t}$ 为子脉冲快时间,且 $\hat{t}=[-\frac{T}{2},-\frac{T}{2}+1/f_s,\cdots,-\frac{T}{2}+(L-1)/f_s]$ (f_s 为采样率, L 为每个子脉冲采样点数); $\mathrm{rect}(\cdot)$ 为窗函数; T 为子脉冲宽度; μ 为调频率; f_m 表示第 m 个子脉冲的载频,且 $f_m=f_0+n_m\Delta f$,Δf 为载频步进量; n_m 为 $[0,N-1]$ 区间的随机整数。

经过接收机混频后的基频回波信号可表示为

$$s_{\mathrm{r}}(\hat{t};m)=\sum_{k=1}^{K}\sigma_k\sum_{m=0}^{M-1}\mathrm{rect}\left[\frac{\hat{t}-\tau(k)}{T}\right]\exp[\mathrm{j}\pi(\mu(\hat{t}-\tau(k))^2-2f_m\tau(k))] \tag{6-2}$$

式中:σ_k 为第 k 个散射点强度;K 为散射点个数; $\tau(k)=2R_k/c$ 为第 k 个散射点的时延, R_k 表示第 k 个散射点与雷达间的距离。

对于 SCFS 信号子脉冲回波首先应进行脉冲压缩处理。假设目标已经经过运动补偿转化为转台模型,此时式(6-2)做差频处理可以得到

$$s_f(\hat{t};m)=\sum_{k=0}^{K-1}\sigma_k\sum_{m=0}^{M-1}\mathrm{rect}\left[\frac{\hat{t}-2R_k/c}{T}\right]\exp\left[-\mathrm{j}\frac{4\pi\mu}{c}\left(\hat{t}-\frac{2R_{\mathrm{ref}}}{c}\right)\Delta R_k\right]-\mathrm{j}\frac{4\pi}{c}f_m\Delta R_k+\mathrm{j}\frac{4\pi\mu}{c^2}\Delta R_k^2 \tag{6-3}$$

式中: $\Delta R_k=R_k-R_{\mathrm{ref}}$,$R_{\mathrm{ref}}$ 为参考距离。

完成去斜处理,去掉 RVP 和包络斜置相后可以得到

$$S_f(f;m)=\sum_{k=0}^{K-1}\sigma_k\sum_{m=0}^{M-1}\exp\left\{-\mathrm{j}\left[\frac{4\pi}{c}f_m\Delta R_k\right]\right\}\operatorname{sinc}[T(f+2\mu\Delta R_k/c)] \quad (6-4)$$

上述过程与传统的 LFM 信号 Dechirp 处理过程相同。为了得到最终的高分辨距离像,传统"IDFT"方法通过对式(6-4)进行采样,并进行 IDFT 处理,得到最终的距离像。由于 IDFT 处理结果存在 $c/2\Delta f$ 的不模糊距离窗,当目标的尺寸大于不模糊距离窗时将会出现距离混叠,影响目标的识别。为避免上述问题,下面研究基于 SCFS 信号的距离像抗混叠方法。

6.2.2 基于 CS 的 SCFS 信号距离像合成方法

首先将式(6-4)的子脉冲 Dechirp 处理结果变换至时域可得到

$$s_m(\hat{t};m)=\sum_{k=0}^{K-1}\sigma_k\sum_{m=0}^{M-1}\operatorname{rect}\left(\frac{\hat{t}}{T}\right)\exp\left\{-\mathrm{j}\left[\frac{4\pi}{c}(f_0+\mu(n_mT+\hat{t}))\Delta R_k\right]\right\} \quad (6-5)$$

式(6-5)为子脉冲经过 Dechirp 处理后在时域的结果。可以看出,子脉冲变换至时域后为一串时宽为 T 的矩形脉冲形式。

实际上,SCFS 信号可视为 LFM 信号的随机降采样发射信号样式,通过随机选择其中的 M 个子段进行发射,在接收端利用信号处理手段合成得到大的带宽时,其相互关系如图 6-1 所示(图中假设 $\Delta f=B$)。

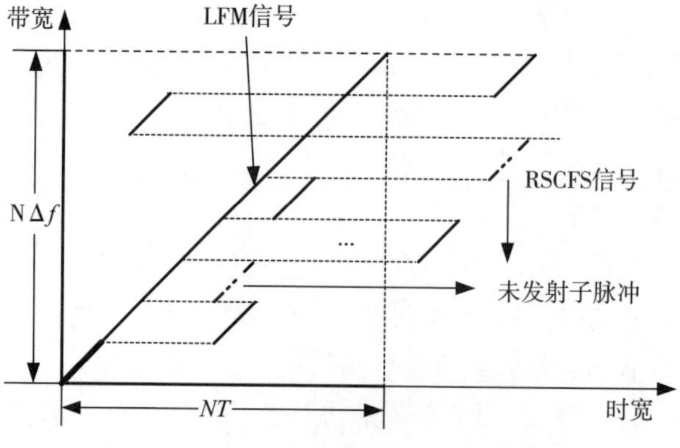

图 6-1 LFM 信号与 SCFS 信号关系示意图

从图 6-1 可看出:在频域上 SCFS 信号可等效为带宽为 $N\Delta f$、在时域上等效为合成时宽为 NT 的 LFM 信号。因此,在 SCFS 信号宽带合成时可以等效为相应的 LFM 信号进行处理。为此,我们首先分析具有带宽为 $N\Delta f$、脉宽为 NT 的 LFM 信号,其经 Dechirp 处理后变换至时域的结果为

$$s_{\mathrm{LFM}}(t')=\sum_{k=0}^{K-1}\sigma_k\operatorname{rect}\left(\frac{t'}{NT}\right)\exp\left\{-\mathrm{j}\left[\frac{4\pi}{c}(f_0+\mu t')\Delta R_k\right]\right\} \quad (6-6)$$

式中：t' 为 LFM 信号对应的快时间，且 $t' = -\dfrac{NT}{2} + [0, 1/f_s, \cdots, (NL-1)/f_s]$。

比较式(6-5)和式(6-6)可知，经过 Dechirp 处理后的 SCFS 信号与 LFM 信号在时域均为单载频脉冲形式，且 SCFS 信号脉压后的时域脉冲信号同样可以看成 LFM 脉压后时域信号的随机采样形式，两者之间的关系可以表示为

$$\boldsymbol{S}_{\mathrm{RSCFS}} = \boldsymbol{\Phi}\boldsymbol{S}_{\mathrm{LFM}} \tag{6-7}$$

式中：$\boldsymbol{S}_{\mathrm{LFM}} = [s_{\mathrm{LFM}}(t')]^{\mathrm{T}} \in \boldsymbol{C}^{NL\times 1}$；$\boldsymbol{S}_{\mathrm{RSCFS}} = \in \boldsymbol{C}^{ML\times 1}$，且可表示为 $\boldsymbol{S}_{\mathrm{RSCFS}} = [s_1(\hat{t};m)^{\mathrm{T}}, \cdots, s_m(\hat{t};m)^{\mathrm{T}}, \cdots, s_M(\hat{t};m)^{\mathrm{T}}]^{\mathrm{T}}$；$\boldsymbol{\Phi} \in \boldsymbol{C}^{ML\times NL}$ 为随机降采样量测矩阵。由于载频步进量与子脉冲带宽的大小不同，此时 $\boldsymbol{S}_{\mathrm{SRCFS}}$ 与 $\boldsymbol{\Phi}$ 的构造也会有所不同，下面具体进行分析。

(1)当 $\Delta f = B$ 时，子脉冲信号在频域是相互连接且没有“空隙”的，因此 $\boldsymbol{S}_{\mathrm{SRCFS}} = [s_1(\hat{t})^{\mathrm{T}}, \cdots, s_n(\hat{t})^{\mathrm{T}}, \cdots, s_N(\hat{t})^{\mathrm{T}}]^{\mathrm{T}} \in \boldsymbol{C}^{NL\times 1}$，$\boldsymbol{S}_{\mathrm{LFM}} = [s_{\mathrm{LFM}}(t')]^{\mathrm{T}} \in \boldsymbol{C}^{NL\times 1}$ 且 $\boldsymbol{\Phi}$ 为 $NL \times NL$ 维随机降采样量测矩阵，其形式为

$$\boldsymbol{\Phi} = \boldsymbol{\Phi}' \otimes \boldsymbol{I} \tag{6-8}$$

式中：$\otimes$ 为 Kronecker 积；$\boldsymbol{I}$ 为 $L \times L$ 维单位矩阵；$\boldsymbol{\Phi}' = \{\phi_{m,i'}\} \in \boldsymbol{C}^{M\times N}$，且

$$\phi_{m,i'} = \begin{cases} 1, & i' = n_m \\ 0, & \text{其他} \end{cases} \tag{6-9}$$

(2)当 $\Delta f < B$ 时，由于子脉冲相互重叠，因此在构造 $\boldsymbol{S}_{\mathrm{RSCFS}}$ 时可以将重叠部分的采样点舍弃，此时 $\boldsymbol{S}_{\mathrm{SRCFS}} \in \boldsymbol{C}^{NL\times 1}$，$\boldsymbol{\Phi}$ 的维度和构造方式与 $\Delta f = B$ 时相同。

(3)当 $\Delta f > B$ 时，子脉冲信号之间存在“空隙”，相互间存在间隔。假设子脉冲长度为 H，则 $H < L$。此时 $\boldsymbol{S}_{\mathrm{SRCFS}}$ 的维度为 $NH \times 1$，$\boldsymbol{\Phi}$ 为 $NH \times NL$ 维随机降采样量测矩阵，构造方式如式(6-8)所示，其中，$\boldsymbol{I}$ 为 $H \times L$ 维单位矩阵。

以 $\Delta f = B$ 为例，经 Dechirp 处理后的 SCFS 信号在时域的宽带合成示意图如图 6-2 所示。

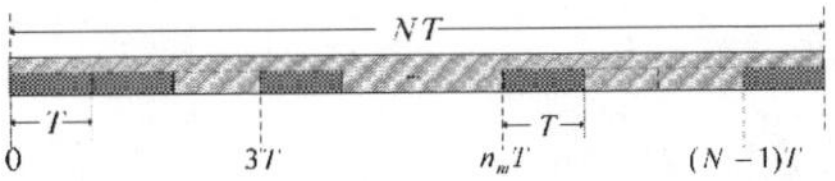

图 6-2　SCFS 信号宽带合成关系示意图

图 6-2 中，斜线部分表示经过 Dechirp 处理后的 LFM 时域脉冲信号，黑色子段表示经 Dechirp 处理后的 SCFS 信号时域子脉冲信号，虚线部分为未发射的子脉冲信号。因此，对于 SCFS 信号，即是将 M 个时宽为 T 的矩形子脉冲合成为一个时宽为 NT 的矩形脉冲，等效为相应的 LFM 信号进行处理。

1)不模糊距离窗大小分析

下面分析经过上述等效处理后，信号不模糊距离窗大小的变化情况。对于

SCFS 信号,其不模糊距离窗长度为

$$R_u = \frac{c}{2\Delta f} \tag{6-10}$$

当目标的尺寸大于 R_u 时,距离像将会出现混叠,SCFS 信号的距离像混叠示意如图 6-3 所示,其中,E 为目标长度。例如,假设目标长度为 30m,信号不模糊距离窗大小为 25m,此时,落入不模糊距离窗外的目标将会折叠显示在一起,造成距离模糊,影响对目标的分辨。

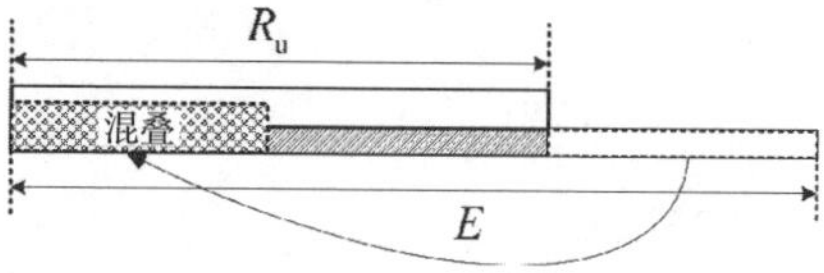

图 6-3 SCFS 信号距离像混叠示意

为了在合成距离像时避免混叠,一般要求载频步进量 Δf 满足

$$\Delta f \leqslant \frac{c}{2E} \tag{6-11}$$

文献[1]研究的距离像重构方法,为了不产生距离像混叠,载频步进量 Δf 必须满足式(6-10)的要求,因而需根据目标尺寸设计相应的载频步进量。

当按照式(6-5)、式(6-6)将 SCFS 合成为一个带宽为 $N\Delta f$ 的 LFM 信号进行处理时,要分析信号的不模糊距离大小,可以通过检验回波的相位,此时信号的相位项变为

$$\varphi_i = \frac{4\pi}{c}[f_0 + \mu t'(i)]\Delta R_k, i = 1,2,\cdots,NL \tag{6-12}$$

因而

$$\frac{\Delta\varphi}{\Delta t'} = \frac{4\pi\mu[f_0 + t'(i+1) - f_0 - t'(i+1)]\Delta R_k}{c[t'(i+1) - t'(i)]} \tag{6-13}$$

式中:$\Delta t'$ 为采样时间间隔。

式(6-13)等价为

$$\Delta R_k = \frac{c\Delta\varphi}{4\pi\mu\Delta t'} = \frac{cL\Delta\varphi}{4\pi\Delta f} \tag{6-14}$$

通过式(6-14)可以看出,当 $\Delta\varphi_{真值} = \Delta\varphi_{模糊} + 2h\pi$($h$ 为正整数)时存在距离模糊。此时,式(6-14)可以变为

$$\Delta R_{k,真值} = \frac{cL(\Delta\varphi_{模糊} + 2h\pi)}{4\pi\Delta f} = \Delta R_{k,模糊} + h\left(\frac{cL}{2\Delta f}\right) \tag{6-15}$$

因而,此时的不模糊距离窗大小变为

$$\Delta R = \frac{cL}{2\Delta f} = LR_{\mathrm{u}} \tag{6-16}$$

因此,可以看出利用上述等效处理方法时,得到的不模糊距离窗大小为 LR_{u}。此时,最终的不模糊距离窗大小不仅与载频步进量 Δf 有关,而且与采样点数 L 联系起来,图 6-4 为本节宽带合成方法得到的不模糊距离窗大小示意图。

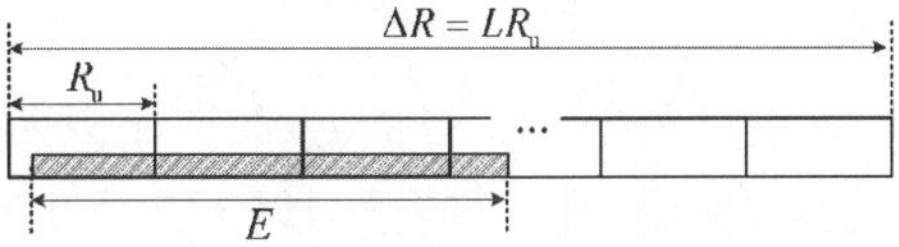

图 6-4　SCFS 信号不模糊距离窗合成示意

另外,由式(6-16)可知,当载频步进量 Δf 固定不变时,可以通过控制采样点数 L 的多少即控制采样频率 f_{s} 就可达到增大不模糊距离窗,避免距离像混叠的目的,因而降低了 Δf 对信号不模糊距离窗大小的限制。对应上述分析,下面进一步给出基于 CS 的 SCFS 信号距离像重构方法。

2)基于 CS 的距离像重构方法

通常情况下,目标只占观测区域的一小部分,相比于观测区域,目标可以认为是稀疏的,因此,满足稀疏性要求。基于式(6-7)可以构建出基于 LFM 信号的距离像稀疏表示模型。

$$\boldsymbol{S}_{\mathrm{LFM}} = \boldsymbol{\Psi}_{\mathrm{LFM}}\boldsymbol{\theta} \tag{6-17}$$

式中:$\boldsymbol{S}_{\mathrm{LFM}} \in \boldsymbol{C}^{P\times 1}, P = NL$;$\boldsymbol{\theta} \in \boldsymbol{C}^{P\times 1}$ 为一维距离像;$\boldsymbol{\Psi}_{\mathrm{LFM}} \in \boldsymbol{C}^{P\times P}$ 为稀疏基,$\boldsymbol{\Psi}_{\mathrm{LFM}}$ 的构造方式为

$$\boldsymbol{\Psi}_{\mathrm{LFM}} = \begin{bmatrix} \exp[\mathrm{j}aF_m(1)R'(1)] & \cdots & \exp[\mathrm{j}aF_m(1)R'(q)] & \cdots & \exp[\mathrm{j}aF_m(1)R'(P)] \\ \vdots & & \vdots & & \vdots \\ \exp[\mathrm{j}aF_m(p)R'(1)] & \cdots & \exp[\mathrm{j}aF_m(l)R'(q)] & \cdots & \exp[\mathrm{j}aF_m(l)R'(P)] \\ \vdots & & \vdots & & \vdots \\ \exp[\mathrm{j}aF_m(P)R'(1)] & \cdots & \exp[\mathrm{j}aF_m(P)R'(q)] & \cdots & \exp[\mathrm{j}aF_m(P)R'(P)] \end{bmatrix} \tag{6-18}$$

式中:$a = -\frac{4\pi}{c}$;$F_m(p) = f_0 + \mu t'(p)$;R' 为目标场景长度且 $R' = [\rho_r, 2\rho_r, \cdots, P\rho_r]$;$\rho_r$ 为距离分辨率。

基于式(6-17)可得 SCFS 信号的距离像重构模型为

$$\boldsymbol{S}_{\mathrm{SCFS}} = \boldsymbol{\Phi}\boldsymbol{S}_{\mathrm{LFM}} = \boldsymbol{\Phi}\boldsymbol{\Psi}_{\mathrm{LFM}}\boldsymbol{\theta} = \boldsymbol{\Theta}\boldsymbol{\theta} \tag{6-19}$$

式中:$\boldsymbol{\Theta} = \boldsymbol{\Phi}\boldsymbol{\Psi}_{\mathrm{LFM}} \in \boldsymbol{C}^{ML\times P}$ 为感知矩阵。

根据压缩感知理论,只要矩阵 $\boldsymbol{\Theta}$ 满足 RIP 条件,则信号 $\boldsymbol{\theta}$ 可通过低维观测信号 $\boldsymbol{S}_{\mathrm{RSCFS}}$ 高概率重构。要保证 $\boldsymbol{\Theta}$ 满足 RIP,就要求设计的 $\boldsymbol{\Theta}$ 各列之间相关性最小,通常选择随机矩阵作为量测矩阵。而 SCFS 信号的载频步进量随机变化,因此满足上述约束等距性要求,可以实现高概率的重构。

当考虑噪声时,上述量测模型可写为

$$\boldsymbol{S}_{\mathrm{SCFS}} = \boldsymbol{\Theta\theta} + \boldsymbol{\varpi} \tag{6-20}$$

式中:$\boldsymbol{\varpi}$ 为白噪声序列。

依据压缩感知理论,当量测数 ML 与信号维数 Q 以及信号稀疏度 K 满足 $ML \geqslant O(K\log Q)$ 时,上述问题的求解可转化为以下凸优化问题来得到

$$\hat{\theta} = \min \|\theta\|_1 \quad \text{s.t.} \quad \|\boldsymbol{S}'_{\mathrm{SCFS}} - \boldsymbol{\Theta\theta}\|_2^2 \leqslant \xi \tag{6-21}$$

式中:ξ 表示误差上界;$\hat{\theta}$ 为 $\boldsymbol{\theta}$ 中非零的系数值;$\|\cdot\|_{\mathrm{p}}$ 为 l_{p} 范数。通过 CS 稀疏重构算法可以完成式(6-21)的求解,得到最终的目标一维距离像 $\boldsymbol{\theta}$。最后,给出本节所提的抗距离像混叠成像方法的流程图如图 6-5 所示。

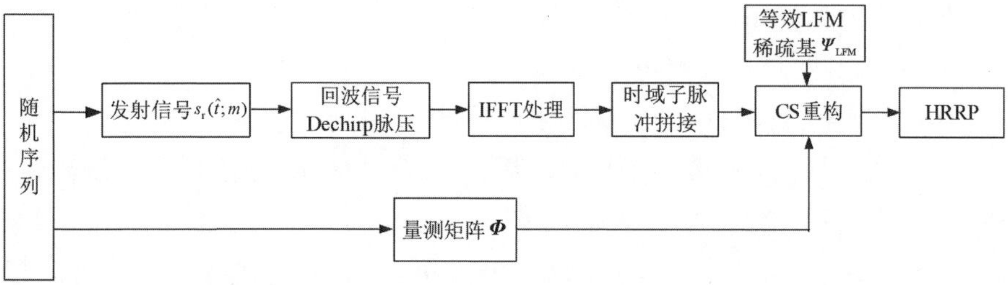

图 6-5　基于 CS 的 SRCFS 信号距离像重构示意图

6.2.3　算法性能分析

1)距离分辨率

由式(6-4)可知,经过 Dechirp 处理后的子脉冲信号在频域对应的是位置为 $f_i = 2\mu\Delta R_k/c$,宽度为 T 的 sinc 状窄脉冲,因此子脉冲的距离分辨率为

$$\rho'_{\mathrm{r}} = \frac{c}{2\mu} \times \frac{1}{T} = \frac{c}{2\Delta f} \tag{6-22}$$

同样的,在宽带合成过程中,将 SCFS 信号看作等效 LFM 信号的随机降采样形式。通过 Dechirp 处理后的 LFM 信号,其对应的分辨率为

$$\rho_{\mathrm{r}} = \frac{c}{2\mu} \times \frac{1}{NT} = \frac{c}{2N\Delta f} \tag{6-23}$$

式(6-23)进一步验证了通过本节距离像抗混叠处理方法,SCFS 信号保持了原有的分辨率。此外,由于 CS 理论的引入还可进一步提高距离分辨率。假设场景细化点数为 $Q > P$,此时的距离分辨率为 $\rho''_{\mathrm{r}} = \rho_{\mathrm{r}}P/Q$,因此可以通过提高

场景的细化点数来提高距离分辨能力。

2）影响不模糊距离窗的因素

对于 Dechirp 处理时，采样频率应满足

$$f_s \geqslant 2\mu E/c \tag{6-24}$$

的要求，才能与回波信号作差频处理。从式(6-24)可以看出，在载频步进量 Δf 不变的情况下，只要不模糊距离窗不小于目标尺寸，即

$$\Delta R \geqslant E \tag{6-25}$$

便可避免发生混叠。结合式(6-24)和式(6-25)可知，最终的采样率 f_s 需满足

$$f_s \geqslant 2\mu\Delta R/c = 2g\mu R_u/c \tag{6-26}$$

式中：$g = \lceil E/R_u \rceil$；$\lceil \cdot \rceil$ 为向上取整运算。

因此可以看出：通过将 SCFS 信号等效为 LFM 信号进行处理后，SCFS 信号相应的不模糊距离窗实质上等效为子脉冲 Dechirp 处理时需要的开窗大小。此时，在载频步进量 Δf 不变的情况下，子脉冲作 Dechirp 处理时的采样频率必须满足式(6-26)的要求。当 f_s 较大即当 L 选取过大时，式(6-26)中感知矩阵 $\boldsymbol{\Theta}$ 的维数急剧增大，算法处理时间也会大幅增加，在实际中应根据需要进行选取。

3）重构性能分析

文献[2]研究的传统"IDFT"方法以及文献[1]基于 CS 理论的距离像重构方法都是利用子脉冲脉压后的采样信号进行距离像重构。子脉冲脉压后所能表征的最大距离为 $\rho'_r = c/2\Delta f$，因此在子脉冲采样时，采样点只能获取长度为 ρ'_r 的信息，且由于 sinc 包络对幅度的不均匀加权作用，此时将会出现采样损失。当目标长度不满足式(6-11)的要求时，采样误差将会更大，导致最终重构的误差增大。对于文献[3]所提方法，由于子脉冲没有经过脉压处理，因此没有信噪比增益。而本节方法由于在子脉冲脉压后利用了回波的全部数据进行距离像稀疏重构，不存在采样损失的问题，同时保证了信噪比的增益。因此，最终重构误差将会减小，仿真实验也将对上述分析进行验证。

6.2.4 实验验证与分析

本节通过仿真验证本节方法的性能。本仿真中噪声按照文献[4]的方式进行添加。定义 SCFS 的采样率 $\alpha = M/N$，可以看出采样率越大，SCFS 信号发射的子脉冲数越多。利用重构的相对均方误差 $\text{Er} = \|\boldsymbol{x} - \hat{\boldsymbol{x}}\|_F^2 / \|\boldsymbol{x}\|_F^2$ 来表征距离像重构质量，其中，$\boldsymbol{x}$ 为原始信号，$\hat{\boldsymbol{x}}$ 为重构的信号。因此，Er 的值越小，重构精度越高。SCFS 信号的子脉冲载频步进量实际上可以随机选择。为便于各种算法间的性能比较，本节采用子脉冲载频步进量呈递进关系（即 $n_m < n_{m+1}$）的

SCFS 信号进行仿真研究。仿真所用的 SCFS 信号参数设置如表 6-1 所列,最终的合成带宽为 1GHz,对应的距离分辨率为 $\rho_r = 0.15$m, 信噪比设置为 20dB, α 设置为 0.7。

表 6-1 信号参数设置

参数	仿真值	参数	仿真值
f_0	10GHz	N	25
Δf	40MHz	R_0	30km
T	2.5μs	PRF	1000Hz

1)有效性验证

下面验证本节方法的不模糊距离窗大小。由 6.2.2 节影响不模糊距离窗的因素分析可知,在发射信号参数选定不变的条件下,不模糊距离窗大小与采样频率有关。依据式(6-26),当采样率 $f_s = 1$MHz 时,本节方法对应的不模糊距离为 $\Delta R = 60$m 。即目标尺寸不超过 60m,便可避免距离混叠。为此设置目标 1 的散射点相对位置为 3m、21m、36m,目标 2 的散射点相对位置为 3m、21m、45m、65m,图 6-6 为本节方法在采样率 $f_s = 1$MHz 时的仿真结果。

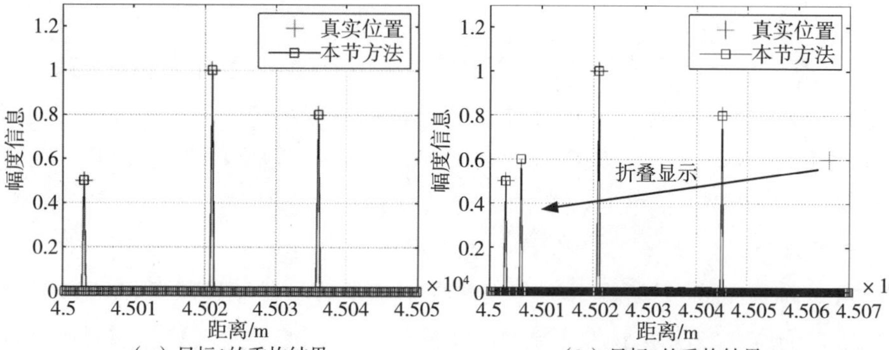

(a)目标1的重构结果　　(b)目标2的重构结果

图 6-6 不模糊距离窗大小验证

可以看出:图 6-6(a)中,由于目标的尺寸没有超过一个不模糊距离窗的长度,因此可以正确显示各散射点的位置。对于相对位置为 3m、21m、45m、65m 的目标,由于目标的最大尺寸超过 ΔR, 依据式(6-15),相对位置为 65m 的散射点将会折叠显示在相对位置为 65-60=5m 处,图 6-6(b)的仿真结果与理论分析一致。依据式(6-26),可以通过提高采样频率的方法增大不模糊距离窗的大小,避免距离混叠的产生。图 6-7 为设置采样率 f_s 为 1.5MHz 时,利用本节方法重构得到的距离像结果。依据式(6-16),此时合成得到的不模糊距离窗大小 $\Delta R = 90$m, 因而可以正确显示出散射点的位置,也验证了不模糊距离窗大小与采样率 f_s 之间的关系。

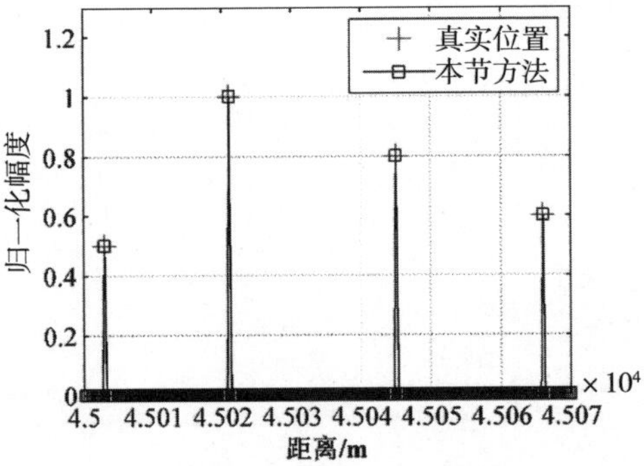

图 6-7　$f_s = 1.5$MHz 时重构结果

为进一步验证本节方法在不同子脉冲带宽以及载频步进量条件下的有效性,分别进行如下两组实验。

(1)$B>\Delta f$ 时的距离像合成,将 SRCFS 信号频率步进量设置为 $\Delta f = 30$MHz,子脉冲带宽 $B=40$MHz,脉宽 $T=2.5\mu$s,子脉冲重复频率为 3000Hz,子脉冲个数为 $N = 25$,最终的合成带宽为 750MHz,对应的距离分辨率为 $\rho_r = 0.2$m。图 6-8分别为采样率 $f_s = 4$MHz 以及 $f_s = 8$MHz 时的距离像合成结果。

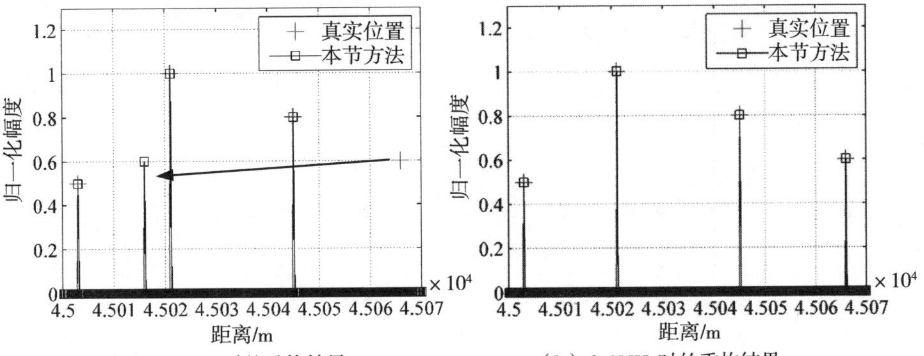

(a) f_s=4MHz时的重构结果　　(b) f_s=8MHz时的重构结果

图 6-8　不同采样率条件下的合成结果($B>\Delta f$)

在上述参数条件下,当采样率 $f_s = 4$MHz 时,本节方法对应的不模糊距离 $\Delta R = 50$m,此时相对位置为 65m 的散射点将会发生折叠,折叠显示的位置为 65−50=15m,如图 6-8(a)所示。当 $f_s = 8$MHz 时,本节方法的不模糊距离窗为 100m,如图 6-8(b)所示,没有发生距离混叠现象。

(2) $\Delta f > B$ 时的距离像合成,将 SRCFS 信号频率步进量设置为 $\Delta f = 40$MHz,子脉冲带宽 $B=30$MHz,脉宽 $T=2.5\mu$s,子脉冲重复频率为 3000Hz,子脉冲个数为 $N = 25$,最终的合成带宽为 1GHz,对应的距离分辨率 $\rho_r = 0.15$m,其他条件保持不变。图 6-9 分别为采样率 $f_s = 4$MHz 以及 $f_s = 8$MHz 时的距离像合成结果。

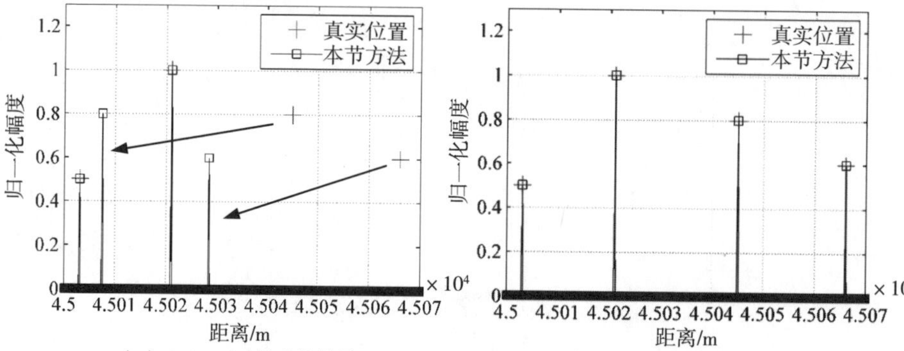

（a）f_s=4MHz时的重构结果　　（b）f_s=8MHz时的重构结果

图 6-9　不同采样率条件下的合成结果（$\Delta f>B$）

根据前文分析，在上述参数条件下，当采样率 f_s = 4MHz 时，本节方法对应的不模糊距离 ΔR = 37.5m，此时相对位置为 45m 以及 65m 的两个散射点将会发生折叠，折叠显示的位置为 45－37.5＝7.5m 以及 65－37.5＝27.5m。图 6-9(a)中的结果也验证了上述结果。当 f_s = 8MHz 时，不模糊距离窗增大为 75m，对于上述散射点均可以正确显示（图 6-9(b)）。

从上述仿真结果可以看出：本节方法不仅可以在信号参数设置满足紧约束条件下，实现距离像合成的抗混叠，而且在信号参数设置不满足紧约束条件时，同样可以保证距离像合成结果不发生距离混叠。

2）重构性能分析

为验证本节方法的重构性能，假设仿真信号参数保持不变（与 5.3 节保持一致 f_s = 1.5MHz，欠采样率 α 为 0.6，信噪比为 20dB），散射点相对位置为 3m、45m、65m。仿真中将文献[1]基于 CS 的距离成像方法（方法 1）、文献[5]中提出的频域合成方法（方法 2）以及文献[3]提出的距离合成方法（方法 3）作为对比算法。另外基于 CS 的重构方法均采用 OMP 算法进行重构。利用不同重构算法得到的距离像成像结果如图 6-10 所示。

在图 6-10(a)中，由于传统基于 CS 的距离像合成方法存在距离混叠，散射点折叠显示在一个距离窗中，难以分辨散射点位置。图 6-10(b)中，成像结果能够正确反映散射点的位置，但是成像结果存在较多旁瓣。图 6-10(c)中的成像结果存在重构损失，这是由于回波没有脉压过程，重构结果存在虚假点。图 6-10(d)中，本节方法可以正确显示目标的位置，不存在混叠现象，重构结果好于其他几种方法。

基于上述参数条件，图 6-11 为不同欠采样率（信噪比为 20dB）以及不同信噪比条件下（欠采样率 α 为 0.7）几种方法的重构误差性能曲线。由于方法一存在混叠问题，估计误差较大，因此没有进行对比实验。从图 6-11(a)可以看出，在相同的欠采样率条件下，本节方法的重构误差最小。传统频域合成方法由于受频率稀疏的影响，导致重构误差处于较高的水平。对于图 6-11(b)，在相同的欠采样率情况下，本节方法的距离像成像误差受信噪比影响较小，因此本节方法可以在较低的欠采样率以及较低的信噪比条件下重构出高精度的距离像成像结果。

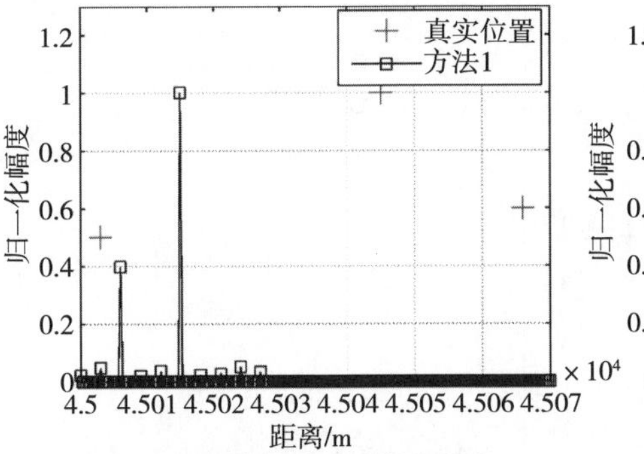

（a）文献［1］方法合成结果

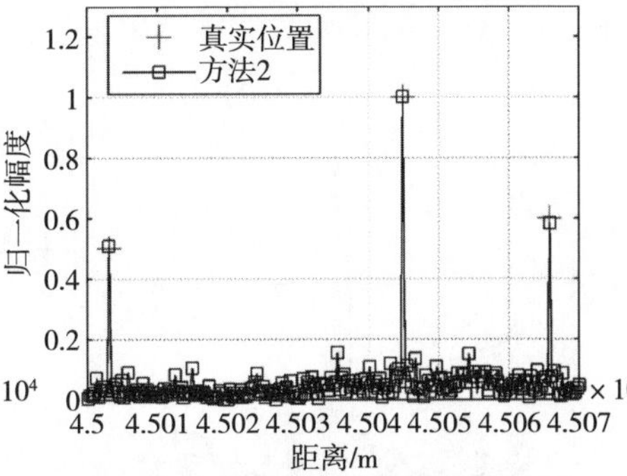

（b）文献［4］方法合成结果

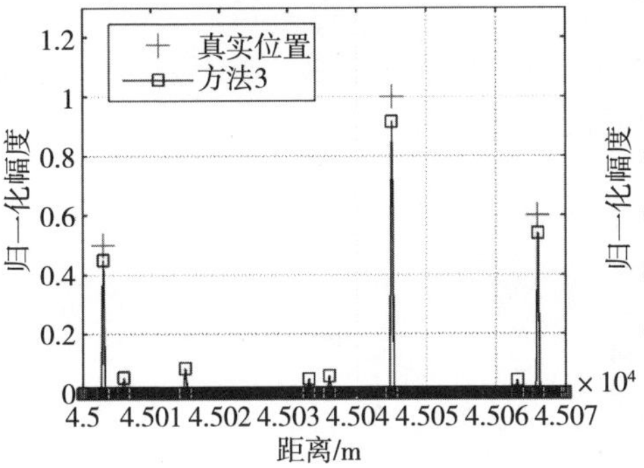

（c）文献［27］方法合成结果

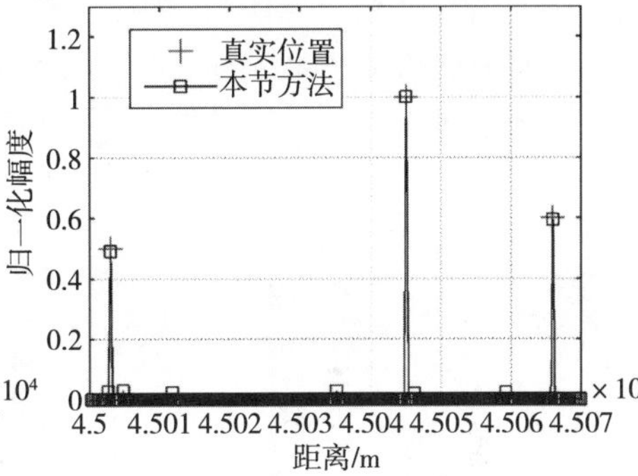

（d）本节方法合成结果

图 6-10　RFSCS 距离像成像结果比较

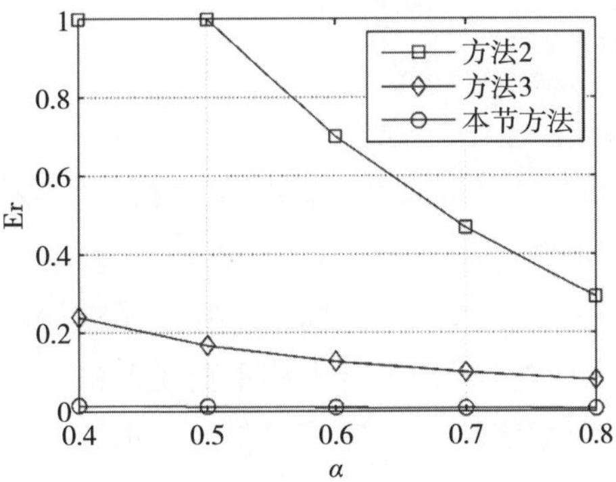

（a）不同欠采样率条件下误差曲线

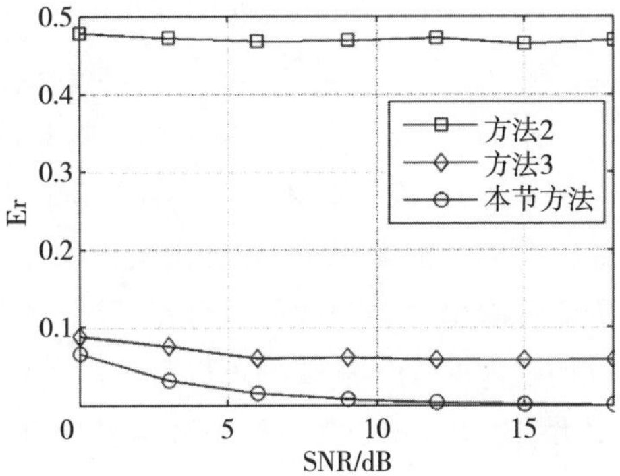

（b）不同信噪比条件下误差曲线

图 6-11　不同欠采样率条件下重构误差

3)实测数据验证

本节利用 Yak42 实测数据进一步验证所提方法的有效性,该实测数据为线性调频信号形式,其维度为 256×256。由于本节方法是将随机稀疏调频步进信号等效为线性调频信号的随机采样形式进行处理,因此为模拟随机稀疏调频步进信号形式,假设实测数据距离向包含 64 个子脉冲信号,则此时每个子脉冲包含 4 个采样点,图 6-12(a)~(c)为利用本节方法得到的成像结果(图 6-12 中显示的为第 10 组脉冲的成像结果)。

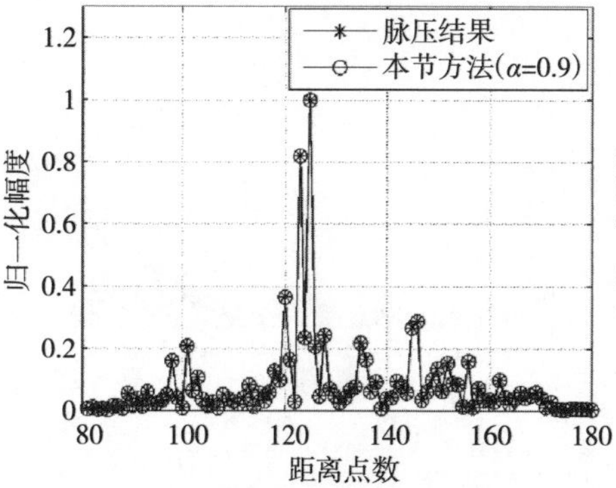

(a)采样率为0.9时的合成结果

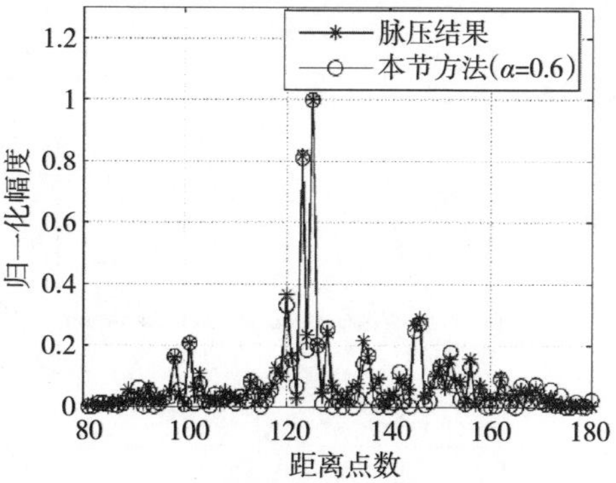

(b)采样率为0.6时的合成结果

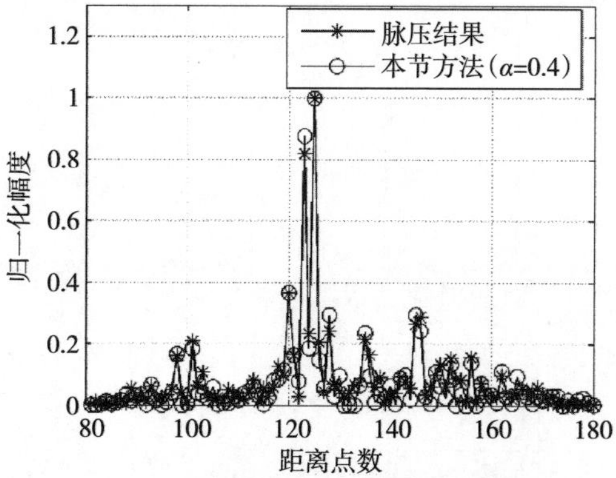

(c)采样率为0.4时的合成结果

图 6-12 实测数据验证结果示意图

从图 6-12 可以看出,利用本节方法可以准确重构出原始距离像信息,并不存在距离像混叠现象,并且只是在采样率下降的条件下,出现了重构误差,但是仍能反映出目标的散射点分布情况。图 6-13 为添加不同高斯白噪声条件下的重构误差曲线。从图中可以看出随着信噪比的增加,本节方法重构误差也随之增大,这也与 6. 2. 2 节的仿真结果一致。因而实测数据进一步验证了本节方法的有效性。

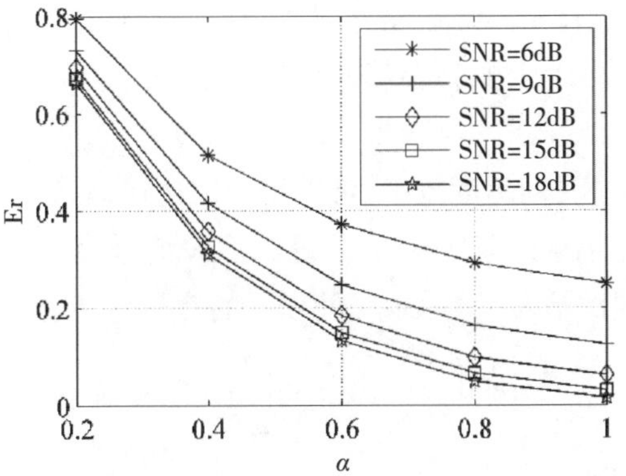

图 6-13　不同信噪比条件下误差曲线

本节研究了基于压缩感知理论的 SCFS 信号距离像抗混叠方法,分析了该方法增大不模糊距离窗大小的原理以及影响因素。通过将 SCFS 信号等效为 LFM 信号的降采样发射形式,构建相应的距离像重构模型,得到最终的成像结果。该方法主要优势体现在:一是将 SCFS 信号合成为具有等效带宽的 LFM 进行处理,降低了对不模糊距离窗的大小限制,克服了距离像混叠问题;二是在距离像成像时利用了所有的回波数据,避免了子脉冲采样过程,提高了重构精度;另外,通过对采样率的合理设置既可以避免距离像混叠,又可实现距离像的快速重构。

6.3　基于分布式压缩感知的距离像合成

在 6.2 节中,研究了一种基于 CS 的距离像抗混叠合成方法,本节进一步研究基于结构稀疏信息的稀疏高分辨成像方法。目前基于 CS 的 SF ISAR 稀疏成像方法已经取得了比常规成像算法更好的性能,但是这类方法大都基于 SMV 模型进行处理,并没有考虑目标的物理结构稀疏特征,因而量测数要求较高且抗噪声性能较差。此外,由于现代多功能 ISAR 系统的多模工作模式以及外界干扰等,使得用于成像的 SF 信号不仅存在子脉冲信号的缺失,用于方位成像的脉组数也会变得不连续。因此,如何在频率有限、方位短孔径以及低信噪比等条件下获得目标的高分辨图像值得进一步研究。基于此,本节提出一种基于分布式压缩感知的距离像合成方法,通过充分利用回波信号存在的联合结构稀疏信息,提升了步进频率信号距离像合成性能。

本节主要分析基于结构稀疏信息的稀疏高分辨成像方法,首先有必要说明的是,本章的分析均基于以下条件进行的。

(1)目标已经经过精确的运动补偿,消除了平动的影响;

(2)在雷达成像时间内,目标等效散射点越距离单元走动、越多普勒单元走动均较小;

(3)目标方位向转动角度较小,可以视为匀速转动。

6.2 节中已经给出了基于 SCFS 信号的回波信号模型,因此这里不再赘述,直接给出子脉冲回波信号经 Dechirp 处理后的信号为

$$s(\hat{t},n,n_a)=\sum_{k=0}^{K-1}\sigma_k\mathrm{rect}\left(\frac{\hat{t}}{T}\right)\exp\left\{-\mathrm{j}\left[\frac{4\pi}{c}(f_c+\Gamma_{n,n_a}\Delta f+\mu\hat{t})\Delta R_k\right]\right\} \tag{6-27}$$

式中:σ_k 为目标第 k 个散射点的散射强度,ΔR_k 代表第 k 个散射点与雷达之间的距离,经过平动补偿后可表示为

$$\Delta R_k=x_k\cos[\theta(n_a)]-y_k\sin[\theta(n_a)] \tag{6-28}$$

式中:$\theta(n_a)$ 为与脉组数有关的目标转动角度。由于雷达成像时间很短,因此可在成像持续过程中将目标视为匀速转动,则 $\theta(n_a)=n_a\Delta\theta$,$\Delta\theta$ 为角转动步长。一般情况下,目标在成像时间内转动角度很小,因此可近似为

$$\Delta R_k\approx x_k-y_kn_a\Delta\theta \tag{6-29}$$

将式(6-29)代入式(6-27)得第 n_a 组回波信号为

$$\begin{aligned}s(\hat{t},n,n_a)=\sum_{k=1}^{K}\sigma_k&\exp\left[-\mathrm{j}\frac{4\pi}{c}(f_c+\Gamma_{n,n_a}\Delta f+\mu\hat{t})x_k\right]\\&\exp\left[\mathrm{j}\frac{4\pi}{c}(f_c+\Gamma_{n,n_a}\Delta f+\mu\hat{t})y_kn_a\Delta\theta\right]\end{aligned} \tag{6-30}$$

将 Na 组回波写成矩阵形式为

$$\boldsymbol{S}=\begin{bmatrix}\boldsymbol{s}(\hat{t},1,1) & \cdots & \boldsymbol{s}(\hat{t},1,n_a) & \cdots & \boldsymbol{s}(\hat{t},1,\mathrm{Na})\\ \vdots & & & & \vdots\\ \boldsymbol{s}(\hat{t},n,1) & \cdots & \boldsymbol{s}(\hat{t},n,n_a) & \cdots & \boldsymbol{s}(\hat{t},n,\mathrm{Na})\\ \vdots & & & & \vdots\\ \boldsymbol{s}(\hat{t},N,1) & \cdots & \boldsymbol{s}(\hat{t},N,n_a) & \cdots & \boldsymbol{s}(\hat{t},N,\mathrm{Na})\end{bmatrix}_{NL\times\mathrm{Na}} \tag{6-31}$$

式中:$\boldsymbol{s}(\hat{t},n,n_a)=[s(1,n,n_a),s(2,n,n_a),\cdots,s(L,n,n_a)]^{\mathrm{T}}$。

传统的 ISAR 二维成像首先进行距离向处理,再进行方位向成像处理,即可得到最终的二维成像结果,即沿二维回波矩阵 $\boldsymbol{S}$ 每列进行距离像合成,再沿矩阵每行进行方位向成像。为充分利用 ISAR 图像的二维结构稀疏信息,因此下面首先对 SCFS ISAR 回波信号的结构特性进行分析。

6.3.1　SCFS ISAR 回波结构特性分析

1)距离向联合稀疏特性分析

式(6-30)中,第一个相位项主要用于距离像合成,为便于分析距离向结构稀疏信息,首先将用于距离像合成的 Na 组子脉冲回波(式(6-30))表示为

$$\begin{cases} s(i,n,1) = \sum_{k=1}^{K} \sigma_{k,1} \exp\left[-\mathrm{j}\dfrac{4\pi}{c}(f_c + \Gamma_{n,1}\Delta f + \mu\hat{t}(i))\, x_k \right] \\ \vdots \\ s(i,n,n_a) = \sum_{k=1}^{K} \sigma_{k,n_a} \exp\left[-\mathrm{j}\dfrac{4\pi}{c}(f_c + \Gamma_{n,n_a}\Delta f + \mu\hat{t}(i))\, x_k \right] \\ \vdots \\ s(i,n,\mathrm{Na}) = \sum_{k=1}^{K} \sigma_{k,\mathrm{Na}} \exp\left[-\mathrm{j}\dfrac{4\pi}{c}(f_c + \Gamma_{n,\mathrm{Na}}\Delta f + \mu\hat{t}(i))\, x_k \right] \end{cases} \tag{6-32}$$

式中:$\sigma_{k,n_a} = \sigma_k \exp\left[\mathrm{j}\dfrac{4\pi}{c}(f_c + \Gamma_{n,n_a}\Delta f + \mu\hat{t})\, y_k n_a \Delta\theta \right]$。

式(6-32)中,在成像时间内,每组子脉冲均对同一个目标进行照射,而由电磁探测理论可知,对于雷达发射的不同电磁脉冲信号,不管信号形式如何,回波信号目标的信息主要体现在幅度和相位上。由于目标的空间分布相对于观测区域是稀疏的。因此,经由同一个目标反射的回波信号具有相同的稀疏结构,即用于方位向 Na 组回波采样信号在同一稀疏域下具有相同的稀疏结构,只是在雷达成像过程中,由于观测角度、环境的影响,使得幅度、相位信息可能有所差异,这种信号模型刚好符合联合稀疏模型的定义,其一维距离像的具体结构示意如图 6-14 所示。

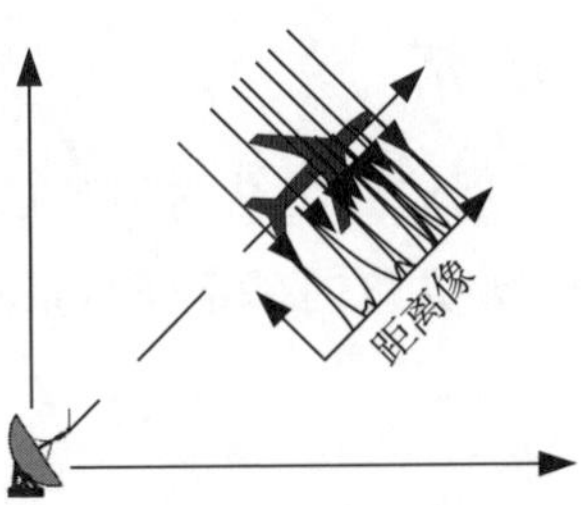

(a) 飞机等效散射点示意图

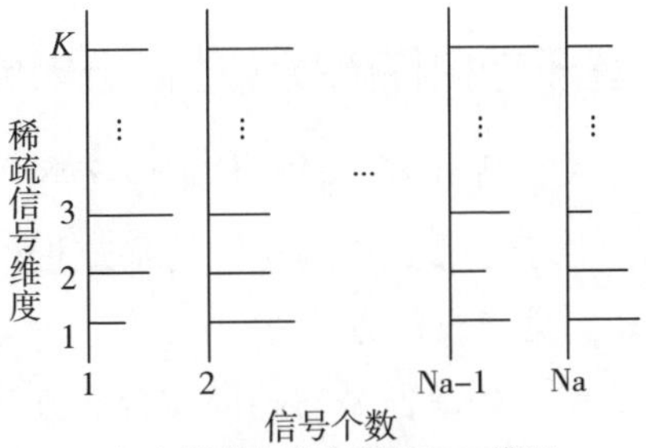

(b) 距离向联合稀疏MMV模型

图 6-14　一维距离像联合稀疏模型示意图

对于上述回波模型,虽然每组子脉冲的载频步进方式 Γ_{n,n_a},($n_a = 1,2,\cdots,\mathrm{Na}$) 不同,与此对应的式(6-32)中每组子脉冲回波信号的数据均不相同。但是

所有回波均经由相同的目标反射,因此,当目标包含 K 个散射点时,上述模型用数学表达式可表示为

$$\begin{gathered}\Omega_1 = \cdots = \Omega_{n_a} = \cdots = \hat{\Omega}_{\mathrm{Na}} \\ \| \hat{\Omega}_{n_a} \|_0 = K, \forall n_a \in \{1,2,\cdots,\mathrm{Na}\}\end{gathered} \tag{6-33}$$

式中:$\hat{\Omega}_{n_a}$ 表示支撑集信息。

通过上述分析可知,回波信号具有相同的稀疏结构,因此在距离像重构时可以充分利用这一信息提升距离像合成的性能。

2)方位向任意稀疏特性分析

经过距离向处理后,距离向存在的 K 个散射点已经成功分开。此时对于 ISAR 成像图像来说,其不同距离单元包含的方位向散射点个数以及位置各不相同。图 6-15 中 a 和 b 两个距离单元中包含的散射点个数以及位置均有明显差异,这种方位向散射点任意分布的特点符合任意稀疏模型结构,基于上述任意稀疏模型进行方位向重构可以提升重构的效率以及成像精度。

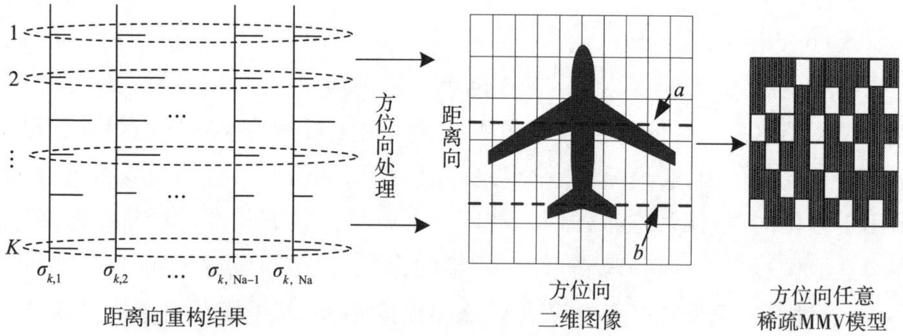

图 6-15 方位向任意稀疏模型示意图

6.3.2 基于结构稀疏模型的高分辨成像方法

基于 6.3.1 节分析,为充分利用 SCFS ISAR 回波二维结构稀疏信息,本节给出距离向基于分布式压缩感知的稀疏重构模型,方位向基于任意稀疏模型的 SCFS ISAR 高分辨成像方法。

1)基于联合稀疏模型的距离像合成方法

文献[5]中指出,当信号具有联合稀疏特性,即具有相同的稀疏结构时,在重构过程中如果能够充分利用这一信息得到低信噪比条件下的高精度重构结果,并降低对量测个数的需求。将 Na 组回波采样信号看作为量测信号,其第 n_a 组子脉冲回波信号可表示为

$$s(i,n,n_a)=\sum_{k=1}^{K}\sigma_{k,n_a}\exp\left[-\mathrm{j}\frac{4\pi}{c}(f_c+\Gamma_{n,n_a}\Delta f+\mu\hat{t}(i))x_k\right] \tag{6-34}$$

由于目标距离像具有稀疏性,此时式(6-34)可稀疏表示为

$$\boldsymbol{s}(n_a)=\boldsymbol{\Theta}_{n_a}\boldsymbol{x}(n_a),n_a=1,2,\cdots,\mathrm{Na} \tag{6-35}$$

式中:$\boldsymbol{x}(n_a)\in\boldsymbol{C}^{P\times 1}$ 表示目标散射点信息,即需重构的一维距离像;$\boldsymbol{\Theta}_{n_a}\in\boldsymbol{C}^{NL\times P}$ 为稀疏基字典可参考第五章,此处不再赘述。

由于每组发射子脉冲信号随机发射(载频随机步进),且存在子脉冲稀疏的情况,因此 $\boldsymbol{s}(n_a)$ 可以视为随机欠采样回波信号,此时式(6-35)即为欠采样回波信号的稀疏表示模型。

通过 6.3.1 节分析可知,Na 组子脉冲回波信号具有联合稀疏特性,因此考虑 Na 组距离像联合重构时,上述求解问题可转化为

$$\hat{\boldsymbol{X}}=\arg\min\|\boldsymbol{X}\|_{2,0},\quad \mathrm{s.t.}\quad \boldsymbol{s}(n_a)=\boldsymbol{\Theta}_{n_a}\boldsymbol{x}(n_a),\forall n_a\in\{1,2,\cdots,\mathrm{Na}\} \tag{6-36}$$

式中:$\hat{\boldsymbol{X}}=[\hat{\boldsymbol{x}}_1,\hat{\boldsymbol{x}}_2,\cdots,\hat{\boldsymbol{x}}_{\mathrm{Na}}]\in\boldsymbol{C}^{P\times\mathrm{Na}}$;$\|\boldsymbol{X}\|_{2,0}$ 表示距离像矩阵非零行个数。

在上述重构过程中,每个信号在重构时的量测矩阵 $\boldsymbol{\Theta}_{n_a}$ 都不相同,但是所有信号共享支撑集信息。分布式压缩感知利用信号联合稀疏这一特点,在重构每个稀疏信号时利用所有信号支撑集相同这一先验信息,提高了重构性能。目前,已经提出了多种分布式压缩感知稀疏重构算法,本节利用 DCS-SOMP 算法实现距离向的联合重构。该算法主要是基于 OMP 算法进行的改进,在求取支撑集时利用了信号联合稀疏的特性,使之适用于联合稀疏模型的信号重构,算法主要实现过程如下。

(1)在更新支撑集位置时,将每组信号的感知矩阵与残差的内积结果进行求和处理,找出最大内积对应的位置,并更新支撑集。

$$l=\operatorname{argmax}\sum_{n_a=1}^{\mathrm{Na}}\frac{|\langle r_{n_a},\boldsymbol{\Theta}_{n_a}\rangle|}{\|\boldsymbol{\Theta}_{n_a}\|_2} \tag{6-37}$$

式中:r_{n_a} 为残差信号。

(2)用得到的位置更新所有信号的支撑集。

$$\hat{\Omega}=[\hat{\Omega}\quad l] \tag{6-38}$$

(3)利用估计得到的支撑集,采用最小二乘法重构出原始信号中非零位置的值。

$$\hat{x}_{n_a}=[\boldsymbol{\Theta}_{n_a}(\hat{\Omega})^{\mathrm{T}}\boldsymbol{\Theta}_{n_a}(\hat{\Omega})]^{-1}\boldsymbol{\Theta}_{n_a}(\hat{\Omega})^{\mathrm{T}}\boldsymbol{s}(n_a) \tag{6-39}$$

通过上述分布式压缩感知稀疏重构算法处理后即可完成 Na 组距离像的高

分辨重构。

2）基于任意稀疏 MMV 模型的方位向成像方法

对于方位向成像，利用方位向的稀疏性，同样可以实现方位向的稀疏重构。根据式（6-30），第 n 个距离单元的方位向成像回波信号可以表示为

$$\boldsymbol{X}(n)=\sum_{n_a=0}^{\mathrm{Na}-1}\delta_{n_a}\exp\left[-\mathrm{j}4\pi\frac{(f_c+\Gamma_{n,n_a}\Delta f+\mu\hat{t})y_k n_a\Delta\theta}{c})\right] \tag{6-40}$$

式中：$\boldsymbol{X}(n)$ 表示一维距离像矩阵第 n 行数据；δ_{n_a} 表示方位向成像结果。由于 Δf 以及快时间 $\hat{t}$ 相对于载频 f_0 较小，因此式（6-40）所示的 N 组方位向成像稀疏表示模型可以写为

$$\boldsymbol{X}^{\mathrm{H}}=\boldsymbol{\Psi}'\boldsymbol{\delta} \tag{6-41}$$

式中：$\boldsymbol{\delta}$ 为最终的二维成像矩阵；$\boldsymbol{\Psi}'\in\mathbb{C}^{\mathrm{Na}\times Q}$ 为距离像稀疏基，且构造方式为

$$\boldsymbol{\Psi}'=\left[\exp\left(\mathrm{j}2\pi\frac{qn_a}{\mathrm{Na}}\right)\right]_{\mathrm{Na}\times Q} \tag{6-42}$$

式中：$q(q=0,1,\cdots,\mathrm{Na}-1)$ 为方位向离散点数，当 $Q=\mathrm{Na}$ 时，方位向分辨间隔即 $\Delta y=\lambda_0/(2\mathrm{Na}\Delta\theta)$ 。

当方位向进行降采样重构时，式（6-41）可以写为

$$\boldsymbol{Y}=\boldsymbol{\Phi}_a\boldsymbol{X}^{\mathrm{H}}=\boldsymbol{\Phi}_a\boldsymbol{\Psi}'\boldsymbol{\delta}=\boldsymbol{\Theta}_a\boldsymbol{\delta} \tag{6-43}$$

式中：$\boldsymbol{Y}$ 为 $\mathrm{Na}'\times N$ 维降采样数据矩阵；$\boldsymbol{\Phi}_a$ 为方位向 $\mathrm{Na}'\times\mathrm{Na}$ 维随机降采样量测矩阵；Na' 为方位向量测数，且 $\mathrm{Na}'<\mathrm{Na}$。

此时，基于任意稀疏模型的方位向稀疏重构问题可以转化为

$$\hat{\boldsymbol{\delta}}=\arg\min\|\boldsymbol{\delta}\|_{q,0}\quad \text{s.t.}\quad \boldsymbol{Y}=\boldsymbol{\Theta}_a\boldsymbol{\delta} \tag{6-44}$$

对于上述模型，利用 MSL0 算法即可得出最终的二维成像结果。最后，对应的基于结构稀疏模型的先距离后方位 SCFS ISAR 成像方法处理流程如图6-16所示。

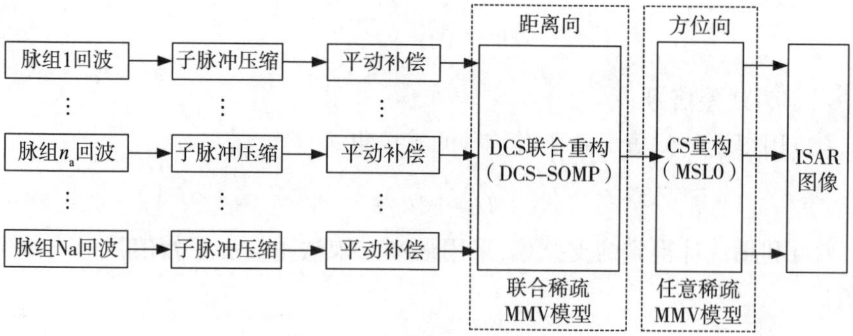

图 6-16　SCFS-ISAR 成像处理流程图

6.3.3 算法性能分析

在进行 ISAR 成像时，由于距离向具有联合稀疏特性，基于 DCS 稀疏重构算法进行重构时提高了重构性能，在方位向重构时利用的是二维复稀疏信号的快速重建方法，该方法的优势已得到广泛地提及与验证。因此，本节主要从距离向欠采样率、重构精度、抗噪性能三个方面对距离向基于 DCS 理论与基于单量测向量模型的 CS 重构方法进行理论分析比较。

1）距离向欠采样率分析

对于一个 K 稀疏信号，传统单量测向量模型条件下基于 CS 进行准确重构的条件为：$M \geqslant 2K$。而对于联合稀疏条件下的重构模型，文献[8]指出得到联合稀疏信号 $\boldsymbol{X}$ 唯一解的充要条件为

$$|\mathrm{supp}(\boldsymbol{X})| < \frac{\mathrm{spark}(\boldsymbol{\Theta}) - 1 + \mathrm{rank}(\boldsymbol{X})}{2} \tag{6-45}$$

式中：$|\mathrm{supp}(\boldsymbol{X})| = \|\hat{\boldsymbol{\Omega}}_{n_a}\|_0, n_a = 1,2,\cdots,\mathrm{Na}$；$\mathrm{spark}(\boldsymbol{\Theta}) \in [2, M+1]$。

从式(6-45)可以看出，当联合稀疏矩阵 $\boldsymbol{X}$ 具有较大秩时，则可以通过较少的量测值恢复出原始信号。这里考虑最理想的情况：当秩 $\mathrm{rank}(\boldsymbol{X}) = K$（稀疏信号 $\boldsymbol{X}$ 每列中最多有 K 个非零值），$\mathrm{spark}(\boldsymbol{\Theta}) = M + 1$。此时式(6-45)可转化得到：$M \geqslant K + 1$。因此，在最理想的情况下，利用联合稀疏模型进行稀疏信号重构时，只要量测值 M 大于 $K + 1$ 即可重构出稀疏信号 $\boldsymbol{X}$。这与传统单量测向量模型条件下量测值需大于 $2K$ 相比大大减少了对距离向量测数的要求。

2）支撑集估计精度分析

对于基于联合稀疏特性的 DCS-SOMP 算法，由于所有信号支撑集是相同的，因此在每次求取支撑集位置时，利用的是 Na 次观测信号的内积和最大原则。

$$l_k = \max \sum_{n_a=1}^{\mathrm{Na}} |\langle r_{n_a}, \boldsymbol{\Theta}_{n_a} \rangle| \tag{6-46}$$

式中：r_{n_a} 为残差信号。

对于传统的单量测向量模型，只能对每组回波分别进行支撑集搜寻。假设寻找到正确支撑集位置的概率为 $H, H \in [0,1]$。考虑 Na 组信号总的重构概率，由于各组信号重构时各不影响，因此，总的重构概率为指数相乘形式，即 $H^{\mathrm{Na}}, H^{\mathrm{Na}} < H$。而本节基于联合稀疏模型的 DCS-SOMP 算法，在重构距离像时整体考虑了 Na 个信号的内积和信息，此时，总的 Na 个信号都能够精确重构的概率为 $H\mathrm{Na}/\mathrm{Na} = H$。显然，由于利用了回波信号联合稀疏特性，精确重构概率

得到了增加。

3)抗噪性能分析

一般情况下,接收到的信号都会伴随着噪声,更精确的回波量测模型为

$$\boldsymbol{s}(n_{\mathrm{a}})=\boldsymbol{\Theta}_{n_{\mathrm{a}}}\boldsymbol{x}(\boldsymbol{n}_{\mathrm{a}})+\boldsymbol{W}_{n_{\mathrm{a}}} \tag{6-47}$$

式中:$\boldsymbol{W}_{n_{\mathrm{a}}}$ 为维度与 $\boldsymbol{s}(n_{\mathrm{a}})$ 相同的高斯白噪声矩阵。此时求解问题可以转化为

$$\hat{\boldsymbol{X}}=\arg\min\ \|\boldsymbol{X}\|_{2,0},\ \text{s.t.}\ \ \|\boldsymbol{s}(n_{\mathrm{a}})-\boldsymbol{\Theta}_{n_{\mathrm{a}}}\boldsymbol{x}(n_{\mathrm{a}})\|_2^2\leqslant\xi\quad\forall n_{\mathrm{a}}\in\{1,2,\cdots,\mathrm{Na}\} \tag{6-48}$$

式中:ξ 表示噪声电平。

由于噪声的存在,传统 OMP 算法在求取内积时,弱散射点位置有可能被噪声所淹没,使得位置估计不准。假设经过第 k 次迭代的残差信号为 $r_{n_{\mathrm{a}}}^{(k)}$,此时由于噪声的存在,使得残差信号不仅含有原始信号部分,而且包含噪声信号。将 $r_{n_{\mathrm{a}}}^{(k)}$ 分解为无噪分量与噪声分量两部分得到:$r_{n_{\mathrm{a}}}^{(k)}=\chi_{n_{\mathrm{a}}}^{(k)}+\boldsymbol{\nu}_{n_{\mathrm{a}}}^{(k)}$。此时求取内积为

$$l_k=\max\sum_{n_{\mathrm{a}}=1}^{\mathrm{Na}}|\langle r_{n_{\mathrm{a}}}^{(k)},\boldsymbol{\Theta}_{n_{\mathrm{a}}}\rangle|=\max\left(\sum_{n_{\mathrm{a}}=1}^{\mathrm{Na}}|\boldsymbol{\Theta}_{n_{\mathrm{a}}}^{\mathrm{T}}\chi_{n_{\mathrm{a}}}^{(k)}|+\sum_{n_{\mathrm{a}}=1}^{\mathrm{Na}}|\boldsymbol{\Theta}_{n_{\mathrm{a}}}^{\mathrm{T}}\boldsymbol{\nu}_{n_{\mathrm{a}}}^{(k)}|\right)=\max(l_{\mathrm{s}},l_{\mathrm{v}}) \tag{6-49}$$

式中:l_{s}、l_{v} 分别表示最大信号内积和以及噪声内积和。当 $l_{\mathrm{s}}>l_{\mathrm{v}}$ 时,l_k 即为信号对应的位置。

一般情况下,在观测时间内目标的转角较小,因此,此时散射点强度变化不大,为分析方便,假设弱信号内积值都为 ρ。由于噪声的随机性,设噪声内积值期望值大小为 μ。利用 OMP 算法进行处理时,当 $\mu>\rho$,位置选择将发生错误。根据式(6-49)可知,DCS-SOMP 算法第 k 次迭代得到的信号内积和大小为 $l_{\mathrm{s}}=\mathrm{Na}\rho$,噪声内积和期望值为 $l_{\mathrm{v}}=\mu$。可知经过上述处理信号内积值增大了 Na 倍,而噪声期望值并未发生变化。因此当利用信号之间的联合信息后,弱信号能量得到积累,在相同的信噪比条件下,弱信号位置能正确检测的概率将提高 Na 倍。并且随着观测信号数的增加,弱信号积累效果将会越明显,这样有利于低信噪比条件下的弱散射点检测。

6.3.4 实验验证与分析

首先对仿真中的参数进行说明,信号支撑集估计准确度定义为 $\rho=E\{|\Omega\cap\hat{\Omega}|/|\Omega|\}$,其中,$\Omega$ 为信号支撑集;$\hat{\Omega}$ 为估计的信号支撑集;$|\cdot|$ 代表集合的势;$E\{\cdot\}$ 为期望。当匹配度值越大时,说明对支撑集的估计精度越高。对于最终成像质量采用图像熵(Image Entropy,IE)、图像对比度(Image Contrast,

IC)作为衡量指标。假设 ISAR 成像结果 $\boldsymbol{X}$ 取模、最大值归一化后记为 $\tilde{\boldsymbol{X}} \in \mathbb{R}^{N\times \mathrm{Na}}$，且 $\tilde{\boldsymbol{X}} = (\tilde{x}_{nn_a})_{N\times \mathrm{Na}}$，则 IE 和 IC 计算公式分别为

$$\mathrm{IE} = -\sum_{n=1}^{N}\sum_{n_a=1}^{\mathrm{Na}} \frac{\tilde{x}_{nn_a}}{\mathrm{sum}_{\tilde{X}}}\ln\frac{\tilde{x}_{nn_a}}{\mathrm{sum}_{\tilde{X}}} \tag{6-50}$$

$$\mathrm{IC} = \left[\frac{NM}{\mathrm{sum}_{\tilde{X}}^2}\sum_{n=1}^{N}\sum_{n_a=1}^{\mathrm{Na}}\tilde{x}_{nn_a}^2 - 1\right]^{1/2} \tag{6-51}$$

式中：$\mathrm{sum}_{\tilde{X}} = \sum_{n=1}^{N}\sum_{n_a=1}^{\mathrm{Na}}\tilde{x}_{nn_a}$。IE 和 IC 分别表征了成像结果的分布聚焦特性和锐化程度，IE 越小、IC 越大，成像质量越好。

另外，需要指出的是仿真中方位向成像均采用 MSL0 算法进行重构，传统方法距离向处理采用的为 OMP 算法，本节方法距离向处理采用 DCS-SOMP 算法。假设仿真所用的 SCFS 信号载频 $f_c = 10\mathrm{GHz}$，脉宽 $T_p = 2\mu\mathrm{s}$，子脉冲重复频率 PRF = 3000Hz，子脉冲个数 $N = 100$，频率步进量 $\Delta f = 5\mathrm{MHz}$，子脉冲带宽 $B = 5\mathrm{MHz}$，脉组数 Na = 128。在上述条件下，信号的最终合成带宽为 $N\Delta f = 500\mathrm{MHz}$。

1）不同条件下距离像合成性能仿真分析

仿真 1：不同距离向欠采样率下重构性能仿真分析

为分析方便，此处不失一般性假设 3 点散射点模型用于研究本节方法与传统 CS 方法在重构距离像时的性能差异。图 6-17 为本节算法与传统算法在不同欠采样率条件下距离像重构结果，信噪比设置为 20dB。

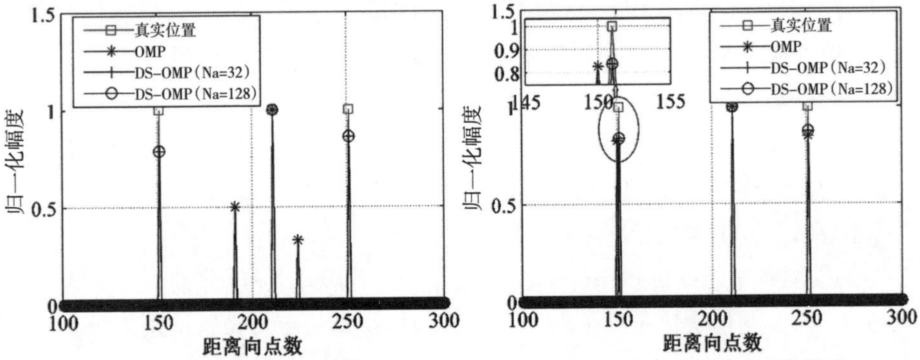

（a）α =0.1时距离像重构结果　　（b）α =0.2时距离像重构结果

图 6-17　距离像重构结果示意图

图 6-17(a)～(b)分别为欠采样率 α 为 0.1 以及 0.2 条件下距离像重构结果。图 6-17(a)中，在欠采样率 α 为 0.1 时，利用传统 OMP 算法重构结果中只有 1 个散射点的位置重构正确。而 DCS-SOMP 算法可以正确重构出全部 3 个散射点的位置。图 6-17(b)中，欠采样率 α 提高为 0.2 时，传统 OMP 算法仍有

一个散射点重构错误,而 DCS-SOMP 算法能正确搜索到散射点位置,且重构出的散射点幅度更接近于真实值,精度更高。假设条件不变,图 6-18 为在不同欠采样率条件下传统算法与本节算法重构性能的对比。

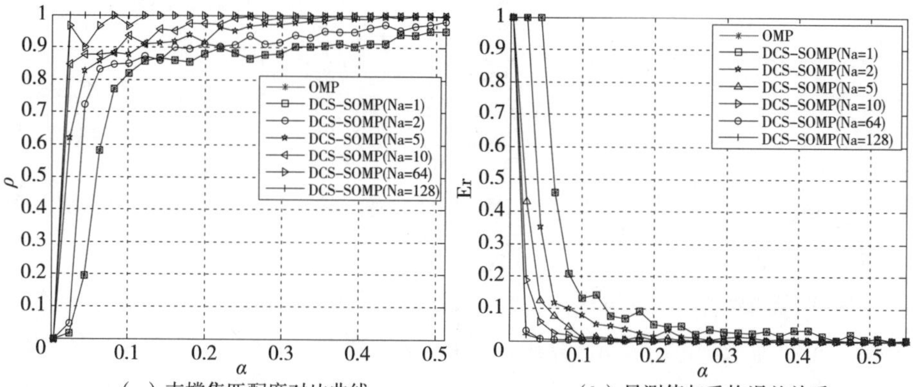

(a) 支撑集匹配度对比曲线　　(b) 量测值与重构误差关系

图 6-18　不同条件下重构性能示意

图 6-18(a)为不同欠采样率条件下,当观测信号个数逐渐增加时支撑集匹配度对比图;图 6-18(b)为不同观测信号个数和量测数条件下重构误差曲线。图 6-18(a)中,当观测信号数为 1 时,DCS-SOMP 算法退化为一般的 OMP 算法,所以匹配度估计一致。随着观测信号数目的增加,DCS-SOMP 算法匹配度逐步增大。当信号数达到 64 以上,欠采样率仍然较低时,DCS-SOMP 算法匹配度已接近 1,而 OMP 算法重构匹配度仍然较低。图 6-18(b)中,当观测信号数为 1 时,同样可以看出 DCS-SOMP 算法与 OMP 算法性能一致。随着信号数的增加,估计误差都会逐渐减小,但是由于 DCS-SOMP 算法利用了联合稀疏信息,当观测信号数 Na=64,欠采样率达到 0.05 时,DCS-SOMP 算法重构误差就已接近 0,而此时的 OMP 算法重构误差却高达 0.5,充分显示出基于联合稀疏模型的 DCS-SOMP 算法良好的重构性能。

仿真 2:不同信噪比下重构性能仿真分析

为检验本节方法的抗噪性能,假设 3 点散射点模型强度分别为 1、0.5、0.1,图 6-19 为不同信噪比条件下的本节算法与传统算法距离像重构结果示意图。

图 6-19(a)~(b)分别为信噪比为 20dB、5dB 条件下距离像重构结果。图 6-19(a)中,当信噪比为 20dB 时,传统 OMP 算法不能重构出幅度为 0.1 的散射点。而 DCS-SOMP 算法可以准确重构出弱小散射点。图 6-19(b)中,当信噪比为 5dB 时,OMP 算法无法重构出弱散射点的位置。DCS-SOMP 算法在信号数为 16 的条件下同样无法重构出弱散射点的位置。当信号数为 128 时,DCS-SOMP 算法已经可以成功地重构出弱散射点。假设条件不变,图 6-20 为

在不同信噪比条件下传统算法与本节算法重构性能的对比。

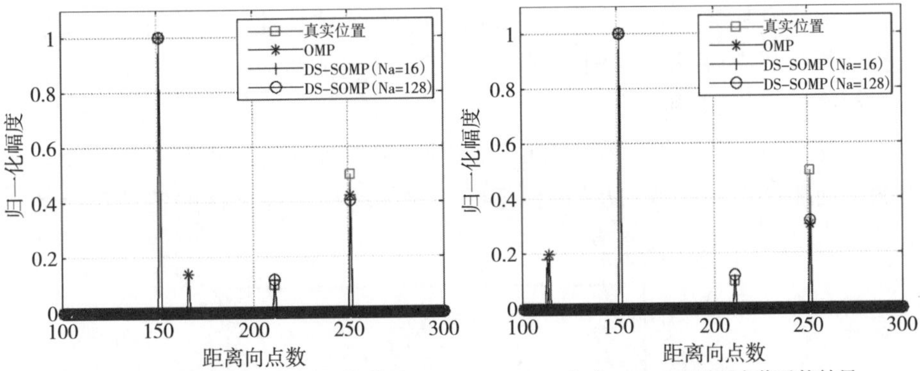

（a）SNR=20dB时距离像重构结果　（b）SNR=5dB时距离像重构结果

图 6-19　距离像重构结果示意图

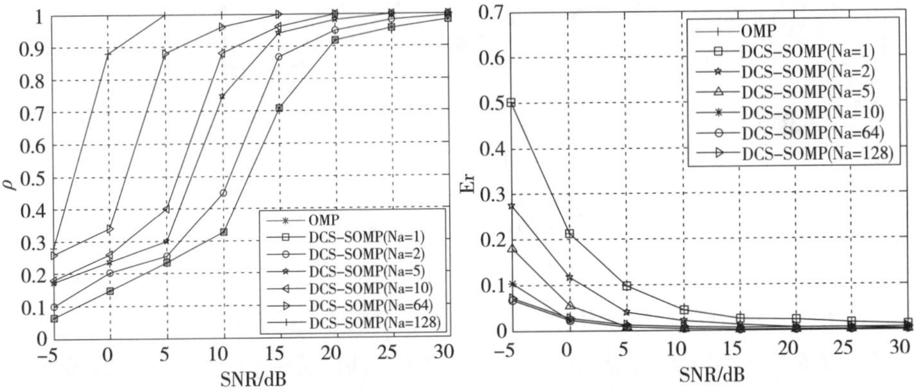

（a）支撑集匹配度对比曲线　（b）重构误差对比曲线

图 6-20　算法抗噪性能示意图

图 6-20(a)～(b)分别为不同信噪比条件下支撑集匹配度、重构误差曲线。在图 6-20 中的两个仿真结果都可以看出：当观测信号数为 1 时，OMP 算法与 DCS-SOMP 算法具有相同的估计性能。图 6-20(a)中，随着观测信号的不断增加，支撑集匹配度逐渐增大。当观测信号数为 128，信噪比达到 5dB 以上时，匹配度达到 1，而此时 OMP 算法匹配度仅为 0.25 左右。对于图 6-20(b)，在相同的信噪比条件下，DCS-SOMP 算法重构误差小于 OMP 算法重构误差。并且随着观测信号数目的增加，DCS-SOMP 算法重构误差逐渐减小。上述实验也验证了基于联合稀疏模型的 DCS-SOMP 算法可以提高对弱散射点的检测能力，因此具有良好的抗噪性能。

2)不同条件下 ISAR 成像性能仿真分析

下面研究基于结构稀疏信息的 SCFS ISAR 成像性能。此处首先利用仿真数据进行验证,而后采用实测数据进一步验证本节方法的有效性。

(1)仿真数据分析。

首先给出所用仿真模型如图 6-21 所示,图中散射点强度服从均值为 1,方差为 1 的随机正态分布,假设目标已经完成平动补偿且目标的转动角速度为 0.02rad/s。

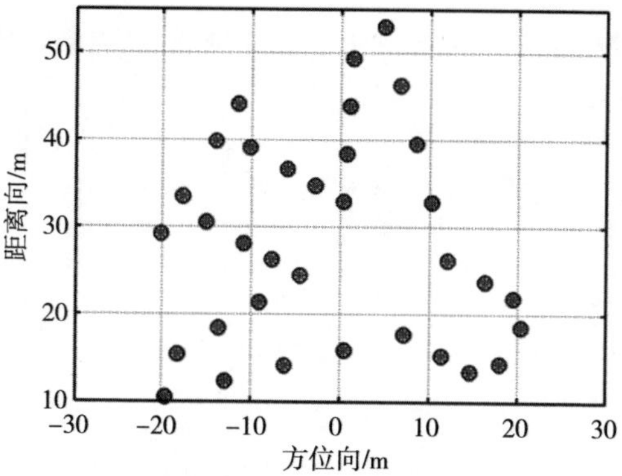

图 6-21 飞机仿真模型

仿真 3:不同距离向欠采样率条件下成像性能仿真

图 6-22 为信噪比为 10dB 的条件下,利用传统 CS 方法以及本节方法得出的在不同距离向欠采样率条件下的 ISAR 成像结果,其中,方位向欠采样率统一设置为 0.8,即随机选取方位向 80%的脉组数参与方位向重构。

从图 6-22 可以看出,随着距离向欠采样率的降低,图 6-22(a)中的成像结果出现较多的虚假重构点,而本节基于联合稀疏特性的稀疏高分辨成像方法在欠采样率低至 0.5 时,值出现了较少的虚假点,重构性能明显优于传统方法。图 6-23 为在不同距离向欠采样率条件下重构结果的熵值以及对比度值大小比较。可以看出,本节方法重构结果熵值明显小于传统方法,对比度值大于传统方法得出的结果,也进一步证明了本节方法在低距离向欠采样率条件下优良的重构性能。

仿真 4:不同信噪比条件下的成像性能仿真

考虑不同信噪比条件下本节方法的成像性能。假设信号参数设置以及目标模型保持不变且方位向欠采样率保持为 0.8。图 6-24 为距离向欠采样率为 0.5 时,不同信噪比条件下本节方法与传统方法重构结果对比。

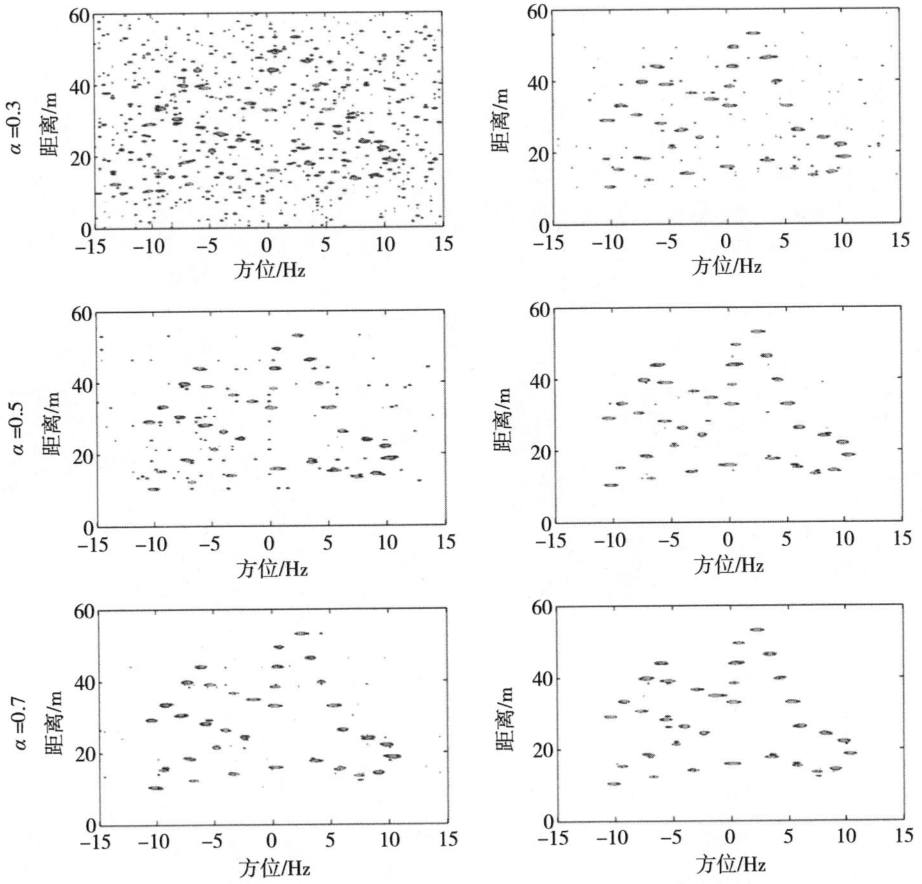

（a）传统CS方法成像结果　　（b）本节方法成像结果

图 6-22　不同距离向欠采样率条件下重构性能

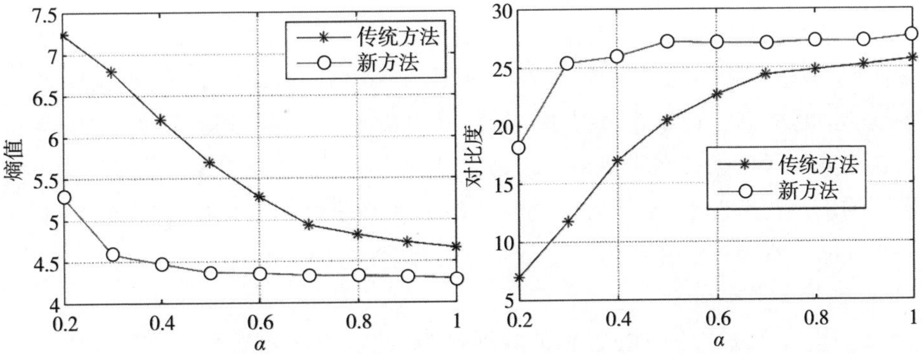

（a）熵值对比曲线　　（b）对比度曲线

图 6-23　不同欠采样率条件下重构性能

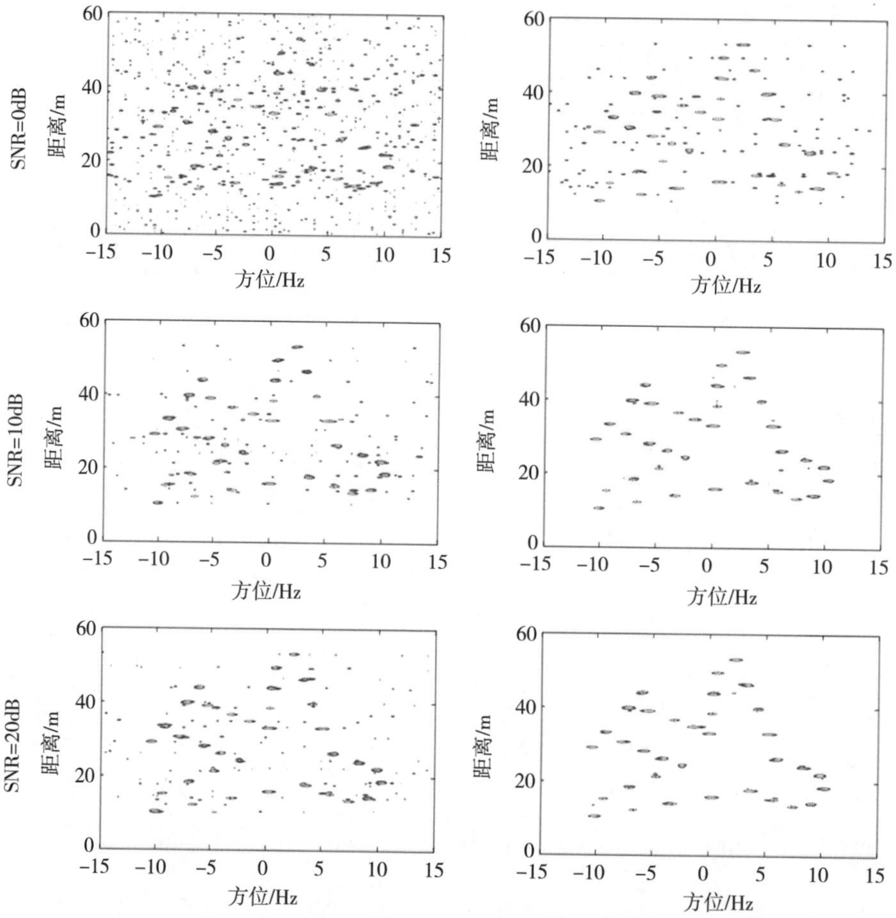

（a）传统CS方法成像结果　　（b）本节方法成像结果

图 6-24　不同信噪比条件下成像性能

从图 6-24 可以看出，在信噪比较低的情况下，传统方法会出现大量的虚假重构点，但是在相同的信噪比情况下，本节方法得到的成像结果虚假重构点更少，图像更加清晰，说明本节方法在低信噪比条件下的重构性能更好。图 6-25 为在不同信噪比条件下重构结果的熵值以及对比度值大小比较。可以看出，在不同的信噪比条件下，本节方法均具有较低的熵值以及较大的对比度值，也进一步证明了本节方法在低信噪比条件下的有效性。

（2）实测数据分析。

采用文献[9]中的 Mig25 回波数据验证本节方法的有效性。该数据事先已经完成运动补偿，其主要参数如表 6-2 所列。为模拟信号的随机性，对每组子脉冲信号进行随机选择，且每个脉组的随机选择方式不同，方位向选取前 64 个脉组数据参与处理。

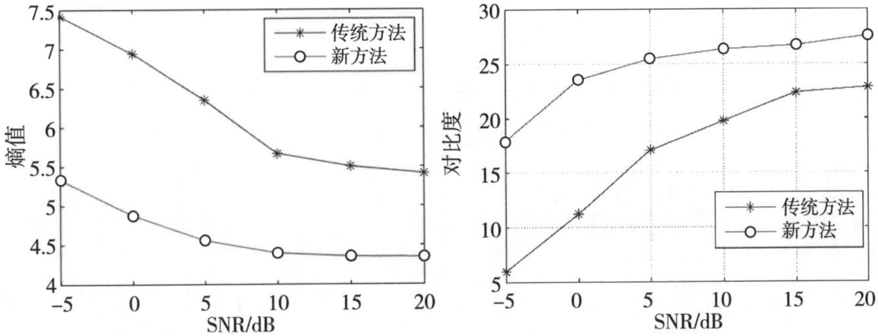

（a）熵值对比曲线　　（b）对比度曲线

图 6-25　不同信噪比条件下重构性能

表 6-2　数据参数设置表

参数	仿真值	参数	仿真值
载频 f_c/GHz	9	总脉组数 Na	512
总合成带宽/MHz	512	子脉冲个数 N	64
重频/kHz	15	角速度/(°/s)	10

仿真 5：不同距离向欠采样率条件下成像性能仿真

在不同的距离向欠采样率条件下得到的目标二维成像结果如图 6-26 所示。图 6-27 为不同欠采样率条件下，本节方法与传统 CS 方法重构的 ISAR 图像熵值曲线以及对比度曲线。

图 6-26 中，从上到下分别为距离向欠采样率为 0.9、0.7、0.5 条件下本节方法与传统 CS 方法重构结果的比较。在图 6-26(a)中，传统方法得到的成像结果存在较多虚假重构点，而图 6-26(b)的成像结果虚假重构点较少。当欠采样率将至 0.5 时，传统 CS 方法得到的目标二维图像已经被虚假散射点淹没，算法失效。本节方法依旧性能良好，依然能够得到清晰的重构结果。在图 6-27 中，本节方法重构得到的熵值明显小于传统方法，对比度值大于传统方法得到的结果，说明本节方法得到的图像凝聚性较好。因此说明本节方法成像性能优于传统方法，可以在较低的距离向欠采样率条件下实现目标的高精度重构。

仿真 6：不同信噪比条件下成像性能仿真

假设其他条件不变，距离向欠采样率设置为 0.8，图 6-28 分别为在不同信噪比条件下，本节方法与传统 CS 方法对目标进行成像的结果。图 6-29 为不同信噪比条件下，本节方法与传统 CS 方法 ISAR 成像结果的熵值曲线以及对比度曲线。

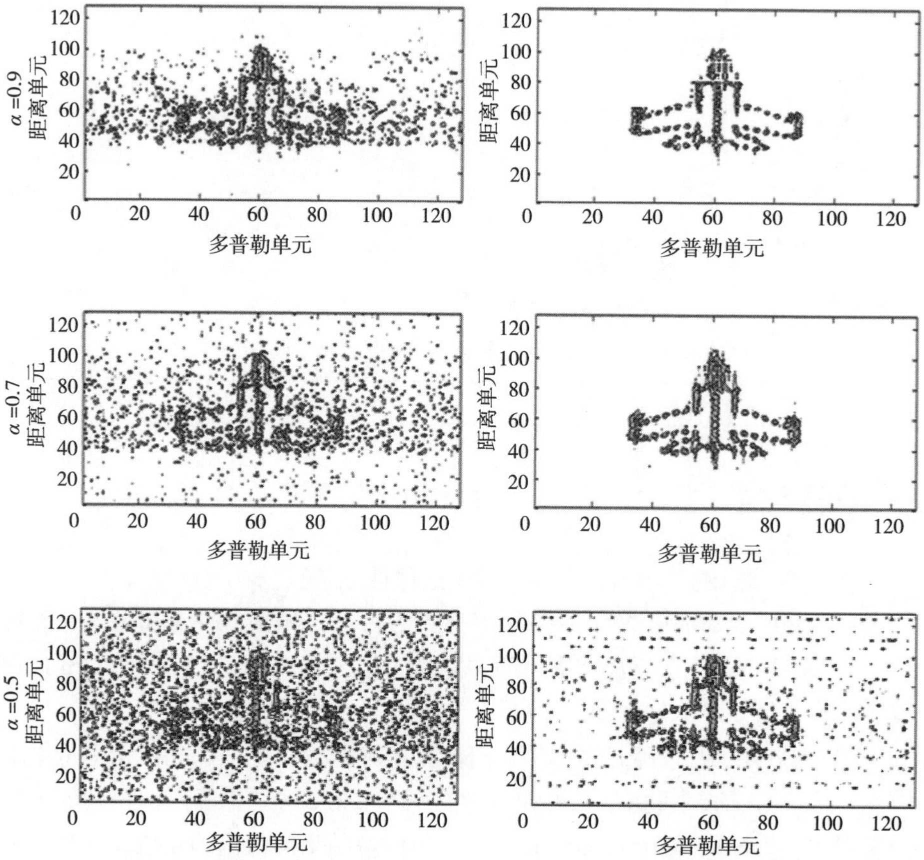

（a）传统CS方法成像结果　　（b）本节方法成像结果

图 6-26　不同欠采样率条件下重构性能

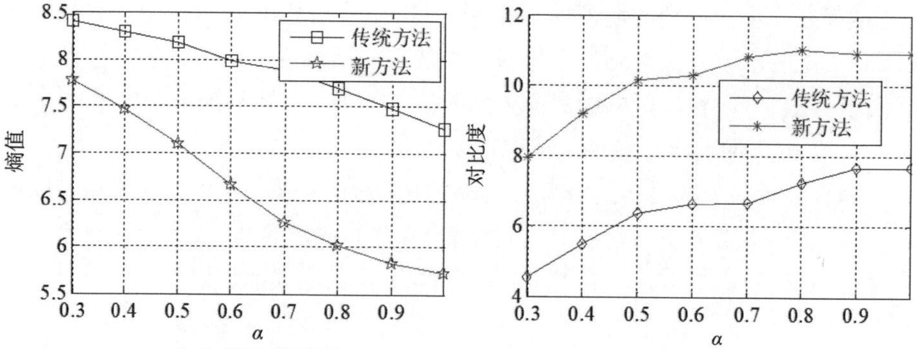

（a）熵值对比曲线　　（b）对比度曲线

图 6-27　不同欠采样率条件下重构性能

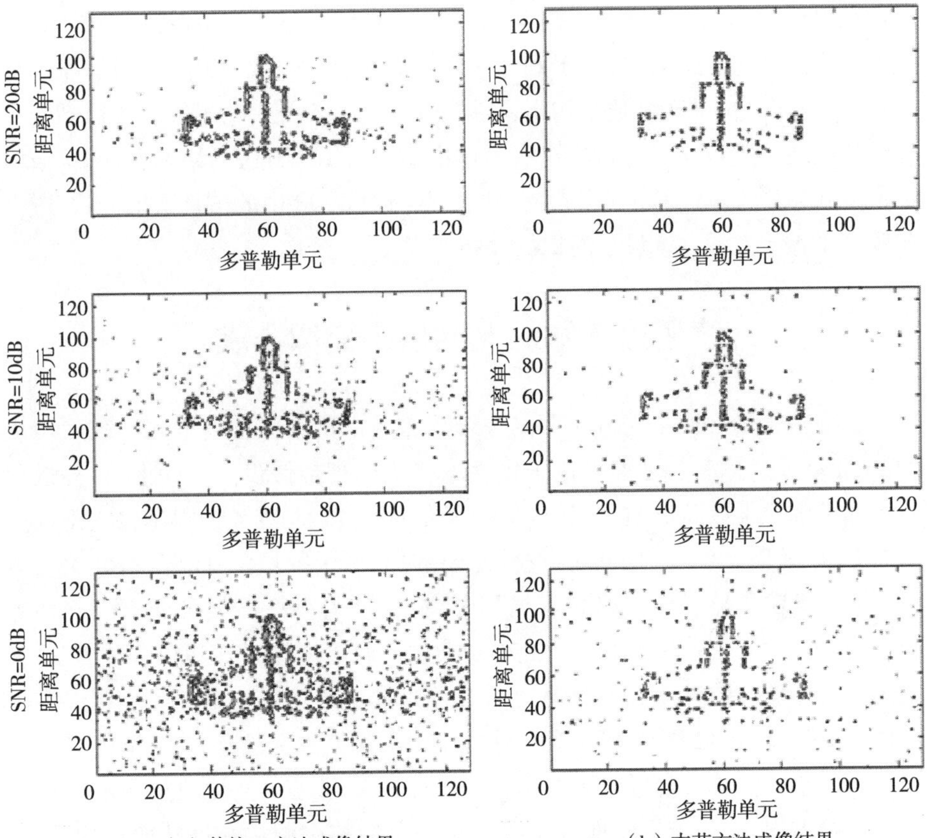

（a）传统CS方法成像结果　　（b）本节方法成像结果

图 6-28　不同信噪比条件下的成像性能

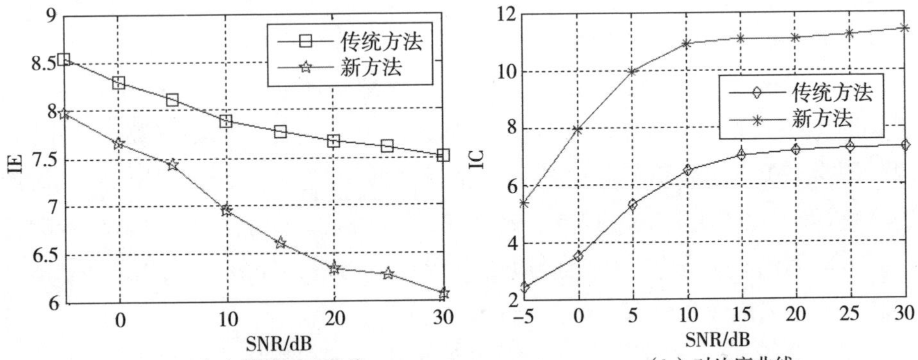

（a）熵值对比曲线　　（b）对比度曲线

图 6-29　不同信噪比条件下的重构性能

图 6-28 从上到下分别是在信噪比为 20dB、5dB、0dB 条件下，本节方法与传统 CS 重构方法得到的目标二维成像结果。在图 6-28(a)中，随着信噪比的降低，传统 CS 方法得到的二维图像虚假散射点逐渐增多，在信噪比为 5dB 时，

成像结果已经存在大量虚假重构点,难以分辨目标的形状。而在图 6-28(b)所示本节方法的仿真结果中,由于利用了回波信号的联合稀疏特性,当信噪比低至 5dB 时,仍然能够较好地重构出目标图像。在图 6-29 中,本节方法得到的图像熵值始终小于传统 CS 重构方法,对比度值大于传统方法的结果,说明本节方法成像效果好于传统 CS 方法成像效果。这与图 6-28 中的仿真结果一致,进一步验证了本节方法具有较好的抗噪性能。

6.4 基于连续压缩感知的无网格距离像合成

目前基于 CS 的 SF 高分辨距离像合成方法大都是一种离散化稀疏表示模型,均是基于目标散射点准确位于预设网格点的理想假设。实际上,目标散射点分布的随机性以及 ISAR 成像过程中存在的距离走动现象使得网格失配问题总是存在,从而严重制约了稀疏重构性能的提升。针对这一问题,目前主要有以下两种解决思路。一是提高网格划分密度,使得目标最大可能落入网格点上。但是这种方法不仅可能导致处理复杂度的急剧增加,相应的重构性能也会因为字典相关性的提高而严重退化。二是通过字典优化的方法减小网格失配的影响。如文献[12]提出了一种自适应字典的网格失配优化方法,通过频移在一个分辨单元内构造自适应网格,减少失配带来的影响。文献[13]中将网格失配作为模型误差,基于贝叶斯理论提出了一种网格失配稀疏贝叶斯重构(Off-Grid Sparse Bayesian Inference,OGSBI)算法。但这些算法均是基于网格离散的前提,通过网格进一步细化或者搜索优化等方式逼近真实的散射点位置,因此并没有完全消除网格失配的影响。文献[14]中提出了一种基于原子范数最小化(Atom Norm Minimization,ANM)的连续压缩感知理论(Continuous Compressed Sensing,CCS),通过在连续域中进行稀疏建模,从而避免了网格离散化操作,实现了网格失配下正弦信号频率的精确估计。此后,这一理论运用至 DOA 估计领域,得到了比传统离散化 CS 方法更好的估计性能。受上述思想启发,若能将原子范数理论应用至 ISAR 成像领域,对于解决网格失配条件下的 SF ISAR 一维高分辨距离成像将具有十分重要的研究价值。

基于上述分析,本节将原子范数理论运用至 SF ISAR 成像领域,提出了一种基于原子范数的 SF ISAR 一维高分辨距离成像方法。首先,在原子范数域构建 SF ISAR 距离向稀疏表示模型,将一维距离成像问题转化为原子范数最小化问题。然后,将原子范数最小化转化为半正定规划问题,并利用交替方向乘子法(Alternating Directon Method of Multipliers,ADMM)方法进行快速求解。最后,利用 Vandermonde 分解实现最终的高分辨一维距离成像。由于该方法直接在连续域中进行距离像稀疏建模,避免了网格离散化操作带来的网格不匹配问题,具有网格失配条件下估计性能精确的优势,且在低量测值条件下保持了具有较好的重构性能。相比于传统离散化稀疏重构方法,所提方法具有更普遍的应用范围。

6.4.1 原子范数理论

原子范数理论是一种描述连续参量的范数形式,其涵盖了多种常用范数,如 ℓ_1 范数、核范数等。假设原子集合 $\mathcal{A}$,其对应的凸包表示为 $\mathrm{conv}(\mathcal{A})$,且 $\mathrm{conv}(\mathcal{A})$ 为包含原点的中心对称紧集。因此,原子范数就是由凸包 $\mathrm{conv}(\mathcal{A})$ 的尺度函数所定义的范数形式,可以表示为

$$\begin{aligned}\|\boldsymbol{Y}\|_{\mathcal{A}} &= \inf\{t>0:\boldsymbol{Y}\in t\cdot\mathrm{conv}(\mathcal{A})\}\\&=\inf\left\{\sum_k c_k:\boldsymbol{Y}=\sum_{k=1}^{K}c_k\boldsymbol{a}(f_k,\phi_k),c_k\geqslant 0,f_k\in[0,1],\phi_k\in[0,2\pi)\right\}\end{aligned} \tag{6-52}$$

式中:$\|\cdot\|_{\mathcal{A}}$表示原子范数;$\boldsymbol{a}(f_k,\phi_k)$ 为凸包 $\mathrm{conv}(\mathcal{A})$ 中的原子。

从式(6-52)可以看出,原子范数是以系数 c_k 的和作为下界,通过在集合$\mathcal{A}$中选取最少的原子 $\boldsymbol{a}(f_k,\phi_k)$ 来表征信号 $\boldsymbol{Y}$,因此原子范数可以视为对原子集合$\mathcal{A}$添加了稀疏约束。在这种约束下,集合$\mathcal{A}$被视为一个具有连续原子的无限字典,从而避免了引入网格离散化参数所带来的原子失配等问题。另外,若 $\boldsymbol{a}(f_k,\phi_k)$ 为欧式空间中的基向量,原子范数即为通常稀疏向量的 ℓ_1 范数;同理,若 $\boldsymbol{a}(f_k,\phi_k)$ 是秩为 1 的矩阵,此时原子范数即为矩阵填充理论中的核范数形式。

实际上,原子范数具有半正定规划(Semi Definite Programming,SDP)性质,因此可以将原子范数最小化(Atomic Norm Mnimization,ANM)转化为如式(6-53)所示的 SDP 问题,然后利用相应的半正定规划优化方法进行求解。

$$\|\boldsymbol{Y}\|_{\mathcal{A}}=\inf\left\{\frac{1}{2N}\mathrm{trace}(\mathrm{Toep}(\boldsymbol{u}))+\frac{1}{2}t:\begin{bmatrix}\mathrm{Toep}(\boldsymbol{u}) & \boldsymbol{Y}\\ \boldsymbol{Y}^{\mathrm{H}} & t\end{bmatrix}\geqslant 0\right\} \tag{6-53}$$

式中:N 为信号长度;$\mathrm{trace}(\cdot)$ 表示矩阵的迹;$\mathrm{Toep}(\boldsymbol{u})\in\mathbb{C}^{N\times N}$ 为 Toeplitz 矩阵,其中 $\boldsymbol{u}=[u_1\quad u_2\quad\cdots\quad u_N]\in\mathbb{C}^{1\times N}$ 表示 $\mathrm{Toep}(\boldsymbol{u})$ 矩阵的第 1 行元素;$(\cdot)^{\mathrm{H}}$ 表示共轭转置。

6.4.2 基于原子范数的 SF ISAR 距离成像方法

SF ISAR 雷达系统距离向通过发射 SF 信号实现对目标的观测,在接收端进

行距离像合成实现高的距离分辨。雷达对 K 个散射点目标进行观测，其相应的接收回波信号可以表示为

$$s(n;n_{\mathrm{a}}) = \sum_{k=1}^{K} \sigma_{k,n_{\mathrm{a}}} \exp\left\{ -\mathrm{j}\frac{4\pi}{c}[f_{\mathrm{c}} + (n-1)\Delta f](x_k - y_k n_{\mathrm{a}} \Delta\theta) \right\} + e \tag{6-54}$$

式中：$n(n=1,2,\cdots,N)$ 表示每串脉冲中的第 n 个子脉冲；$n_{\mathrm{a}}(n_{\mathrm{a}}=1,2,\cdots,\mathrm{Na})$ 表示方位向的第 n_{a} 个脉冲组；$\sigma_{k,n_{\mathrm{a}}}$ 表示第 n_{a} 个脉冲组中第 k 个散射点的强度；f_{c} 为载频；Δf 为载频步进量；e 为噪声；(x_k,y_k) 为散射点在目标坐标系中的坐标；$\Delta\theta$ 为近似转动步长。

本节主要分析 SF ISAR 的一维高分辨距离成像方法，因此将方位信息以及常数项写成附加相位项，此时第 n_{a} 组距离像信息（式(6-54)）可以写成

$$s(n;n_{\mathrm{a}}) = \sum_{k=1}^{K} \sigma_{k,n_{\mathrm{a}}} \exp\left[-\mathrm{j}\frac{4\pi}{c}(n-1)\Delta f x_{k,n_{\mathrm{a}}} + \theta_{k,n_{\mathrm{a}}} \right] + e \tag{6-55}$$

式中：$\theta_{k,n_{\mathrm{a}}}$ 为与方位成像有关的相位项；$x_{k,n_{\mathrm{a}}}$ 表示第 n_{a} 个脉冲组第 k 个散射点的位置信息。

根据 SF 信号特性，发射 N 个载频步进量为 Δf 的子脉冲，经过宽带合成后得到的合成带宽大小为 $N\Delta f$，对应的距离分辨率为 $\Delta R = c/2N\Delta f$，不模糊距离分辨范围为 $R_{\mathrm{u}} = c/2\Delta f$。因此，式(6-55)可进一步化简为

$$\boldsymbol{s}(n_{\mathrm{a}}) = \sum_{k=1}^{K} \sigma'_{k,n_{\mathrm{a}}} \boldsymbol{a}(f_{k,n_{\mathrm{a}}},\theta_{k,n_{\mathrm{a}}}) + \boldsymbol{e} = \boldsymbol{z} + \boldsymbol{e} \tag{6-56}$$

式中：$\boldsymbol{z} = \sum_{k=1}^{K} \sigma'_{k,n_{\mathrm{a}}} \boldsymbol{a}(f_{k,n_{\mathrm{a}}},\theta_{k,n_{\mathrm{a}}})$；$\boldsymbol{e}$ 为噪声矩阵；$\boldsymbol{a}(f_{k,n_{\mathrm{a}}},\theta_{k,n_{\mathrm{a}}})$ 可以表示为

$$\begin{aligned} \boldsymbol{a}(f_{k,n_{\mathrm{a}}},\theta_{k,n_{\mathrm{a}}}) &= \exp\left[-\mathrm{j}\frac{4\pi}{c}(n-1)\Delta f R_u f_{k,n_{\mathrm{a}}} + \theta_{k,n_{\mathrm{a}}} \right] \\ &= \exp[-\mathrm{j}2\pi(n-1)f_{k,n_{\mathrm{a}}} + \theta_{k,n_{\mathrm{a}}}] \end{aligned} \tag{6-57}$$

式中：$f_{k,n_{\mathrm{a}}} \in [0,1]$；$\theta_{k,n_{\mathrm{a}}} \in [0,2\pi)$。

根据式(6-57)，此时的一维距离像合成已经等效为求解系数 $\sigma'_{k,n_{\mathrm{a}}}$ 以及归一化频率 $f_{k,n_{\mathrm{a}}}$ 的问题。而根据原子范数理论，此时第 n_{a} 组距离像信息求解可以转化为在凸包 $\mathrm{conv}(\mathcal{A})$ 中选取 K 个形式为 $\boldsymbol{a}(f_{k,n_{\mathrm{a}}},\theta_{k,n_{\mathrm{a}}})$ 的原子表征问题，其中，$\mathcal{A}$ 表示原子 $\boldsymbol{a}(f_{k,n_{\mathrm{a}}},\theta_{k,n_{\mathrm{a}}})$ 对应的原子集合。因此，对 SF ISAR 的一维距离像估计问题可以转化为原子范数最小化问题进行求解。此时，式(6-56)对应的原子范数可以表示为

$$\| \boldsymbol{s}(n_{\mathrm{a}}) \|_{\mathcal{A}} = \inf\{ t_{n_{\mathrm{a}}} > 0 : \boldsymbol{s}(n_{\mathrm{a}}) \in t_{n_{\mathrm{a}}} \cdot \mathrm{conv}(\mathcal{A}) \} =$$

$$\inf\left\{\sum_{k}\sigma'_{k,n_a}:\boldsymbol{s}(n_a)=\sum_{k=1}^{K}\sigma'_{k,n_a}\boldsymbol{a}(f_{k,n_a},\phi_{k,n_a}),\sigma'_{k,n_a}\geqslant 0,f_{k,n_a}\in[0,1],\phi_{k,n_a}\in[0,2\pi)\right\}$$

(6-58)

假设距离向为稀疏量测方式,发射的子脉冲个数为 $M,M\leqslant N$,由 M 个子脉冲序列构成的子集表示为 Ω,则 $\Omega\subset[N]\triangleq\{1,2,\cdots,N\}$,且 $M=|\Omega|\leqslant N$。此时稀疏采样条件下的 ANM 问题可表示为

$$\underset{\tilde{z}_{\Omega}(n_a)}{\text{minimize}}\ \frac{1}{2}\ \|\boldsymbol{s}_{\Omega}(n_a)-\tilde{\boldsymbol{z}}_{\Omega}(n_a)\|_2^2+\tau\ \|\tilde{\boldsymbol{z}}_{\Omega}(n_a)\|_{\mathcal{A}(\Omega)} \tag{6-59}$$

式中:τ 与噪声水平有关,假设噪声服从 $N(0,\sigma^2\boldsymbol{I}_N)$,则 $\tau=\sigma\sqrt{N\lg N}$;$\boldsymbol{s}_{\Omega}(n_a)$ 为距离像随机量测数据;$\tilde{\boldsymbol{z}}_{\Omega}(n_a)$ 为待恢复量测数据。

此时,式(6-59)可以转化为如式(6-60)所示的半正定规划问题进行求解

$$\begin{cases}\underset{\boldsymbol{u},\tilde{z}(n_a),x}{\text{minimize}}\ \frac{1}{2}\ \|\boldsymbol{s}_{\Omega}(n_a)-\tilde{\boldsymbol{z}}_{\Omega}(n_a)\|_2^2+\frac{\tau}{2}(t_{n_a}+u_1)\\ \text{s.t.}\qquad \boldsymbol{Z}=\begin{bmatrix}\text{Toep}(\boldsymbol{u}) & \tilde{\boldsymbol{z}}(n_a)\\ \tilde{\boldsymbol{z}}^{\text{H}}(n_a) & t_{n_a}\end{bmatrix}\geqslant 0\end{cases} \tag{6-60}$$

式中:$\tilde{\boldsymbol{z}}(n_a)$ 为恢复的全数据;t_{n_a} 为常数;u_1 为向量 $\boldsymbol{u}\in\mathbb{C}^{1\times N}$ 中第 1 个元素。

对于式(6-60)中的半正定规划问题,可以利用 SDPT3,SeDuMi 等基于内点法的优化算法进行求解,但上述方法存在运算量大、计算效率低的问题。针对上述优化求解问题,已经提出了较多的快速优化算法,其中,ADMM 在确保重构性能的同时,可以显著降低计算复杂度。为此,本节使用 ADMM 快速算法实现对式(6-60)问题的求解,具体实现步骤可以参考相关文献。通过优化后即可得到最终的 t、$\text{Toep}(\boldsymbol{u})$ 以及 $\tilde{z}$。在得到待恢复信号后,可以利用传统 IFFT 合成方法或者字典离散化 CS 方法再进行距离像合成,但这将会失去求解原子范数带来的"无网格"优势。

根据 Caratheodory 定理,对于任意一个 $N\times N$ 维的半正定 Toeplitz 矩阵 $\text{Toep}(\boldsymbol{u})$,若矩阵的秩 $K=\text{rank}(\text{Toep}(\boldsymbol{u}))<N$,则 $\text{Toep}(\boldsymbol{u})$ 可唯一 Vandermonde 分解为如式(6-61)所示的形式

$$\text{Toep}(\boldsymbol{u})=\boldsymbol{APA}^{\text{H}} \tag{6-61}$$

式中:$\boldsymbol{A}$ 为 Vandermonde 矩阵,且其每一列均是由原子 $\boldsymbol{a}(f_k,\phi_k)$ 构成,即 $\boldsymbol{A}=[\boldsymbol{a}^{\text{T}}(f_{1,n_a},\phi_{1,n_a}),\boldsymbol{a}^{\text{T}}(f_{2,n_a},\phi_{2,n_a}),\cdots,\boldsymbol{a}^{\text{T}}(f_{K,n_a},\phi_{K,n_a})]\in\mathbb{C}^{N\times K}$;$\boldsymbol{P}$ 为 $K\times K$ 维正定对角矩阵,且 $\boldsymbol{P}=\text{diag}([\sigma'_{1,n_a},\sigma'_{2,n_a},\cdots,\sigma'_{K,n_a}])$,因此可以看出,此时 $\text{Toep}(\boldsymbol{u})$ 矩阵的秩 K 表示稀疏信号的稀疏度。

因此，只要 SF ISAR 系统满足上述条件（具体分析将在 6.4.3 节给出），在得到 Toeplitz 矩阵 Toep($\boldsymbol{u}$) 后，通过对 Toep($\boldsymbol{u}$) 进行 Vandermonde 分解即可分别得到系数 σ'_{k,n_a} 以及归一化频率 f_{k,n_a}，从而实现对一维高分辨距离像的重构，其详细的重构过程如图 6-30 所示。

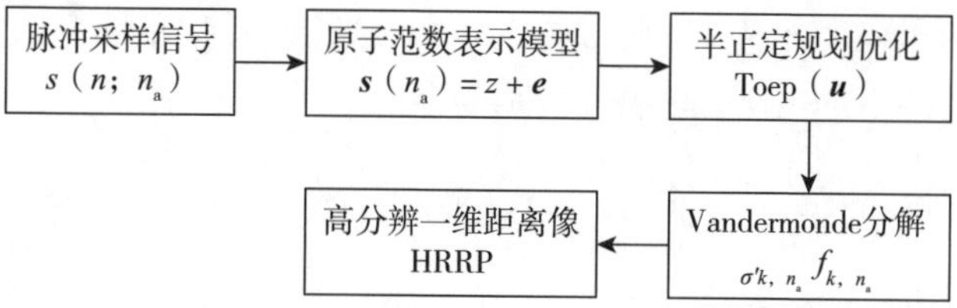

图 6-30　基于原子范数的高分辨距离成像方法流程示意图

6.4.3　算法性能分析

1) 重构性能分析

本节基于原子范数最小化的高分辨一维距离成像方法利用连续字典替代了传统网格字典，避免了网格划分带来的距离像失配问题，具有更好的重构性能。为此，假设对频率 $\tilde{f}$ 分布区间为 [0,1] 进行 N 点离散化处理，得到 N 点离散频率序列 $\tilde{f}=\{0,1/N,\cdots,(N-1)/N\}$，此时其对应的原子集合为 $\mathcal{A}_N(\Omega)=\{\boldsymbol{a}_\Omega(f,\phi),f\in\tilde{f},\phi\in[0,2\pi)\}$。此时对于任意一组回波信号，其相应的原子范数可以表示为

$$\begin{aligned}\|\boldsymbol{s}_\Omega\|_{\mathcal{A}_N(\Omega)}&=\min\sum_k\sigma'_k,\ \ \text{s.t.}\ \ \boldsymbol{s}_\Omega\\&=\sum_{k=1}^{K}\sigma'_k\boldsymbol{a}_\Omega(\tilde{f}_k,\phi_k),\sigma'_k\geqslant 0,\tilde{f}_k\in[0,1],\phi_k\in[0,2\pi)\\&\Rightarrow\min\ \|\boldsymbol{y}\|_1,\ \ \text{s.t.}\ \ \boldsymbol{s}_\Omega=\mathcal{A}_\Omega\boldsymbol{y}\end{aligned}\tag{6-62}$$

式中：$\boldsymbol{y}=[\sigma'_1,\sigma'_2,\cdots,\sigma'_N]$，$\mathcal{A}_\Omega=[\boldsymbol{a}_\Omega(\tilde{f}_1,\phi_1),\boldsymbol{a}_\Omega(\tilde{f}_2,\phi_2),\cdots,\boldsymbol{a}_\Omega(\tilde{f}_N,\phi_N)]$ 为对应的离散量测字典。

可以看出，当原子集合有限时，原子范数可以视作稀疏向量的 ℓ_1 范数。因此，当 $N\to+\infty$ 时，离散原子集合 $\mathcal{A}_N(\Omega)$ 无限趋近于连续原子集合 $\mathcal{A}(\Omega)$，也即是 $\|\boldsymbol{s}_\Omega\|_{\mathcal{A}_N(\Omega)}\to\|\boldsymbol{s}_\Omega\|_{\mathcal{A}(\Omega)}$。文献[17]指出，原子范数与离散条件下的 ℓ_1 范数存在如下关系

$$\left(1-\frac{\pi M}{N}\right)\|\boldsymbol{s}_\Omega\|_{\mathcal{A}_N(\Omega)}\leqslant\|\boldsymbol{s}_\Omega\|_{\mathcal{A}(\Omega)}\leqslant\|\boldsymbol{s}_\Omega\|_{\mathcal{A}_N(\Omega)}\tag{6-63}$$

因此，相比基于离散字典的 ℓ_1 范数，原子范数具有更好的重构性能。

2)量测性能分析

对于式(6-60)所示的半正定优化问题,影响其求解性能的主要有随机量测数 M、信号稀疏度 K。文献[14]指出,当最小频率间隔满足 $\Delta_f \geqslant 1/\lfloor N/4 \rfloor$,其中,$\Delta_f = \min\limits_{i \neq j} |f_i - f_j|$ 表示归一化频率 f_k 的最小频率间隔,存在常数 C,使得随机观测数 M 满足

$$M \geqslant C\max\left\{\left(\lg\frac{N}{\delta}\right)^2, K\lg\left(\frac{K}{\delta}\right)\left(\lg\frac{N}{\delta}\right)^2\right\} \tag{6-64}$$

时,通过求解上述半正定优化问题,即可以 $1-\delta$ 的高概率重构出原始信号 $\boldsymbol{s}$。文献[18]指出,$\Delta_f \geqslant 1/\lfloor N/4 \rfloor$ 这一条件并不是严格的,在 $\Delta_f = 1/N$ 甚至 $\Delta_f < 1/N$ 的情况下,仍然能成功实现频率分离,总的来看,基于原子范数最小化的优化方法保持了信号的高分辨能力。

另外,在 ANM 理论中,一般要求待恢复信号的稀疏度 K 满足的条件为

$$K < \frac{\text{spark}[\mathcal{A}(\Omega)]}{2} \tag{6-65}$$

式中:$\text{spark}[\mathcal{A}(\Omega)]$ 表示原子集合 $\mathcal{A}(\Omega)$ 中用于表征稀疏信号的最少不相关原子个数,且 $2 \leqslant \text{spark}[\mathcal{A}(\Omega)] \leqslant M+1$。

可以看出,基于原子范数的稀疏信号重构方法,可以准确重构的条件与传统离散 CS 相似。因此,要保证高概率的重构,稀疏度 K 需满足式(6-64)、式(6-65)的条件,此时对于式(6-61)所示的 Vandermonde 分解,要求 $K = \text{rank}(\text{Toep}(\boldsymbol{u})) < N$ 是可以满足的。

3)复杂度分析

对于本节所提基于原子范数最小化(ANM)的稀疏重构方法,其计算复杂度来自于对式(6-60)所示优化问题的求解,主要与矩阵 $\boldsymbol{Z}$ 的维度有关。基于内点法(如 SDPT3)的优化方法,其计算复杂度可以表示为 $O((N+1)^6)$,当数据量较大时,运算量将会急剧增加。而基于 ADMM 的快速优化方法,通过对优化问题的分解并依次迭代求解,可以使得计算复杂度降至 $O((N+1)^3)$。相比于内点法,大大降低了运算复杂度,更加适合高数据量条件下的快速重构。为比较本节方法的运算量水平,给出传统基于离散网格的压缩感知方法(OMP 算法)的复杂度,其运算量主要来自于矩阵求逆,计算复杂度约为 $O(KMN)$。而文献[13]所提的网格失配优化方法(OGSBI 算法),其复杂度约为 $O(M^2N + M^3)$。由于 $K < M \leqslant N$,可以总结上述四种方法的复杂度排序为 ANM-SDPT3 方法大于 ANM-ADMM 方法,近似 OGSBI 算法大于 OMP 算法。可见,本节所提方法在运算量上并没有显著优势,在利用 ADMM 快速优化方式进行求解时,其

复杂度约与文献[13]所提方法处于同一量级。

6.4.4 实验验证与分析

本节通过仿真对基于 ANM 的 SF ISAR 距离高分辨成像方法进行验证。首先给出本节的仿真参数说明：仿真所用 SF 信号载频 f_c 为 10 GHz，载频步进量 Δf 为 5MHz，子脉冲个数 N 为 50 个，合成带宽为 250MHz。信号采样率设置为 $\alpha = M/N$。所有仿真均是基于 Matlab R2012b 仿真平台，所用计算机处理器 Intel 酷睿 i7-6700HQ，主频 2.6 GHz，内存 8 GB。

为更好地全面分析方法性能，本节主要从量测值大小、信噪比高低以及运算量三个方面来分析验证算法重构性能。为综合比较分析，采用传统基于离散网格划分的 CS 方法（OMP 算法）、文献[13]所提的 OGSBI 算法作为对比算法（迭代次数设置为 500 次），本节所提基于 ANM 的一维高分辨距离成像方法简称为 ANM 算法，并分别给出基于 SDPT3 以及 ADMM 方法进行重构的结果，其中 ADMM 方法中的参数 ρ 设置为 1，最大迭代次数设置为 500 次。

1）仿真数据验证

仿真 1 重构精度仿真对比

首先验证所提方法在目标散射点与距离网格匹配以及失配条件下的重构性能。仿真生成 4 个散射点目标，其位置与幅度均随机产生（网格匹配目标位置设置在网格点上），信噪比设置为 20dB。图 6-31 为利用不同重构方法得到的一维高分辨距离成像结果示意。

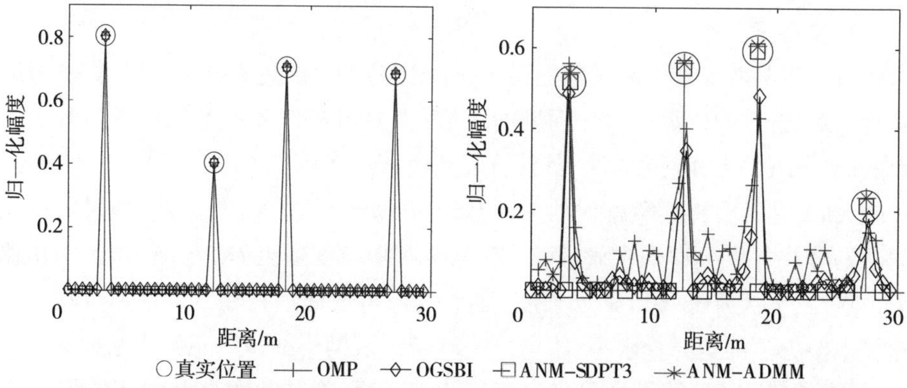

（a）网格匹配条件下重构结果 （b）网格失配条件下重构结果

图 6-31 不同算法一维距离像重构结果对比示意图

从图 6-31 的仿真结果可以看出，在网格匹配的条件下，三种方法均可以得到正确的距离像合成结果。而当存在网格失配时，OMP 方法存在较多的虚假重构，OGSBI 方法由于具有误差修正能力，重构结果的误差相对于 OMP 方法来说有所降低。而本节所提的 ANM 方法(不论是基于 SDPT3 还是 ADMM 的重构方法),由于在连续域直接进行重构,因此可以完美重构出正确的位置,显示出在网格失配条件下优良的性能。

仿真 2　不同条件下性能对比

本仿真主要验证该方法在不同量测值以及不同信噪比条件下的重构性能。在相同的参数条件下,设置不同的信号量测值,信噪比设置为 20dB。图 6-32 为不同量测数 M 以及不同信噪比条件下(设置不同的信号信噪比,量测值设置为 40)不同方法稀疏重构结果对比。此处主要以支撑集(即正确距离像位置集合)估计精度来对算法估计性能进行评价。

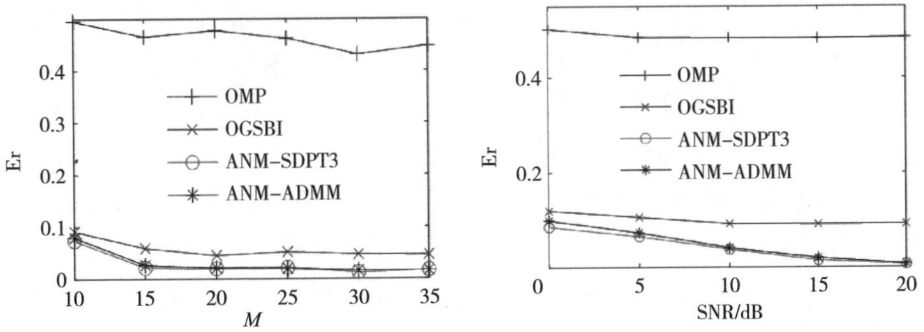

(a) 不同采样率条件下估计误差对比　　(b) 不同信噪比条件下估计误差对比

图 6-32　不同条件下支撑集估计精度对比示意图

从图 6-32(a)可以看出,在不同的量测值条件下,OMP 算法具有较差的估计精度,这是由于在网格失配条件下其支撑集估计误差是始终存在的,OGSBI 算法具有网格失配修正功能,因此估计精度有较大提升。而本节基于 ANM 的方法由于在连续域直接进行重构,因而具有最好的支撑集估计精度。相比较而言,基于 SDPT3 的 ANM 重构方法在低量测值条件下性能略好于基于 ADMM 方法的重构结果,但结果相差较小。从图 6-32(b)可以看出,在不同的信噪比条件下,本节基于 ANM 的方法同样具有最好的支撑集估计精度,且不论是基于 SDPT3 方法还是基于 ADMM 方法,均具有较高的估计精度,显示出较强的稳健性。

仿真 3　处理时间对比

为进一步对比不同方法在处理时间上的差异,以上述信号参数为例且保持算法设置参数不变,在不同发射子脉冲条件下对比不同方法的处理时间。图 6-33为不同方法的处理时间对比图,图中的结果为进行了 50 次仿真实验的平均值。

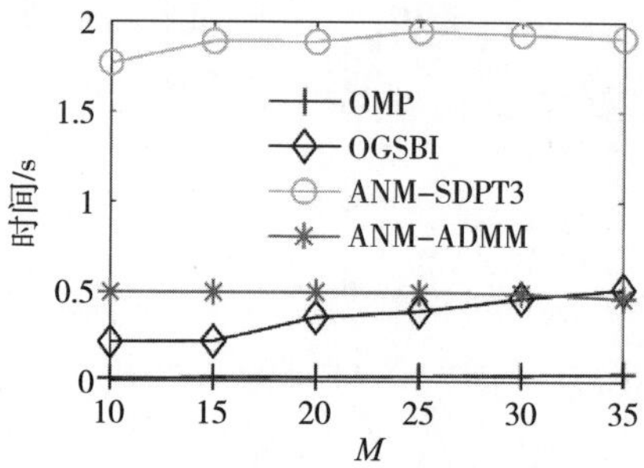

图 6-33　本节算法重构分辨率分析结果示意图

从图 6-33 的仿真结果可以看出，传统 OMP 算法具有最少的运算时间，且其运算量随着发射子脉冲个数 M 的增加而稍有增长，这是由于其运算复杂度与发射子脉冲个数有关。另外，OGSBI 算法的运算时间也与发射子脉冲个数有关，因此随着发射子脉冲个数增加，其运算时间逐渐增长。而基于 SDPT3 的 ANM 方法，其运算量仅与子脉冲个数 N 的指数次方有关，因此具有最长的运算时间，且不同发射子脉冲个数 M 条件下，其运算量基本相同。基于 ADMM 的 ANM 方法，运算量得到了显著降低，由于其运算复杂度也仅与 N 有关，因此不同发射子脉冲 M 条件下也具有相同的运算时间。四种方法比较来看，OMP 算法具有最少的运算量，基于 ADMM 的 ANM 重构方法约与 OGSBI 算法处于同一运算量级，上述仿真结果也验证了理论分析结论的正确性。

2）实测数据验证

进一步采用 MIG-25 数据验证本节基于 ANM 算法的有效性，该数据发射信号为步进频率波形，其载频为 9GHz，共发射 64 个子脉冲，合成带宽为 512MHz，相应的子脉冲带宽为 8MHz，方位向共有 512 组子脉冲，脉冲重复频率为 15kHz，在成像时间内目标转动角速度近 10°/s，已经经过运动补偿。由于无法事先知道正确距离像结果，因此找不出合适的衡量距离成像质量的指标。但是，在 ISAR 成像中，距离像成像质量会对最终的二维成像结果产生影响。为此，本实验中同时给出了距离像合成结果以及最终的二维 ISAR 成像结果，并利用衡量 ISAR 成像质量的熵值（Entropy）以及对比度（Contrast）来比较不同算法的重构性能。其中，距离像合成采用本节 4 种不同的重构算法，方位向均利用 FFT 方法进行处理。在仿真实验中，选取前第 128 组子脉冲进行二维成像结果重构，并设置采样率为 0.5，即随机选择 32 个方位向子脉冲进行处理，利用不同方法得到的距离合成结果以及最终 ISAR 成像结果如图 6-34 所示。其中，图 6-34（a）、图 6-34（c）、图 6-34（e）、图 6-34（g）为距离像合成结果，图 6-34（b）、图 6-34（d）、图 6-34（f）、图 6-34（h）为 ISAR 成像结果。

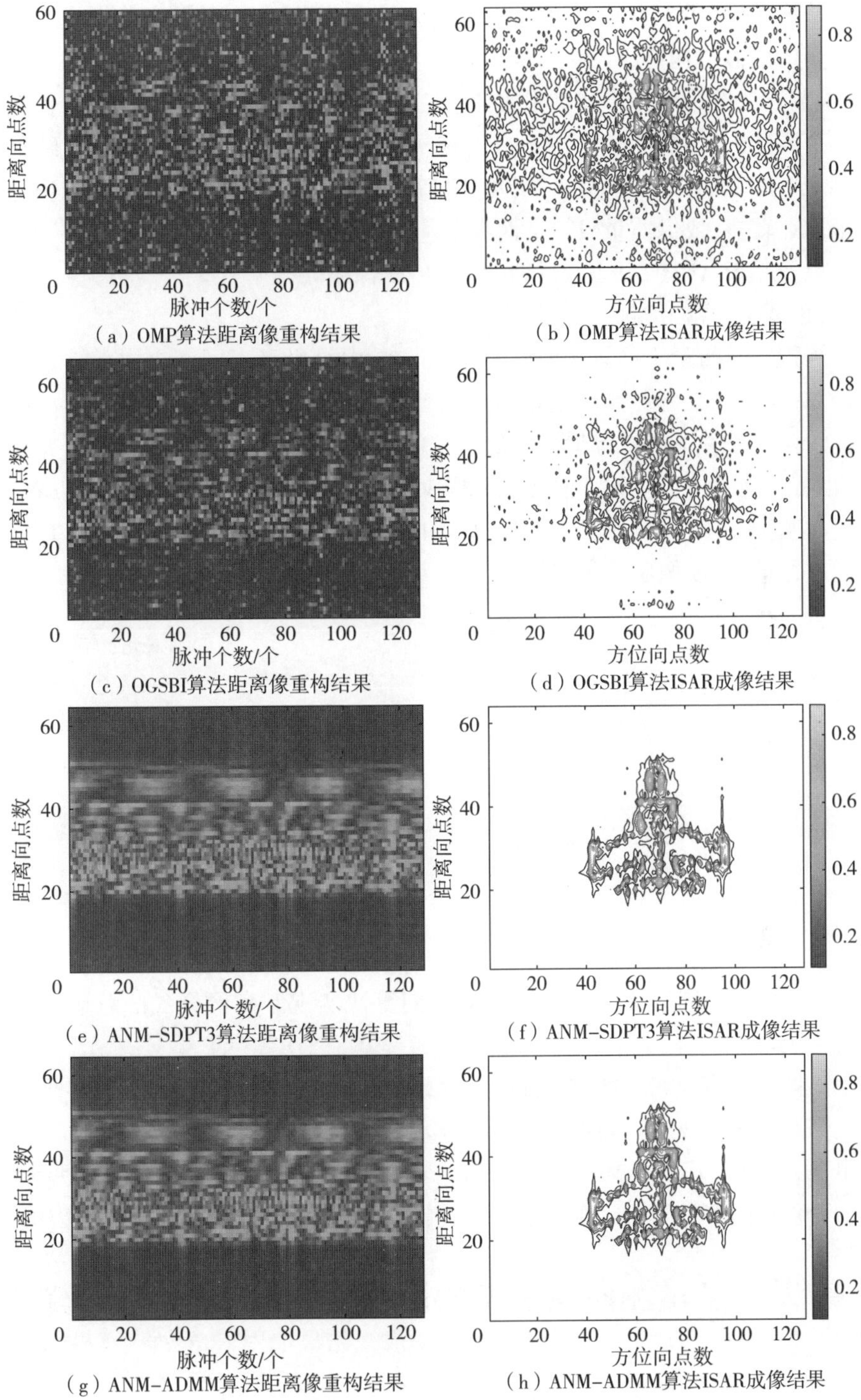

(a) OMP算法距离像重构结果

(b) OMP算法ISAR成像结果

(c) OGSBI算法距离像重构结果

(d) OGSBI算法ISAR成像结果

(e) ANM-SDPT3算法距离像重构结果

(f) ANM-SDPT3算法ISAR成像结果

(g) ANM-ADMM算法距离像重构结果

(h) ANM-ADMM算法ISAR成像结果

图 6-34　不同算法重构结果对比示意图

从图 6-34 的实验结果可以看出,利用 OMP 算法得出的距离像合成结果具有较多的虚假重构。OGSBI 算法距离像合成结果稍好于 OMP 算法。相比较而言,本节方法的距离像合成结果虚假重构点较少,因而性能最好,也进一步验证了本节方法的有效性。从 ISAR 成像结果也可以看出,由于距离像合成结果影响到最终的 ISAR 成像质量,因此 OMP 算法以及 OGSBI 算法的二维成像质量虚假散射点较多,成像质量较差。而本节基于 ANM 的稀疏重构方法(基于 SDPT3 方法以及基于 ADMM 方法)得到的 ISAR 成像结果聚焦性最好,虚假散射点也最少,也证实了本节所提方法的优势。

为进一步衡量不同算法的性能,图 6-35 中给出了不同距离向采样率条件下的二维 ISAR 成像结果的熵值以及对比度曲线。可以看出,本节方法在低距离向采样率条件下的成像熵值均低于其他两种方法,成像对比度均高于另外两种,也有力地验证了本节方法在低采样率条件下的重构性能。另外,可以看出,不论是基于 SDPT3 方法还是基于 ADMM 方法的 ANM 稀疏重构算法,均具有相似的成像结果,成像质量均较好。

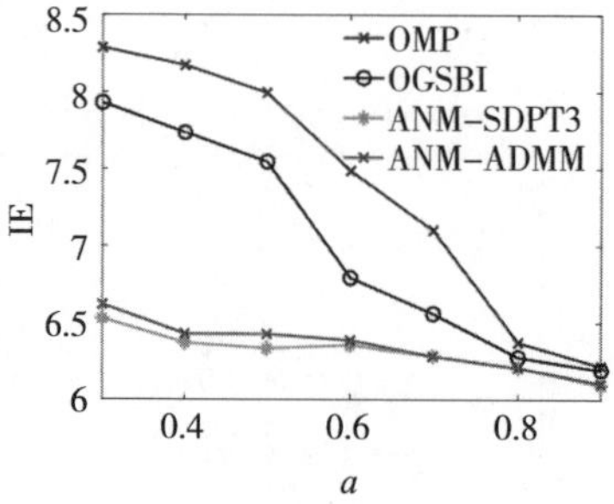

(a) 熵值结果对比

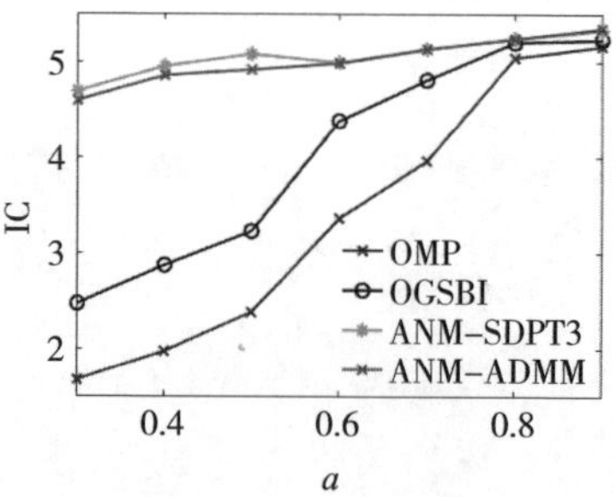

(b) 对比度结果对比

图 6-35　不同算法重构性能对比示意图

此外,在上述信号参数条件下,对不同算法实现距离像合成的总运算时间进行了统计对比,基于本仿真平台,本节所提基于 SDPT3 的 ANM 方法实现 128 组距离像合成需要约 343.93s,而相同情况下基于 ADMM 的 ANM 距离像合成方法需要约 104.20s,OGSBI 方法需约 108.79s,而 OMP 算法仅需约 2.86s,可以看出,虽然利用了 ADMM 的快速求解方法,其运算效率仍有较大的改进空间。但随着现代超级计算机运算性能的急速提升,复杂度并非是首要考虑的因素。

6.5　基于多量测向量模型的原子范数最小化高分辨距离像合成

在 6.3 节的分析中可以看出,用于二维 ISAR 成像的步进频率波形信号具有联合稀疏特性。为充分利用多测量向量(MMV)的联合稀疏特性,本节提出一种基于 MMV-ANM 的步进频率 ISAR 高分辨距离像合成方法。通过将距离向的稀疏回波信号构建为 MMV-ANM 模型,并将上述问题转化为半定规划(Semidefinite Program,SDP)问题求解出距离向全数据,这样不仅避免了传统压缩感知算法进行网格划分而存在的网格失配问题,且由于利用了距离向的联合稀疏信息,提升了数据恢复的精度。

6.5.1 基于 SF 波形的稀疏回波模型

假设目标包含 K 个散射点,且相应的散射点强度为 σ_k, 那么相应的回波信号可以表示为

$$s_{\mathrm{r}}(t,n,n_{\mathrm{a}}) = \sum_{k=1}^{K} \sigma_k \mathrm{rect}\left[\frac{\hat{t} - 2R_k(t)/c}{T}\right] \exp\left[\mathrm{j}2\pi(f_0 + (n-1)\Delta f)\left(t - n_{\mathrm{a}}NT_{\mathrm{r}} - nT_{\mathrm{r}} - \frac{2R_k(t)}{c}\right)\right] \tag{6-66}$$

式中:$\mathrm{rect}(\hat{t})$ 为窗函数;$\hat{t} = t - n_{\mathrm{a}}NT_{\mathrm{r}} - nT_{\mathrm{r}}$ 为快时间;Δf 为载频步进量;T_{r} 表示脉冲重复时间;T 为脉宽;f_0 表示中心载频;c 为光速;$R_k(t)$ 表示第 k 个散射点在 t 时刻与雷达之间的距离。

假设雷达系统满足“走停”模型,进行运动补偿后,可以将雷达与目标转化为转台模型。此时的回波信号可以表示为

$$s_{\mathrm{r}}(n,n_{\mathrm{a}}) = \sum_{k=1}^{K} \sigma_k \exp\left[\mathrm{j}2\pi(f_0 + (n-1)\Delta f)\frac{-2R_k(n_{\mathrm{a}}NT_{\mathrm{r}})}{c}\right] \tag{6-67}$$

式中:$R_k(\cdot)$ 可以近似表示为

$$R_k(n_{\mathrm{a}}NT_{\mathrm{r}}) \approx R_0 + y_k - x_k\omega n_{\mathrm{a}}NT_{\mathrm{r}} \tag{6-68}$$

式中:R_0 表示雷达与目标之间的初始距离;(x_k, y_k) 表示目标散射点在目标坐标系中的位置;ω 表示目标沿中心转动的角速度。

假设 SF 信号只随机发射 N 个子脉冲中的 M 个($M \leqslant N$),那么此时第 n_{a} 个脉冲串中第 m 个子脉冲载频可以表示为 $f_{m,n_{\mathrm{a}}} = f_0 + \Gamma(m,n_{\mathrm{a}})\Delta f$。其中,$\Gamma(m,n_{\mathrm{a}})$ 为从集合 $\{0,1,\cdots,N-1\}$ 中随机选择的 M 个数的子集,且 $|\Gamma(m,n_{\mathrm{a}})| = M$。由于 $f_0/c \gg \Gamma(m,n_{\mathrm{a}})\Delta f/c$, 因此回波信号可以转化为

$$s(m,n_{\mathrm{a}}) \approx \sum_{k=1}^{K} \sigma_k \exp\left(-\frac{\mathrm{j}4\pi f_{m,n_{\mathrm{a}}}(R_0 + y_k)}{c} + \frac{\mathrm{j}4\pi f_0 x_k \omega n_{\mathrm{a}} MT_{\mathrm{r}}}{c}\right) \tag{6-69}$$

在式(6-69)中,第一项为与距离像合成有关的相位项,第二项为与方位向聚

焦相关的相位信息。传统基于 CS 的距离合成方法均是通过在距离向进行网格划分实现距离像稀疏重构,这将引入网格失配误差,进而影响成像性能。为此,本节基于上述模型提出一种基于 MMV 模型的 ANM 稀疏高分辨 ISAR 成像方法。

6.5.2 基于 MMV-ANM 的高分辨 ISAR 成像方法

在这一节,首先给出全数据条件下基于 MMV 模型的 ANM 稀疏高分辨 ISAR 成像方法。然后,再将其扩展至稀疏条件下的稀疏重构。基于式(6-69),可以将第 n_a 个脉冲串中的第 n 个子脉冲表示为

$$s(n,n_a) = \sum_{k=1}^{K} \sigma_k \exp[\mathrm{j}(2\pi(n-1)l_k + \varphi_k(n_a))] \tag{6-70}$$

式中:$l_k = -2(R_0 + y_k)\Delta f/c$;$\varphi_k(n_a) = 2\pi f_0 x_k \omega n_a N T_r/c$。

对于方位向 Na 组脉冲串,每组脉冲串具有相同的距离向稀疏结构,也即距离向的联合稀疏信息。为此,首先定义矩阵形式的原子 $\boldsymbol{A}(l,\varphi) \in \mathbb{C}^{N\times \mathrm{Na}}$ 为

$$\boldsymbol{A}(l,\varphi) = [\exp[\mathrm{j}(2\pi(n-1)l + \varphi(n_a))]]_{N\times \mathrm{Na}} \tag{6-71}$$

式中:$l \in [0,1]$;$\varphi(n_a) \in [0,2\pi]$。

基于式(6-71),式(6-70)可以表示为

$$\boldsymbol{S} = \sum_{k=1}^{K} \sigma_k \boldsymbol{A}(l_k,\varphi_k) = \sum_{k=1}^{K} \sigma_k \boldsymbol{a}(l_k)\boldsymbol{\theta}(k) \tag{6-72}$$

式中:$\boldsymbol{S} = [s(n,n_a)]_{N\times \mathrm{Na}} \in \mathbb{C}^{N\times \mathrm{Na}}$ 为回波矩阵;$\boldsymbol{A}(l_k,\varphi_k)$ 为 $N \times \mathrm{Na}$ 维矩阵,且 $\boldsymbol{A}(l_k,\varphi_k) = \exp[\mathrm{j}(2\pi(n-1)l_k + \varphi_k(n_a))]$。其中,$\boldsymbol{a}(l_k) \in \mathbb{C}^{N\times 1}$ 以及 $\boldsymbol{\theta}(k) \in \mathbb{C}^{1\times \mathrm{Na}}$ 可以分别表示为 $\boldsymbol{a}(l_k) = [1,\exp(\mathrm{j}2\pi l_k),\cdots,\exp(\mathrm{j}2\pi(N-1)l_k)]^{\mathrm{T}}$ 和 $\boldsymbol{\theta}(k) = [\exp(\mathrm{j}\varphi_k(1)),\cdots,\exp(\mathrm{j}\varphi_k(n_a)),\cdots,\exp(\mathrm{j}\varphi_k(\mathrm{Na}))]$。

根据连续压缩感知理论,如果定义原子集合

$$Y = \{\boldsymbol{A}(l,\varphi) = \boldsymbol{a}(l)\boldsymbol{\theta} : l \in [0,1], \|\boldsymbol{\theta}\|_2 = 1\} \tag{6-73}$$

式中:$\|\cdot\|_2$ 表示 l_2 范数。

那么可以看出,回波信号可以看作为由原子集合 Y 中 K 个原子的线性组合形式。此外,由于 l 中包含距离向信息,且属于[0,1]范围,因此集合 Y 可以视为一个连续字典,从而避免了网格划分操作。

此时,对于上述距离向重构问题可以转化为如下的原子范数最小化问题来进行求解,即

$$\|\boldsymbol{S}\|_Y \underset{\substack{l_k\in[0,1],\ \|\boldsymbol{\phi}(k)\|_2=1 \\ \boldsymbol{A}(l_k,\boldsymbol{\phi}(k))\in Y}}{\overset{\det}{=\!=} \inf} \left\{K : \boldsymbol{S} = \sum_{k}^{K} \sigma_k \boldsymbol{A}(l_k,\varphi_k) = \sum_{k}^{K} \sigma_k \boldsymbol{a}(l_k)\boldsymbol{\theta}(k)\right\} \tag{6-74}$$

式中:$\inf\{\cdot\}$ 表示下确界。

式(6-74)中原子范数实际上可以转化为在集合 Y 中寻找最少的原子个数来表征回波信号。为了得到最优解,首先构造矩阵 $\boldsymbol{U}$ 为

$$\boldsymbol{U}=\sum_{k}^{K}\sigma_k\begin{bmatrix}\boldsymbol{a}(l_k)\\ \boldsymbol{\theta}^{\mathrm{H}}(k)\end{bmatrix}\begin{bmatrix}\boldsymbol{a}(l_k)\\ \boldsymbol{\theta}^{\mathrm{H}}(k)\end{bmatrix}^{\mathrm{H}}=\begin{bmatrix}\boldsymbol{T}(\boldsymbol{u}) & \boldsymbol{S}\\ \boldsymbol{S}^{\mathrm{H}} & \boldsymbol{W}\end{bmatrix} \tag{6-75}$$

式中:$\boldsymbol{T}(\boldsymbol{u})\in\mathbb{C}^{N\times N}$ 为 Toeplitz 矩阵,可以表示为 $\boldsymbol{T}(\boldsymbol{u})=\sum_{k}^{K}\sigma_k\boldsymbol{a}(l_k)\boldsymbol{a}^{\mathrm{H}}(l_k)=\boldsymbol{P}(\boldsymbol{l})\boldsymbol{D}\boldsymbol{P}^{\mathrm{H}}(\boldsymbol{l})$。上述变换中,$\boldsymbol{P}(\boldsymbol{l})=[\boldsymbol{a}(l_1),\boldsymbol{a}(l_2),\cdots,\boldsymbol{a}(l_K)]\in\mathbb{C}^{N\times K}$,且 $\boldsymbol{D}\in\mathbb{C}^{N\times K}$ 为对角元素为 σ_k 的对角矩阵,$\boldsymbol{u}$ 表示 $\boldsymbol{T}(\boldsymbol{u})$ 矩阵中的第一列元素,$\boldsymbol{W}=\sum_{k}^{K}\sigma_k\boldsymbol{\theta}^{\mathrm{H}}(k)\boldsymbol{\theta}(k)$。

此时,式(6-74)中原子范数最小化问题可以转化为如下矩阵 $\boldsymbol{U}$ 的低秩问题,即

$$\begin{cases}\min\limits_{\boldsymbol{U},\boldsymbol{u},\boldsymbol{W}} & \operatorname{rank}(\boldsymbol{U})\\ \text{s. t.} & \boldsymbol{U}=\begin{bmatrix}\boldsymbol{T}(\boldsymbol{u}) & \boldsymbol{S}\\ \boldsymbol{S}^{\mathrm{H}} & \boldsymbol{W}\end{bmatrix},\boldsymbol{U}\geqslant 0\end{cases} \tag{6-76}$$

式中:$\boldsymbol{U}\geqslant 0$ 表示 $\boldsymbol{U}$ 为半正定矩阵。

实际上,式(6-76)为 NP 难问题。根据矩阵 $\boldsymbol{U}$ 的半正定性质,因此可以将式(6-76)转化为如下的半正定规划问题进行求解。

$$\begin{cases}\|\boldsymbol{S}\|_Y=\min\limits_{\boldsymbol{W}\in\mathbb{C}^{\mathrm{Na}\times\mathrm{Na}},\boldsymbol{u}\in\mathbb{C}^{N\times 1}} \dfrac{1}{2\sqrt{N}}[\operatorname{tr}(\boldsymbol{W})+\operatorname{tr}(\boldsymbol{T}(\boldsymbol{u}))]\\ \qquad\text{s. t.}\quad \boldsymbol{U}=\begin{bmatrix}\boldsymbol{T}(\boldsymbol{u}) & \boldsymbol{S}\\ \boldsymbol{S}^{\mathrm{H}} & \boldsymbol{W}\end{bmatrix},\boldsymbol{U}\geqslant 0\end{cases} \tag{6-77}$$

式中:$\operatorname{tr}(\cdot)$ 表示矩阵的秩。

上述分析是基于全数据这一假设条件的,而实际中回波数据为稀疏且包含噪声干扰。因此,假设每个脉冲串中只发射 M 个子脉冲,相应的发射规律为 $\boldsymbol{\Gamma}=[\Gamma(1),\cdots,\Gamma(n_{\mathrm{a}}),\cdots,\Gamma(\mathrm{Na})]\in\mathbb{C}^{M\times\mathrm{Na}}$。此时,稀疏条件下基于 MMV-ANM 的回波数据 $\boldsymbol{S}^{\circ}$ 重构模型可以表示为

$$\begin{cases}\boldsymbol{S}^{\circ}=\arg\min\limits_{\boldsymbol{S},\boldsymbol{W},\boldsymbol{u}}\dfrac{1}{2}\ \|\boldsymbol{S}-\boldsymbol{S}_{\Gamma}^{\circ}\|_{\mathrm{F}}^{2}+\lambda\ \|\boldsymbol{S}\|_Y\\ \qquad\qquad\text{s. t.}\quad \boldsymbol{U}\geqslant 0\end{cases} \tag{6-78}$$

式中:$\boldsymbol{S}_{\Gamma}^{\circ}\in\mathbb{C}^{M\times\mathrm{Na}}$ 表示量测回波矩阵;λ 为与噪声有关的系数;$\|\cdot\|_{\mathrm{F}}$ 表示 F 范数。

对于上述 SDP 问题,可以通过 CVX 工具箱中的优化工具,如 SDPT3 来进行快速求解,得出全回波数据 $\boldsymbol{S}^{\circ}$。只要回波随机量测值 M 满足 $M\geqslant O(K\log_{10}$

$(K)(1+\log_{10}(N)/\mathrm{Na}))$，本节所提方法可以高概率恢复出原始信号。而传统基于 SMV-ANM 方法的量测值需要满足 $M \geqslant O(K\log_{10}(K)\log_{10}(N))$。通过对比可以发现，本节所提方法所需的量测值更少。

最后，在得出恢复的全数据后，利用传统的 FFT 方法即可实现每组脉冲串的距离像合成。然后，在方位向进行相应的 FFT 处理即可得出最终的高分辨 ISAR 成像结果。

6.5.3 实验验证与分析

本节采用 B-727 实测数据验证所提方法的有效性，实测数据为 SF 信号，载频为 9GHz，每组脉冲串含有 64 个子脉冲，共有 128 组脉冲串。在仿真实验中同时给出了传统离散压缩感知算法-OMP 算法、网格失配修正算法-OGSBI 算法、矩阵填充算法-MC 算法、增强矩阵填充算法-EMaC 算法以及基于单量测向量模型的 ANM 算法进行对比并采用图像对比度（TBR）、相关系数（CC）、熵值（IE）以及对比度（IC）作为衡量指标，其中，TBR、CC 的计算方式为

$$\mathrm{TBR}=10\log_{10}10\left(\frac{\sum\limits_{(n,n_a)\in E_T}|\hat{\boldsymbol{X}}(n,n_a)|^2}{\sum\limits_{(n,n_a)\in E_B}|\hat{\boldsymbol{X}}(n,n_a)|^2}\right) \tag{6-79}$$

$$\mathrm{CC}=\frac{|\langle \mathrm{Vec}(\boldsymbol{X}),\mathrm{Vec}(\hat{\boldsymbol{X}})\rangle|}{\|\mathrm{Vec}(\boldsymbol{X})\|_2\ \|\mathrm{Vec}(\hat{\boldsymbol{X}})\|_2} \tag{6-80}$$

式中：$\hat{\boldsymbol{X}}$ 表示 ISAR 成像结果对应的矩阵；$\boldsymbol{E}_T$ 和 $\boldsymbol{E}_B$ 分别表示目标和背景区域。可以看出，成像质量越好，对应的 TBR 和 CC 值便越大。

首先作为对比，给出全数据条件下基于 FFT 方法得出的距离像合成结果以及最终的 ISAR 成像结果，如图 6-36 所示。

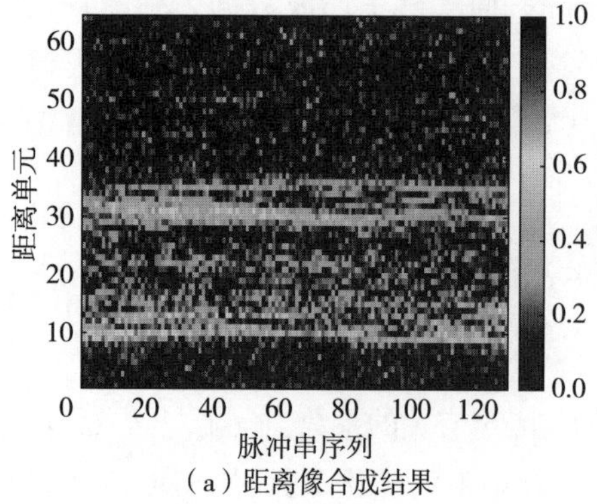

（a）距离像合成结果

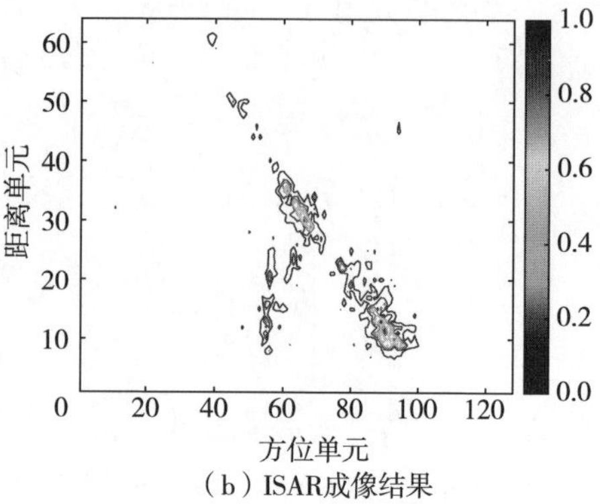

（b）ISAR成像结果

图 6-36　全数据条件下基于 FFT 的成像结果

其次，为验证信号稀疏条件下的重构性能，图 6-37、图 6-38 给出了子脉冲稀疏率为 60%时不同方法得出的距离像合成结果以及 ISAR 成像结果。

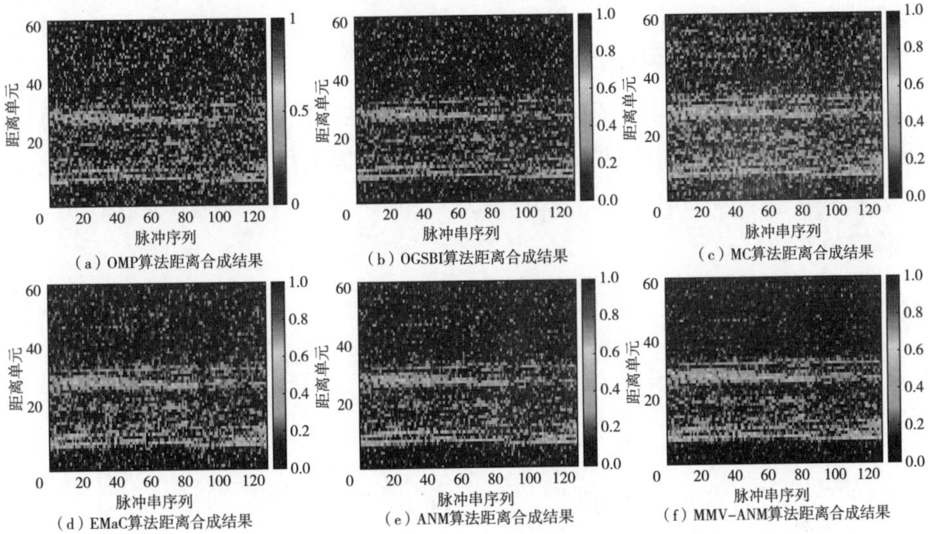

（a）OMP算法距离合成结果　（b）OGSBI算法距离合成结果　（c）MC算法距离合成结果
（d）EMaC算法距离合成结果　（e）ANM算法距离合成结果　（f）MMV-ANM算法距离合成结果

图 6-37　子脉冲稀疏条件下不同算法距离像合成结果

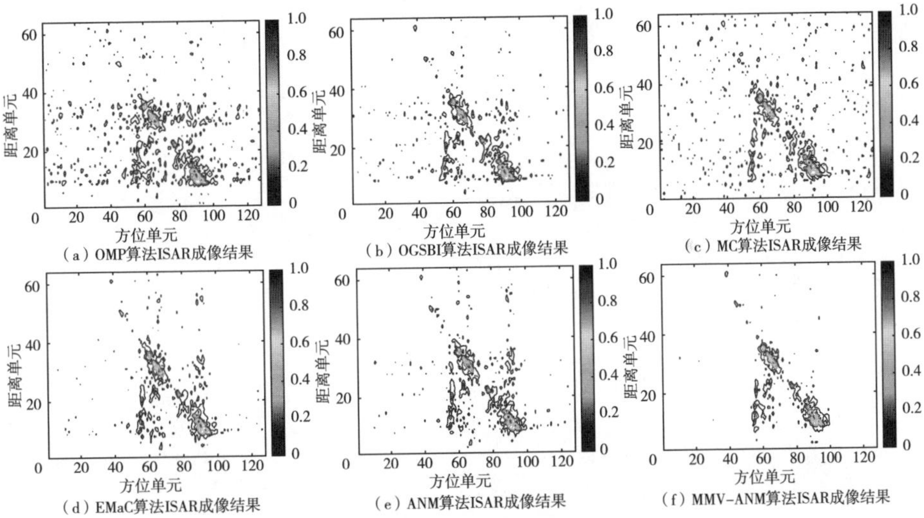

（a）OMP算法ISAR成像结果　（b）OGSBI算法ISAR成像结果　（c）MC算法ISAR成像结果
（d）EMaC算法ISAR成像结果　（e）ANM算法ISAR成像结果　（f）MMV-ANM算法ISAR成像结果

图 6-38　子脉冲稀疏条件下不同算法 ISAR 成像结果

从上述处理结果可以看出，基于 OMP 算法的距离像合成结果以及 ISAR 成像结果存在大量的虚假重构散射点。这是由于这种算法需要进行网格离散化处理，且真实目标通常是网格失配的，因此产生了重构误差。而对于基于 OGSBI 算法的成像结果，由于该算法具有网格失配修正功能，因此成像结果要优于 OMP 算法。对于基于 MC 算法的成像结果，由于该算法需要得出数据的低秩信息，在数据的秩估计不准时，将会使得重构误差增大。而 EMaC 算法不需要数据的低秩信息,因此重构性能得到提升。对于基于 SMV-ANM 的无网格重构方法,由于不需要网格划分操作,因此重构的虚假散射点数得到有效抑制。而本节所提的基于 MMV-ANM 的重构方法,由于利用了回波数据的联合稀疏信息,因此重构性能得到进一步提升。

为进一步验证不同稀疏率条件下的重构性能,图 6-39 给出了不同算法 ISAR 成像结果的评价指标曲线。可以看出,在不同的稀疏率条件下,本节所提方法均具有最大的 TBR、CC 以及 IC 值,最小的 IE 值,进一步说明了本节方法的有效性与优越性。

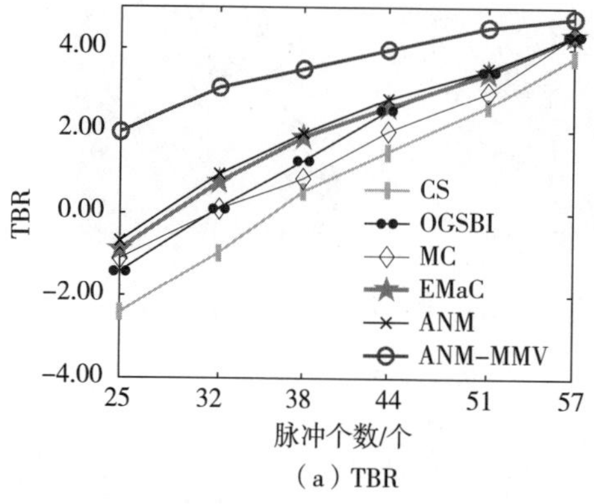

(a) TBR (b) CC (c) IE (d) IC

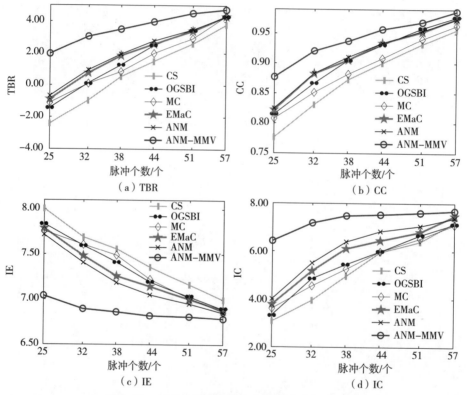

图 6-39 不同采样率条件下的重构性能曲线对比

此外,进一步研究不同信噪比条件下所提方法的重构性能,图 6-40 给出了不同信噪比条件下不同算法的 ISAR 成像结果性能评价曲线,其中子脉冲采样率设置为 60%。从仿真结果可以看出,本节所提方法具有较高的 TBR、CC 以及 IC 值和较低的 IE 值,这也显示出所提方法在低信噪比下的优良性能。

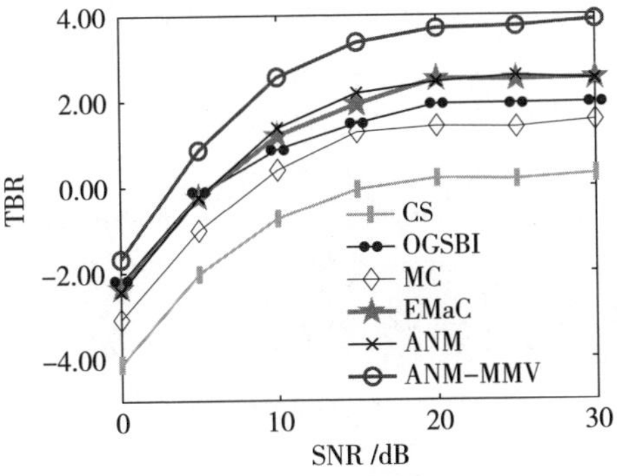

(a) TBR

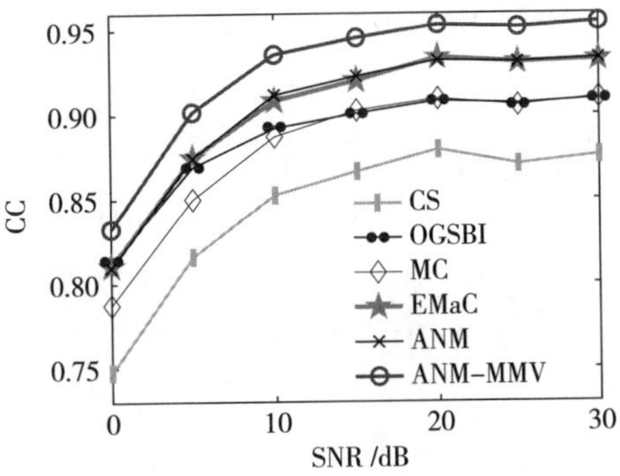

(b) CC

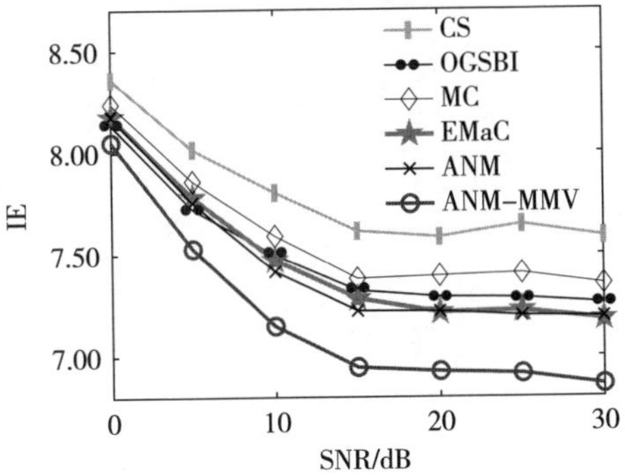

(c) IE

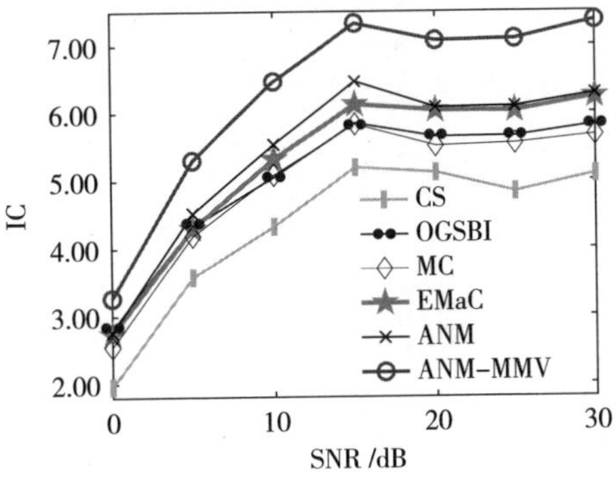

(d) IC

图 6-40　不同信噪比条件下的重构性能曲线对比

6.6 小　结

本章针对步进频率波形的距离像合成方法进行了研究，主要研究内容包括以下。

(1)针对传统距离像合成方法在信号稀疏条件下合成精度不高且存在参数设置的紧约束条件限制等问题，提出了一种基于压缩感知理论的距离像抗混叠合成方法。该方法将 RSF 信号看作为具有等效带宽的 LFM 信号随机发射的子段信号，将 RSF 信号视为 LFM 信号进行处理，通过压缩感知稀疏重构方法重构出高精度的一维距离像。

(2)为进一步利用回波信号的联合稀疏信息，提出了一种基于分布式压缩感知的距离像合成方法。该方法通过构建距离向联合稀疏模型，并利用 DCS-SOMP 算法实现了低信噪比、距离向低采样率条件下的稀疏高分辨距离像合成。

(3)针对传统 CS 方法存在网络失配问题，提出了一种基于连续压缩感知的高分辨距离成像方法。该方法通过构建距离向无网格稀疏表示模型,将距离像合成问题转化为原子范数最小化问题求解。避免了网格离散化处理,可以实现网格失配、低量测值条件下的高分辨一维距离像合成。

(4)为进一步利用步距离向回波具有的联合稀疏特征,提出了基于多量测向量模型的原子范数最小化高分辨距离像合成方法。通过充分利用距离向的联合稀疏信息,不仅克服了网格失配问题,且可以进一步提升距离像合成性能。

参 考 文 献

[1]刘记红. 基于压缩感知的 ISAR 成像技术研究[D]. 湖南:国防科学技术大学,2012.

[2]毛二可,龙腾,韩月秋. 频率步进雷达数字信号处理[J]. 航空学报,2001,22(增):16-25.

[3]LI H T,WANG C Y,WANG K,et al. High resolution range profile of compressive sensing radar with low computational complexity[J]. IET Radar,Sonar & Navigation,2015,9(8):984-990.

[4]李少东,陈文峰,杨军,等. 任意稀疏结构的多量测向量快速稀疏重构算法研究[J]. 电子学报,2015,43(4):708-715.

[5] Richard T. Lord, Michael R. Inggs. High Resolution SAR Processing Using Stepped-Frequencies [C]// IGARSS'97. 1997 IEEE International Geoscience and Remote Sensing Symposium Proceedings. Remote Sensing-A Scientific Vision for Sustainable Development, Singapore, Aug. 1997:490-492.

[6]DUARTE M F,SARVOTHAM S,BARON D,et al. Distributed compressed sensing of jointly sparse signals[C]. Signals,Systems & Computers,Asilomar,CA,USA,2005,1537-1541.

[7]GHAFFARI A,BABAIE-ZADEH M,JUTTEN C. Sparse decomposition of two dimensional signals[C]. Proc. IEEE Int. Conf Acoustics,Speech and Signal Processing,2009:3157-3160.

[8]DUARTE M F,ELDAR Y C. Structured compressed sensing:from theory to applications[J]. IEEE Transactions on Signal Processing,2011,59(9):4053-4085.

[9]DAVIES M E,ELDAR Y C. Rank awareness in joint sparse recovery[J]. IEEE Transactions on Information Theory,2010,58(58):1135-1146.

[10]HUANG Y J,WANG X Z,LI X L,et al. Inverse synthetic aperture radar imaging using frame theory[J]. IEEE Transactions on Signal Processing,2012,60(10):5191-5200.

[11]HU L,SHI Z G,ZHOU J X,et al. Compressed sensing of complex sinusoids:an approach based on dictionary refinement[J]. IEEE Transactions on Signal Processing,2012,60(7):3809-3822.

[12]CHAITANYA E,DANIEL T,EERO P S. Recovery of sparse translation-invariant signals with continuous basis pursuit[J]. IEEE Transactions on Signal Processing,2011,59(10):4735-4744.

[13]HUANG L M,ZONG Z L,HUANG L B,et al. Off-grid sparse stepped-frequency SAR imaging with adaptive basis[C]. IEEE International Geoscience and Remote Sensing Symposium, Yokohama, Japan, 2019:2925-2928.

[14]YANG Z,XIE L H,ZHANG C S. Off-grid direction of arrival estimation using sparse bayesian inference [J].IEEE Transactions on Signal Processing,2013,61(1):38-43.

[15]TANG G,BHASKAR B N,SHAH P,et al. Compressed sensing off the grid[J]. IEEE Transactions on Information Theory,2013,59(11):7465-7490.

[16]BHASKAR B N,TANG G,RECHT B. Atomic norm denoising with applications to line spectral estimation [J].IEEE Transactions on Signal Processing,2013,61(23):5987-5999.

[17]GEORGIOU T T. The caratheodory-fejer-pisarenko decomposition and its multivariable counterpart[J]. IEEE Transactions on Automatic Control,2007,52 (2):212-228.

[18]YANG Z,X L H. On gridless sparse methods for line spectral estimation from complete and incomplete data [J]. IEEE Transactions on Signal Processing,2015,63(12):3139-3153.

[19]ZHANG Z,WANG Y,TIAN Z. Efficient two-dimensional line spectrum estimation based on decoupled atomic norm minimization[J]. Signal Processing,2019,163:95-106.

[20]张磊. 高分辨 SAR/ISAR 成像及误差补偿技术研究[D]. 西安:西安电子科技大学,2012.

第七章　步进频率波形高分辨二维 ISAR 成像

7.1 引　言

SAR/ISAR 成像系统主要通过增大信号带宽达到高的距离分辨率,方位高分辨则主要通过增加方位积累时间获得。基于频率步进信号的 SAR/ISAR 成像系统不仅可以获得高的距离分辨率,且具有系统复杂性低、成本少、易于工程实现等优点,已成为高分辨率雷达技术的发展趋势。

对于 SF ISAR 系统,要获得最终的二维成像结果,首先需要进行距离像合成,在此基础上再进行方位向聚焦。一般情况下,通过传统 RD 方法即可快速获取最终的二维 ISAR 成像结果。然而,由于频率步进信号需要发射多组脉冲串才能实现成像,每组脉冲串又包含多个子脉冲,当目标在距离、方位向存在脉冲缺失或遭受干扰部分脉组无效等情况时,回波将变为二维稀疏步进频率(Sparse Stepped Frequency,SSF)信号,这种距离、方位同时稀疏的 SSF 给平动补偿以及后续的宽带合成带来困难,使得常规成像算法失效。将稀疏重构特别是 CS 引入至 SF ISAR 成像领域,通过利用目标独有的稀疏特性,可以在回波稀疏的情况下高精度的恢复出原始信号,并获得高精度的 ISAR 成像结果。

目前,稀疏条件下的高分辨成像方法主要有两种研究思路,第一种是通过统计外推的形式,估计空缺的脉冲后再进行成像,如文献[1]针对距离向稀疏的 SFSS 信号,通过 AR(Auto Regressive)模型、柯西高斯模型对缺损的子脉冲进行估计后进行成像,但是这种成像方法往往精度不高。第二种是利用目标在观测空间是稀疏的这一特征,结合近年来的稀疏表示理论或 CS 直接进行成像。其中一类是将距离向、方位向成像分别处理的距离-方位解耦算法,这类方法处理速度相对较快,能够实现高分辨的成像,但是由于没有充分利用回波数据距离向、方位向的耦合信息,成像质量将会有损失;另一类方法是将距离向、方位向同时进行处理的距离-方位联合算法。距离-方位联合处理的好处在于充分利用了距离-方位耦合信息,成像质量得到提升。但目前方法大多是通过行列堆叠方式将矩阵运算转换为一维向量形式后再利用 CS 重构算法进行重构,这样对硬件的存储提出了较高要求，运算量较大，有时甚至难以实现。

本章基于 CS 理论，研究适用于稀疏频率步进回波的距离-方位联合 ISAR 高分辨成像算法。首先，提出一种适用于稀疏频率步进波形的距离-方位联合 ISAR 超分辨成像算法。将 SF ISAR 距离像合成以及方位向聚焦过程建模为二维联合稀疏表示模型，采用二维平滑 0-范数法（Two Dimensional Smoothed L0-norm，2D-SL0）在矩阵域直接对回波数据矩阵进行距离-方位联合超分辨成像，避免了常规距离-方位联合成像时的行列堆叠过程，具有更好的成像性能和更快的处理速度。其次，为解决实际回波信号存在的另一种稀疏采样模式——随机采样模式（Random Sampling Model），即子脉冲稀疏位置随机分布在回波矩阵的任意位置，导致无法直接构建相应的矩阵化联合稀疏重构模型，提出一种基于矩阵填充理论的二维稀疏高分辨 SF ISAR 成像方法。通过利用矩阵填充技术，在矩阵域将随机采样模式下的二维稀疏重构问题转换为核范数优化问题进行求解，避免了向量化操作导致的运算量大的问题。再次，考虑存在剩余相位误差的二维重构模型，提出一种联合二维成像与自聚焦的高分辨 SF ISAR 成像方法，在存在二维相位误差的情况下，同时实现了误差校正与二维高分辨成像，有效解决了剩余相位误差对高分辨成像的影响。最后，将上述联合自聚焦与二维成像算法展开为深度网络形式，利用网络学习获得算法最优参数，进一步实现了算法性能和效率的提升。

7.2 基于距离-方位二维联合的 SF ISAR 超分辨成像

SFSS 可以看作是传统 FSS 的稀疏采样形式。因此，首先对 FSS 回波进行建模，在此基础上得出 SFSS 回波模型。一组 FSS 可以表示为

$$S(t) = \sum_{n=0}^{N-1} \mathrm{rect}\left(\frac{t - nT_{\mathrm{r}}}{T}\right) \exp(\mathrm{j}2\pi f_n t) \tag{7-1}$$

式中：$f_n = f_0 + n\Delta f, n = 0,1,2,\cdots,N-1$，$N$ 为子脉冲数；$\mathrm{rect}(\cdot)$ 窗函数；f_0 为载频；t 为全时间；T 为子脉宽；T_{r} 为重复周期；Δf 为步进频率间隔，此时等效的信号带宽为 $B = N\Delta f$。

假设目标共有 I 个散射点，在短观测时间内，目标沿雷达径向的速度为 ν，径向加速度为 a，那么 t 时刻第 $i(i = 1,\cdots,I)$ 个散射点与雷达的距离可表示为

$$R_i(t,t_m) \approx R_0 + \nu t + \frac{1}{2}at^2 + x_i\cos[\theta(t_m)] - y_i\sin[\theta(t_m)] \tag{7-2}$$

式中：R_0 为初始时刻参考距离；x_i, y_i 分别为第 i 个散射点在目标坐标系上的横

纵坐标；$\theta(t_m)$ 为与慢时间 t_m 有关的目标转动角度。此时距离雷达 $R_i(t,t_m)$ 的各散射点回波可以表示为

$$S_R(t,t_m)=\sum_{i=1}^{I}\sigma_i\sum_{n=0}^{N-1}\mathrm{rect}\left[\frac{t-nT_r-2R_i(t,t_m)/c}{T}\right]\exp[\mathrm{j}2\pi f_n(t-2R_i(t,t_m)/c)] \tag{7-3}$$

式中：$\sigma_i(x_i,y_i)(i=1,\cdots,I)$ 表示第 i 个散射点强度。

混频后的基带信号为

$$U_R(t,t_m)=\sum_{i=1}^{I}\sigma_i\sum_{n=0}^{N-1}\mathrm{rect}\left[\frac{t-nT_r-2R_i(t,t_m)/c}{T}\right]\exp[\mathrm{j}2\pi f_n(-2R_i(t,t_m)/c)] \tag{7-4}$$

假设目标在观察时间内匀速转动，则 $\theta(t_m)=m\Delta\theta,m=0,1,\cdots,M-1,\Delta\theta$ 为角转动步长，M 为脉组数。对于 FSS 信号，只要目标速度满足式(7-5)即可忽略包络走动带来的影响。

$$v\leqslant cT/4NT_r \tag{7-5}$$

通常低速目标速度均能满足式(7-5)的要求，因此将得到的回波进行混频并在 $t_{n,m}=nT_r+mNT_r+\dfrac{2R_0}{c}$ 时刻进行采样，得到采样信号为

$$U_{n,m}=U_v\sum_{i=1}^{I}\sigma_i\exp\left[-\mathrm{j}4\pi(f_0+n\Delta f)\frac{R_0+x_i\cos(\theta(t_m))-y_i\sin(\theta(t_m))}{c}\right] \tag{7-6}$$

式中

$$U_v=\exp\left[-\mathrm{j}4\pi(f_0+n\Delta f)\frac{\nu t_{n,m}+\frac{1}{2}at_{n,m}^2}{c}\right] \tag{7-7}$$

是由目标运动引入的平动相位项，必须进行补偿。当在观测时间内目标转动的角度较小时，则 $\cos(\theta(t_m))\approx1,\sin(\theta(t_m))\approx\theta(t_m)$ 。因此，式(7-6)可写为

$$U_{n,m}\approx U_v\sum_{i=1}^{I}\sigma_i\exp\left[-\mathrm{j}2\pi\left(f_0\frac{R_0+2x_i}{c}\right)\right]\exp\left[-\mathrm{j}2\pi n\Delta f\frac{R_0+2x_i}{c}\right)\Bigg]\exp[\mathrm{j}2\pi(f_0+n\Delta f)2y_im\Delta\theta/c)] \tag{7-8}$$

将式(7-8)中的常数项并入幅度信息中，得到

$$U_{n,m}=U_v\sum_{i=1}^{I}\sigma_i\exp\left(-\mathrm{j}2\pi f_0\frac{2x_i}{c}\right)\exp\left(-\mathrm{j}2\pi n\Delta f\frac{2x_i}{c}\right)\exp[\mathrm{j}2\pi(f_0+n\Delta f)2y_im\Delta\theta/c)] \tag{7-9}$$

由于信号在距离向与方位向采样点数分别为 N、M，因此距离向分辨率为 $\Delta x = c/(2N\Delta f)$，方位向分辨率为 $\Delta y = \lambda_0/(2M\Delta\theta)$，其中，$\lambda_0 = c/f_0$。

按照距离、方位分辨率将目标进行离散，得到如图 7-1 所示的目标区域离散化形式 $\boldsymbol{\sigma} = [\sigma_{pq}]_{N\times M}$。由于 $\lambda_n \approx \lambda_0$，因此式(7-9)可写为

$$U_{n,m} = U_{\text{v}} \sum_{q=0}^{M-1} \sum_{p=0}^{N-1} \sigma_{pq} \exp\left(-\text{j}2\pi \frac{pn}{N}\right) \exp\left(\text{j}2\pi \frac{qm}{M}\right) \tag{7-10}$$

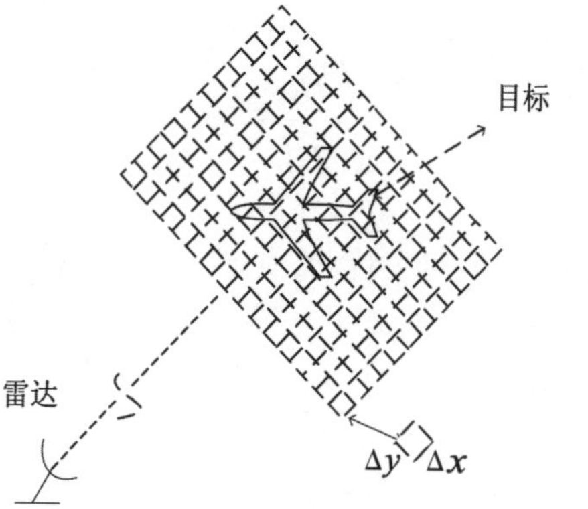

图 7-1　雷达与目标关系示意图

将式(7-10)写成矩阵形式为

$$\boldsymbol{Y} = \boldsymbol{\Lambda}\boldsymbol{\psi}_{\text{r}}\boldsymbol{\sigma}\boldsymbol{\psi}_{\text{a}}^{\text{T}} \tag{7-11}$$

式中：$\boldsymbol{Y} = [U_{n,m}]_{N\times M}$ 表示回波矩阵；$\boldsymbol{\sigma} = [\sigma_{pq}]_{N\times M}$ 为目标区域离散化矩阵；$\boldsymbol{\psi}_{\text{r}} = \left[\exp\left(-\text{j}2\pi \frac{pn}{N}\right)\right]_{N\times N}$ 为距离向稀疏基；$\boldsymbol{\psi}_{\text{a}} = \left[\exp\left(\text{j}2\pi \frac{qm}{M}\right)\right]_{M\times M}$ 为方位向稀疏基；$\boldsymbol{\Lambda} = [U_v]_{N\times M}$ 为由速度引入的平动相位矩阵。

本节研究的 SFSS 就是在 FSS 的基础上，进行回波信号距离向、方位向二维稀疏。当距离向、方位向同时稀疏时，则 SFSS 回波模型可以写为

$$\boldsymbol{U} = \boldsymbol{D}_{\text{r}}\boldsymbol{Y}\boldsymbol{D}_{\text{a}}^{\text{T}} = \boldsymbol{\Lambda}\boldsymbol{D}_{\text{r}}\boldsymbol{\psi}_{\text{r}}\boldsymbol{\sigma}\boldsymbol{\psi}_{\text{a}}^{\text{T}}\boldsymbol{D}_{\text{a}}^{\text{T}} \tag{7-12}$$

式中：$\boldsymbol{U}$ 为稀疏回波数据矩阵；$\boldsymbol{D}_{\text{r}}$ 为距离向稀疏矩阵，如式(7-13)所示的对角矩阵形式，对角线上第 n 个元素为 0 代表距离向第 n 个子脉冲缺失。

$$\boldsymbol{D}_{\text{r}} = \begin{bmatrix} 1 & 0 & \cdots & 0 & 0 \\ 0 & 0 & \cdots & 0 & 0 \\ \vdots & \vdots & & \vdots & \vdots \\ 0 & 0 & \cdots & 1 & 0 \\ 0 & 0 & \cdots & 0 & 1 \end{bmatrix}_{N\times N} \tag{7-13}$$

$\boldsymbol{D}_{\text{a}}$ 为方位向稀疏矩阵，如式(7-14)所示的对角矩阵形式，同理对角线上第 m 个元素为 0 代表距离向第 m 组回波缺失。

$$\boldsymbol{D}_{\mathrm{a}}=\begin{bmatrix}1 & 0 & \cdots & 0 & 0\\ 0 & 0 & \cdots & 0 & 0\\ \vdots & \vdots & & \vdots & \vdots\\ 0 & 0 & \cdots & 1 & 0\\ 0 & 0 & \cdots & 0 & 1\end{bmatrix}_{M\times M} \tag{7-14}$$

显然,式(7-12)是个病态方程,存在无穷多个解,可以利用压缩感知重构理论实现求解。

7.2.1 SSF 距离-方位联合超分辨成像

ISAR 成像的前提是对目标平动分量进行补偿,使其转化为等效的转台模型。假设目标已经经过平动补偿(具体补偿过程可参考文献[4]或者本书第五章所提方法),即式(7-12)可以转化为式(7-15)所示的转台模型,即

$$\boldsymbol{U}=\boldsymbol{D}_{\mathrm{r}}\boldsymbol{\psi}_{\mathrm{r}}\boldsymbol{\sigma}\boldsymbol{\psi}_{\mathrm{a}}^{\mathrm{T}}\boldsymbol{D}_{\mathrm{a}}^{\mathrm{T}}, \tag{7-15}$$

根据 CS 理论,如果目标是稀疏或可压缩的,则可以通过压缩感知理论准确重构出目标图像且观测值也可显著减少。实际上,当分辨率确定时,目标仅包含有限个散射点,即目标具有稀疏性,可以用压缩感知理论对目标进行重构实现最终成像。

当划分的网格间隔变小时,可进一步提高分辨率。假设距离、方位网格间隔各提高 J 倍,得到的目标离散表示为 $\boldsymbol{\sigma}=[\sigma_{pq}]_{P\times Q}$, 其中,$P=NJ$,$Q=MJ$,此时回波信号模型为

$$U'_{n,m}=\sum_{q=0}^{Q-1}\sum_{p=0}^{P-1}\sigma'_{pq}\exp\left(-\mathrm{j}2\pi\frac{pn}{P}\right)\exp\left(\mathrm{j}2\pi\frac{qm}{Q}\right) \tag{7-16}$$

此时,距离向、方位向分辨率分别为 $\Delta x'=\Delta x'/J$,$\Delta y'=\Delta y/J$, 比原始分辨率提高了 J 倍。将式(7-16)写成式(7-15)的形式,得到

$$\boldsymbol{U}'=\boldsymbol{D}_{\mathrm{r}}\boldsymbol{\psi}'_{\mathrm{r}}\boldsymbol{\sigma}'\boldsymbol{\psi}'^{\mathrm{T}}_{\mathrm{a}}\boldsymbol{D}_{\mathrm{a}}^{\mathrm{T}} \tag{7-17}$$

式中:$\boldsymbol{U}'=[U'_{n,m}]_{N\times M}$;$\boldsymbol{\sigma}'=[\sigma'_{pq}]_{P\times Q}$;$\boldsymbol{\psi}'_{\mathrm{r}}=\left[\exp\left(-\mathrm{j}2\pi\frac{pn}{P}\right)\right]_{N\times P}$;$\boldsymbol{\psi}'_{\mathrm{a}}=\left[\exp\left(\mathrm{j}2\pi\frac{qm}{Q}\right)\right]_{M\times Q}$。令 $\boldsymbol{A}_{\mathrm{r}}=\boldsymbol{D}_{\mathrm{r}}\boldsymbol{\psi}'_{\mathrm{r}}$,$\boldsymbol{A}_{\mathrm{a}}=\boldsymbol{D}_{\mathrm{a}}\boldsymbol{\psi}'_{\mathrm{a}}$, 式(7-17)可写为

$$\boldsymbol{U}'=\boldsymbol{A}_{\mathrm{r}}\boldsymbol{\sigma}'\boldsymbol{A}_{\mathrm{a}}^{\mathrm{T}} \tag{7-18}$$

对于式(7-18)的模型,可以对距离向、方位向进行解耦,得到

$$\boldsymbol{U}'=\boldsymbol{A}_{\mathrm{r}}\boldsymbol{F} \tag{7-19}$$

$$\boldsymbol{F}^{\mathrm{T}}=\boldsymbol{A}_{\mathrm{a}}\boldsymbol{\sigma}'^{\mathrm{T}} \tag{7-20}$$

式中:$\boldsymbol{F}$ 为距离像信息。利用式(7-19)、式(7-20)先进行距离向成像后进行方

位向成像的方法称为距离-方位解耦成像方法。可以通过行列堆叠的方式将式(7-19)、式(7-20)变为一维向量的形式分别进行求解,也可以通过 MSL0(SL0 for Multiple Sparse Recovery)算法直接对式(7-19)、式(7-20)进行操作,这样可以减少运算量,提高运算速度。

实际上,目标的回波数据通常是耦合在一起的,将距离向、方位向分开进行重构没有充分利用距离、方位的耦合信息,成像质量将会有所损失。因此,为进一步提高运算速度和成像质量,可以直接对式(7-18)进行操作,即距离-方位联合成像方法。利用 CS 解决此类模型时常用行列堆叠的方式将二维矩阵运算转化为一维向量形式,再通过正交匹配追踪(Orthogonal Matching Pursuit, OMP)、平滑 0-范数法(Smoothed L0-norm, SL0)等稀疏重构算法进行成像。SFSS 波形行列堆叠形式可以表示为

$$U = \boldsymbol{\Theta}\delta \tag{7-21}$$

式中:$\boldsymbol{\Theta}=\boldsymbol{D}_{\mathrm{a}}\boldsymbol{\psi}'_{\mathrm{a}}\otimes\boldsymbol{D}_{\mathrm{r}}\boldsymbol{\psi}'_{\mathrm{r}}$;$U=\mathrm{Vec}(\boldsymbol{u})$;$\delta=\mathrm{Vec}(\boldsymbol{\sigma}')$;Vec(·)表示矩阵变换为一维向量的运算;$\otimes$ 为 Kronecker 积。此时 $\boldsymbol{\Theta}$ 的维数为 $MN\times PQ$。假设发射信号子脉冲数为 $N=100$,脉组数为 $M=200$,在没有超分辨的情况下距离向、方位向细化的网格数均为 $P=Q=200$,此时 $\boldsymbol{\Theta}$ 的维数为 20000×40000,矩阵维数较为庞大。这对处理器的内存大小、运算能力要求较高,有时甚至无法处理。

文献[6]针对式(7-18)中矢量的0-范数最小化问题不是连续函数,常规算法无法直接求解,提出利用高斯函数来近似零-范数,将式(7-18)的 NP 问题转化为求解目标函数的最大值问题,即二维平滑 0-范数法(Two Dimensional Smoothed L0-norm, 2D-SL0)。该算法直接用式(7-18)的矩阵模型取代式(7-21)的行列堆叠模型进行求解,避免了行列堆叠后的大维度矩阵带来的处理困难问题,减小了对处理器内存和运算能力的要求,提高了成像效率。表 7-1 给出了 2D-SL0 算法主要处理步骤。

表 7-1 2D-SL0 算法主要实现步骤

输入:$\boldsymbol{U}',\boldsymbol{A}_{\mathrm{r}},\boldsymbol{A}_{\mathrm{a}}$
第一步:初始化 (1)将 $\boldsymbol{\sigma}'$ 的最小 l_2 范数解作为初始解 $\hat{\boldsymbol{\sigma}}'_0$,$\hat{\boldsymbol{\sigma}}'_0=\boldsymbol{A}_{\mathrm{r}}^{\dagger}\boldsymbol{U}'(\boldsymbol{A}_{\mathrm{a}}^{\dagger})^{\mathrm{H}}$。 (2)设置迭代次数 J,并确定递减序列 $\{\eta_1,\cdots,\eta_j,\cdots,\eta_J\}$,设置 $\eta_j=c_0\eta_{j-1}$,c_0 常选取 0.5~1 的常数。 第二步:迭代收缩 (1)令 $\eta=\eta_j$,$\boldsymbol{\sigma}'=\hat{\boldsymbol{\sigma}}'_{j-1}$。 (2)采用梯度上升法迭代 L_0 次,在集合 $\Xi=\{\boldsymbol{\sigma}' \mid \boldsymbol{U}'=\boldsymbol{A}_{\mathrm{r}}\boldsymbol{\sigma}'\boldsymbol{A}_{\mathrm{a}}^{\mathrm{T}}\}$ 中求得 $F_\eta(\boldsymbol{\sigma}')$ 的最大值,其中,$F_\eta(\boldsymbol{\sigma}')=\sum_{p,q}\exp(-\lvert\sigma'_{pq}\rvert^2/2\eta^2)$。

（续）

实现步骤为：①令 $\Delta = [\overline{\omega}_{pq}]$，$\overline{\omega}_{pq} \triangleq \delta_{pq}\exp(-\lvert\sigma'_{pq}\rvert^2/2\eta^2)$；②令 $\boldsymbol{\sigma}' \leftarrow \boldsymbol{\sigma}' - \mu\overline{\omega}$，$\mu \geqslant 1$；③将 $\boldsymbol{\sigma}'$ 投影至Ξ上，即 $\boldsymbol{\sigma}' \leftarrow \boldsymbol{\sigma}' - \boldsymbol{A}_{\mathrm{r}}^{\dagger}(\boldsymbol{A}_{\mathrm{r}}\boldsymbol{\sigma}'\boldsymbol{A}_{\mathrm{a}}^{\mathrm{H}} - \boldsymbol{U}')(\boldsymbol{A}_{\mathrm{a}}^{+})^{\mathrm{H}}$。
第三步：得到最终迭代结果
令 $\hat{\boldsymbol{\sigma}}'_J = \boldsymbol{\sigma}'$，$\hat{\boldsymbol{\sigma}}'_J$ 即为最终的目标二维成像结果

7.2.2　算法性能分析

1）内存需求及运算量分析

本节研究的距离－方位联合超分辨成像方法主要基于 2D－SL0 算法在矩阵域直接进行成像。下面对本节算法的运算量进行分析。为便于比较性能优劣，同时给出基于匹配追踪类算法进行距离－方位联合重构以及利用匹配追踪类算法、SL0 算法、MSL0 算法进行距离－方位解耦重构的运算量。下文中匹配追踪类算法均基于 OMP 算法进行分析。

从内存存储需求来看，基于距离－方位联合模型，本节方法直接对矩阵进行处理，存储 $\boldsymbol{A}_{\mathrm{r}}$ 与 $\boldsymbol{A}_{\mathrm{a}}$ 所需的存储空间大小 $C_1 = O(NP) + O(MQ)$；文献[3]通过行列堆叠后利用匹配追踪类算法进行处理，存储 $\boldsymbol{\Theta}$ 所需要的存储空间 $C_2 = O(NPMQ)$。基于距离－方位解耦模型，通过行列堆叠后利用匹配追踪类算法分别对距离向、方位向分开处理，所需的存储空间 $C_3 = O(NP) + O(MQ)$；文献[2]通过 SL0 算法进行成像处理，同样存储空间 $C_4 = O(NP) + O(MQ)$；MSL0 算法对距离向、方位向进行处理，所需同样的存储空间 $C_5 = O(NP) + O(MQ)$。

下面再来分析各个算法的计算量，基于距离－方位联合模型，本节方法主要计算量为矩阵求伪逆过程以及投影步骤。求伪逆步骤的计算量为 $O(NP) + O(MQ)$，投影步骤的计算量为 $O((N+M)PQ)$，总计算量为 $T_1 \approx O((N+M)PQ)$；文献[3]方法主要计算量集中在求内积与矩阵求伪逆过程，且与算法的稀疏度设置有关，总的计算量可以表示为 $T_2 = O(K_1MNPQ)$，K_1 为设置的稀疏度。基于距离－方位解耦成像模型方法总的计算量 $T_3 = O(K_2NPQ) + O(K_3MPQ)$，$K_2$、$K_3$ 分别为距离向、方位向重构时设置的稀疏度大小。文献[2]通过 SL0 算法需要的总计算量约为 $T_4 = O(MP^2) + O(PQ^2)$。利用 MSL0 算法的总计算量约为 $T_5 = O(MP^{1.376}) + O(PQ^{1.376})$。

通过上述分析可知：在内存需求上，$C_1 = C_3 = C_4 = C_5 < C_2$。本节算法的内存需求与距离－方位解耦 MSL0 算法所需的内存存储要求最低，文献[3]通过行列堆叠后利用匹配追踪类算法进行处理的内存需求最高。在计算量上，$T_1 < T_5 <$

$T_4<T_3<T_2$。本节算法具有最小的计算量，文献[3]算法的计算量最大。

因此，本节利用 2D-SL0 算法进行 SFSS-ISAR 距离-方位联合成像具有降低对硬件的要求以及减少重构计算量的优势。当信号子脉冲数、脉组数变大时，虽然可以提高雷达的分辨率，但是带来的却是算法的内存需求、处理运算量明显增加。在实际应用中应根据实际需求选择合适的发射信号参数，既可以满足分辨率的需求，又可以减少处理时间，增强算法时效性。

2）超分辨能力分析

从式(7-16)可以看出，当 $J>1$ 时可以提高分辨率。因此 CS 的引入，可以进一步提高目标成像的分辨率。研究表明：量测矩阵各列之间的相关性对最终重构结果有较大影响。当分辨率一定时，量测矩阵各列之间越不相关，成像分辨率就越高。文献[8]利用量测矩阵相关度

$$\mu(\boldsymbol{\Theta}) = \max_{i\neq j}\left|\frac{\langle \rho_i,\rho_j\rangle}{\|\rho_i\|_2\ \|\rho_j\|_2}\right| \tag{7-22}$$

作为评价量测矩阵性能优劣的指标，其中，ρ 为 $\boldsymbol{\Theta}$ 的列向量。$\mu(\boldsymbol{\Theta})$ 值越小，说明量测矩阵性能越好。因此在进行高分辨成像时，不同的稀疏方式对成像性能影响很大。量测矩阵相关度越小，每次量测的信息交叠、干扰就越小，分辨效果便会越好。所以选择相干性低的量测矩阵更有利于分辨能力的提高。另外，需要指出的是高分辨倍数不可能随意增大，当倍数增大后矩阵的维数和各列之间的相干性也会随之增大，既增加了处理时间又会降低重构概率，关于最优的超分辨倍数研究将是下一步研究的重点。

7.2.3 实验验证与分析

一般 ISAR 成像雷达系统多工作于 X 波段，因此设置典型 X 波段雷达参数进行仿真研究：FSS 共发射 $M=255$ 组步进频率信号，每组信号包含 $N=256$ 个子脉冲，其载频 $f_0=10\text{GHz}$，脉宽 $T=5\mu\text{s}$，频率步进量 $\Delta f=2\text{MHz}$，每组信号重复频率 PRF=200Hz，参考距离 $R_0=50.5\text{km}$，$J=3$，$K_2=K_3=50$。SNR 定义为原始数据和添加噪声之间的能量比，可以写成 $\text{SNR}=P_\text{S}/P_\text{N}$。其中，$P_\text{S}$ 和 P_N 表示原始数据和添加的噪声的平均功率，信噪比设置为 SNR = 10dB。假设目标模型如图 7-2所示，目标初始飞行方向与 X 轴夹角为 60°，飞行速度 $v=400\text{m/s}$。

根据上述参数，文献[3]研究的距离-方位联合成像方法要求的内存存储容量已经大大超出所用计算机硬件处理能力（所用计算机配置为处理器为 Intel 酷睿 E7500，主频 293GHz，内存 2GB）。因此，下文分别利用对本节方法、文献[9]（方法 1）和文献[2]方法（方法 2）文献[10]方法（方法 3）进行比较研究。

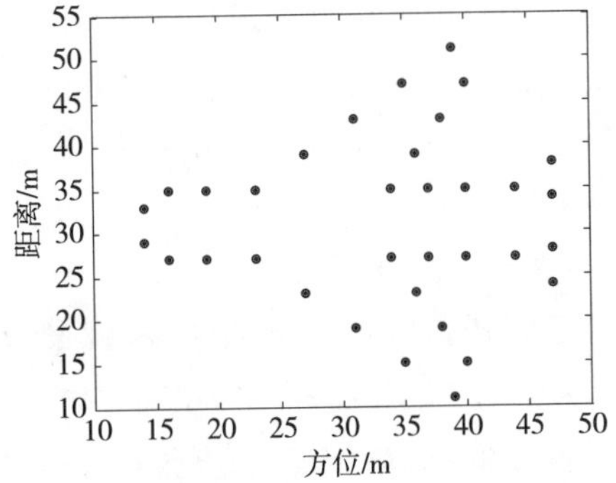

图 7-2　仿真目标模型

仿真 1　全数据条件下的成像效果仿真

首先,当距离向、方位向不稀疏时,即全部数据参与最终的成像处理,仿真结果如图 7-3 所示。

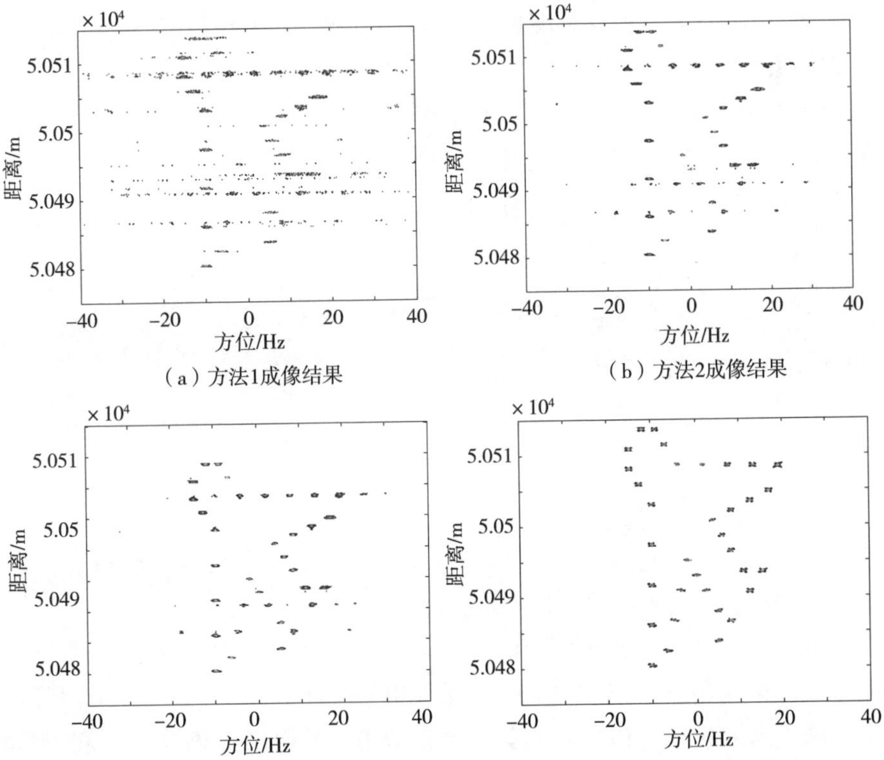

(a) 方法1成像结果　(b) 方法2成像结果

(c) 方法3成像结果　(d) 本节方法成像结果

图 7-3　完整回波条件下运动目标成像仿真

图 7-3(a)为距离-方位解耦 OMP 算法进行处理的结果,由于该方法对稀疏度大小较为敏感,因此,重构的结果存在较多虚假散射点;图 7-3(b)~(c)为

距离-方位解耦 SL0 算法、MSL0 算法进行成像的结果。但是由于没有利用距离-方位耦合信息,因此成像结果有所损失。图 7-3(d)为本节方法进行距离-方位联合处理的结果。由于本节方法利用了距离向、方位向的耦合信息,因此成像效果在四种方法中最好。

仿真 2 稀疏条件下的成像效果仿真

为验证本节方法对不同稀疏度条件下的 SFSS 成像效果。首先,步进频率波形的二维采样率(2D SPR)定义为 $\alpha=(N'/N,M'/M)$,其中,第一部分 N'/N 表示距离向的采样率,第二部分 M'/M 表示方位向的采样率,$N'(N'\leqslant N)$、$M'(M'\leqslant M)$ 分别为发射的子脉冲数与脉组数。本节主要研究以下两种稀疏方式下的 SFSS 成像:

方式 1:距离向、方位向稀疏形式为各自随机稀疏,即距离向、方位向各自按照稀疏度大小进行随机稀疏。

方式 2:距离向、方位向稀疏形式为各自分块稀疏,即在距离向、方位向的某个位置集中稀疏。

基于上述两种稀疏方式,图 7-4 给出了 2D SPR 为(0.75,0.75)时,不同稀疏方式条件下的稀疏回波数据示意图。

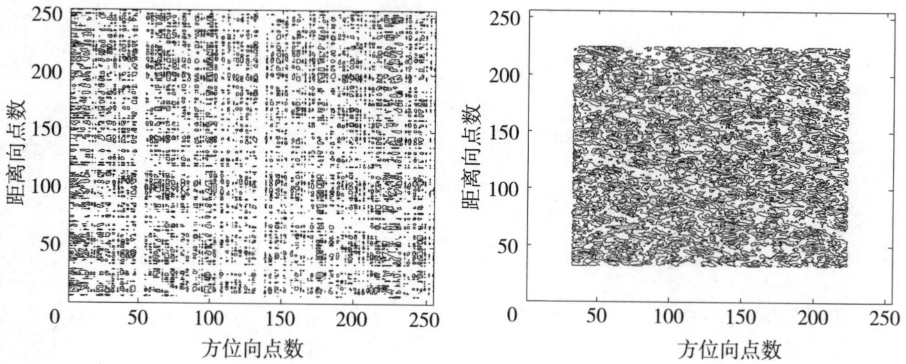

(a) 稀疏方式1　　(b) 稀疏方式2

图 7-4　不同随机方式下的回波数据示意图

针对图 7-4 中的两种稀疏方式,按照式(7-22)可量测矩阵稀疏度分别为$\mu_1=0.0565$、$\mu_2=0.2251$,可见方式 1 的量测矩阵相关性明显小于方式 2。因此稀疏方式 1 的重构效果要好于稀疏方式 2 的重构结果。下面以稀疏方式 1 条件下的 SFSS 为例,图 7-5 为 α 为(0.75,0.75)时几种不同算法的最终成像结果。

从图 7-5 可以看出:在方式 1 的随机稀疏方式下且 $\alpha=(0.75,0.75)$ 时,几种算法都能实现最终的成像。从成像效果来看,图 7-5(a)~(c)的成像结果具有较多的旁瓣,尤其是机头两个散射点分辨不清。另外,图 7-5(a)的成像结果存在大量的虚假重构点，效果最差。而本节方法得到的成像结果凝聚性最好，旁瓣也最少，机头的两个散射点能够清晰地分辨出来，因此性能也最优。

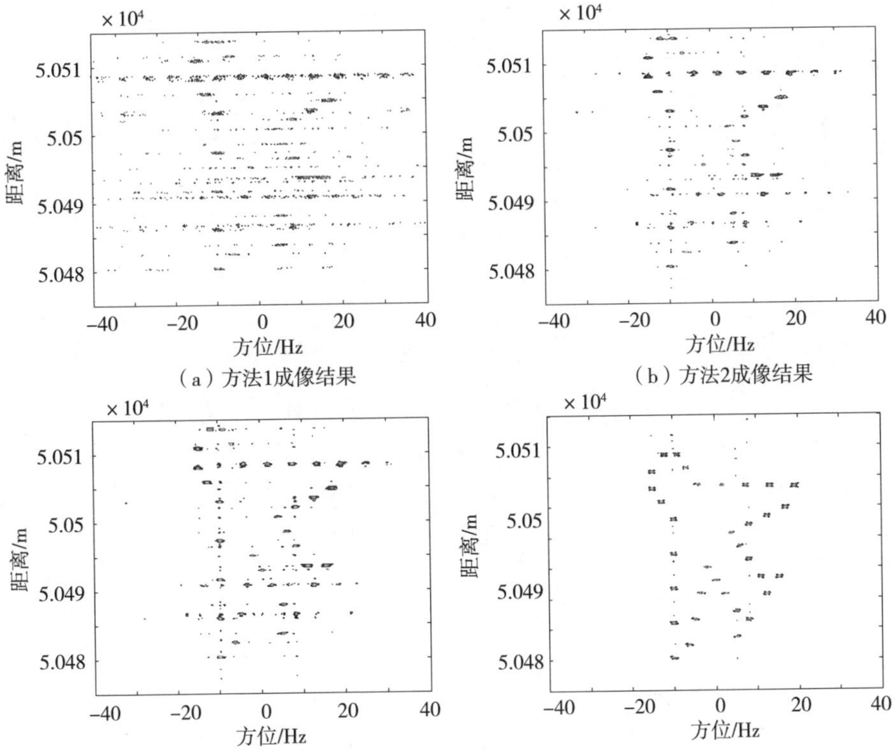

（a）方法1成像结果

（b）方法2成像结果

（c）方法3成像结果

（d）本节方法成像结果

图 7-5　方式 1 稀疏时的成像结果

仿真 3　SFSS 成像性能效果仿真对比

为验证本节方法在不同稀疏方式、不同稀疏度条件下的成像性能，采用 Entropy 以及 TBR 作为成像质量好坏的评价指标对成像质量进行仿真对比。成像质量越好，熵值则越小，TBR 值则越大。其中，在计算 TBR 值时利用全数据条件下信噪比为 20dB 时传统 RD 算法成像结果作为背景支撑区。图 7-6 为不同稀疏方式及采样率下的成像性能曲线。

从图 7-6(a)可以看出：随着采样率的降低，几种方法的熵值逐渐增大，但是本节距离-方位联合成像的熵值始终最小，说明成像质量最好。对于不同的稀疏方式，稀疏方式 1 的熵值小于稀疏方式 2 的熵值，说明了在稀疏方式 1 的条件下，成像性能更好。对于图 7-6(b)中的 TBR 值，同样可以看出，本节方法的成像结果 TBR 值始终大于其他算法，且稀疏方式 1 的 TBR 值要大于稀疏方式 2 的 TBR 值，说明方式 1 的稀疏方式重构性能更好，这与量测矩阵相关度分析结果也相吻合。

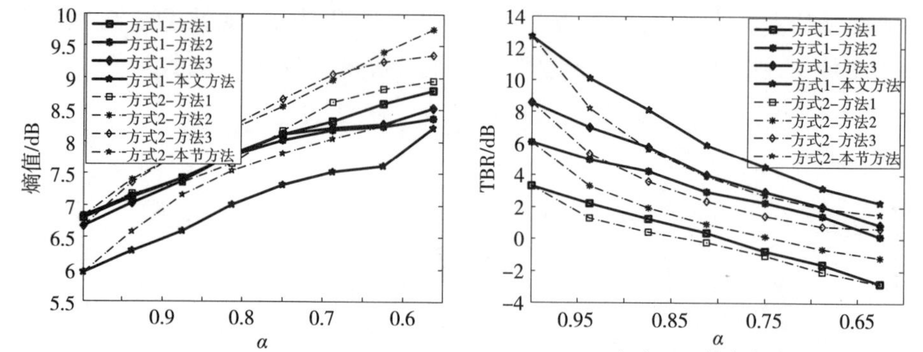

（a）熵值大小对比图　　（b）TBR值大小对比图

图 7-6　SFSS 成像性能对比

为进一步验证本节方法在处理时间上的优势，表 7-2 为不同方法的成像时间对比。从表 7-2 中的结果可以看出，在不同的稀疏方式、采样率条件下，本节方法与方法 3 相比于其他两种算法处理时间明显减少。相比于方法 3，本节方法的处理时间进一步减少。这也验证了本节方法在处理时间上的优势。

表 7-2　不同算法处理时间比较

采样率（α）	稀疏方式 1				稀疏方式 2			
	方法 1/s	方法 2/s	方法 3/s	本节方法/s	方法 1/s	方法 2/s	方法 3/s	本节方法/s
(0.85,0.85)	419.72	386.97	8.55	6.60	411.87	378.39	7.34	6.99
(0.75,0.75)	418.45	383.89	7.88	7.46	381.89	368.68	7.41	6.59

本节针对 SSF ISAR 超分辨成像问题提出了一种距离-方位联合超分辨成像方法，该方法具有更好的成像质量，成像处理速度也更快，并从理论和仿真两方面进行了分析证明。当信号稀疏时，传统的运动补偿方法补偿难度将增大，这会对后续的成像造成不利影响，甚至无法成像，值得进一步进行研究。另外，文中研究了两种随机稀疏的方式，对于其他不同稀疏方式条件下的成像效果与成像方法也将作为下一步研究的一个重要内容。

7.3　基于矩阵填充的二维稀疏高分辨 SF ISAR 成像

在 7.2 节中，针对距离-方位二维稀疏步进频率波形 ISAR 成像问题，提出基于 2D SL0 算法的二维联合超分辨成像方法。实际上，在上述二维稀疏回波建模时，一般假设子脉冲回波是块稀疏的，也就是回波信号矩阵的整行或者整列数据缺失，文献[13]将其称为可分离采样模式（Separable Sampling Model）。然而，由于外界环境的实时变化以及雷达的多模工作方式，每组脉冲串中缺失的子脉冲位置不尽相同，即缺失子脉冲往往随机分布在回波数据矩阵中，我们将其称为随机采样模式(Random Sampling Model)。值得注意的是,由于随机采样模式中子脉冲稀疏位置的随机分布,因此无法直接构建相应的矩阵化联合稀疏重构模型。虽然向量化处理模型适用于上述随机采样模式,但是向量化操作带来的运算量问题将是必须考虑的首要问题,当数据维度较大时,甚至存在普通计算机无法处理的情况。

矩阵填充(Matrix Completion,MC)作为一种继压缩感知理论之后提出的另一类稀疏数据恢复理论。与 CS 重构理论需要数据满足稀疏性相似,假设回波数据存在低秩特性且缺失数据存在随机性,那么就可以将完整数据的恢复问题转化为矩阵优化问题进行精确重构。由于其具有简单易实现的特点,在图像恢复领域得到广泛应用。因此,本节将矩阵填充(Matrix Completion,MC)理论引入至二维 ISAR 成像领域,用于解决随机采样模式下缺失数据的高精度恢复。MC 理论假设数据矩阵具有低秩特性且缺失数据随机分布在数据矩阵中,那么通过相应的矩阵填充算法则可以高概率的恢复出缺失的数据。由于可以直接在矩阵维进行处理,从而避免了向量化操作带来的运算量过大的问题。

7.3.1 二维稀疏 SF ISAR 成像模型

此时,t 时刻雷达与目标散射点 (x_k,y_k) 之间的距离可近似表示为

$$R_k(t) \approx R_0 + y_k - x_k\omega t \approx R_0 + y_k - x_k\omega n_a NT_r \tag{7-23}$$

式中:(x_k,y_k) 为散射点在目标坐标系中的位置;R_0 为目标中心与雷达之间的初始距离;ω 表示目标等效的转动角速度;T_r 为脉冲重复时间。

对于步进频率 ISAR 系统,其发射波形一般包含 Na 组脉冲串,每组脉冲串包含 N 个子脉冲。假设每个子脉冲的带宽为 Δf,则最终的合成带宽为 $N\Delta f$。此时,第 n_a 组脉冲串中第 n 个子脉冲的回波可近似表示为

$$s(n,n_a) \approx \sum_{k=1}^{K} \delta_k \exp[\mathrm{j}2\pi(f_0 + n\Delta f)(-2R_k(t)/c)] \tag{7-24}$$

式中:$\delta_k(k=1,2,\cdots,K)$ 表示第 k 个散射点的强度;f_0 表示中心频率;c 为光速。

将式(7-23)代入式(7-24)中,可得出

$$s(n,n_a) \approx \sum_{k=1}^{K} \delta_k \exp\left(-\mathrm{j}\frac{4\pi n\Delta f y_k}{c} + \mathrm{j}\frac{2\pi f_0 x_k \omega n_a NT_r}{c}\right) \tag{7-25}$$

根据 ISAR 成像分辨率,其距离向、方位向分辨率可以分别表示为 $\Delta y = c/2N\Delta f$, $\Delta x \approx c/2f_0\omega n_a NT_r$。此时,式(7-25)中的回波信号可以表示为

$$s(n,n_a) = \sum_{q=1}^{Q}\sum_{p=1}^{P} \delta(p,q)\exp\left(-\mathrm{j}2\pi\frac{pn}{N}\right)\exp\left(\mathrm{j}2\pi\frac{qn_a}{\mathrm{Na}}\right) \tag{7-26}$$

将上述回波模型写成矩阵形式为

$$\boldsymbol{S}=\boldsymbol{A}\boldsymbol{X}\boldsymbol{B}^{\mathrm{T}} \tag{7-27}$$

式中：$\boldsymbol{S}\in\mathbb{C}^{N\times \mathrm{Na}}$ 为回波数据矩阵；$\boldsymbol{A}=\exp(-\mathrm{j}2\pi pn/N)\in\mathbb{C}^{N\times P}$，$\boldsymbol{B}=\exp(\mathrm{j}2\pi qn_{\mathrm{a}}/\mathrm{Na})\in\mathbb{C}^{\mathrm{Na}\times Q}$ 分别为距离向与方位向字典矩阵；$\boldsymbol{X}\in\mathbb{C}^{P\times Q}$ 为二维成像结果。

进一步考虑回波稀疏的情况，与 7.2 节回波信号按照行、列同时稀疏不同的是，此时稀疏回波矩阵可以视为全数据矩阵的降采样形式。在随机采样模式下，可以构造如图 7-7 所示的回波量测矩阵 $\boldsymbol{\Theta}$，其中，矩阵中仅包含 0 和 1 元素，对应于数据随机采样规律，其抽取过程可以表示为

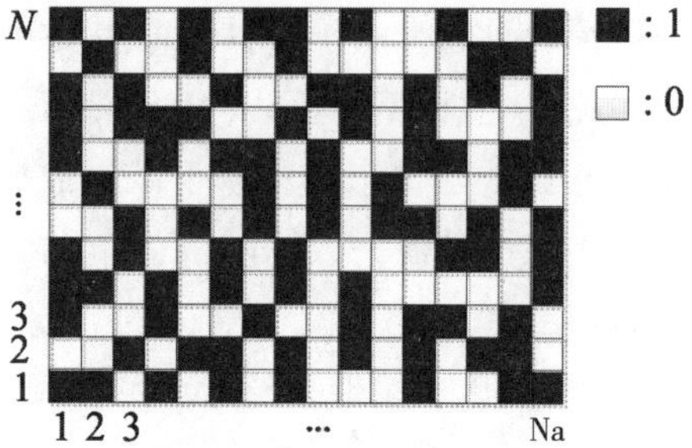

图 7-7　稀疏量测矩阵示意图

$$\boldsymbol{\Theta}\odot\boldsymbol{S}=\boldsymbol{\Theta}\odot(\boldsymbol{A}\boldsymbol{X}\boldsymbol{B}^{\mathrm{T}}) \tag{7-28}$$

式中：$\odot$表示 Hadamard 积。通过向量化处理后，式(7-28)可以表示为

$$\boldsymbol{\Theta}\odot\boldsymbol{S}=\boldsymbol{\Theta}\odot(\boldsymbol{A}\boldsymbol{X}\boldsymbol{B}^{\mathrm{T}})\rightarrow\boldsymbol{s}=\boldsymbol{\Phi}\boldsymbol{x} \tag{7-29}$$

式中：$\boldsymbol{s}=\mathrm{Vec}(\boldsymbol{\Theta}\boldsymbol{S})\in\mathbb{C}^{N\mathrm{Na}\times 1}$，$\mathrm{Vec}(\cdot)$表示向量化操作；$\boldsymbol{\Phi}=\mathrm{diag}(\mathrm{Vec}(\boldsymbol{\Theta}))(\boldsymbol{B}\otimes\boldsymbol{A})\in\mathbb{C}^{N\mathrm{Na}\times PQ}$，$P\geqslant N$，$Q\geqslant \mathrm{Na}$；$\mathrm{diag}(\cdot)$表示对角矩阵；$\otimes$ 表示 Kronecker 积；$\boldsymbol{x}=\mathrm{Vec}(\boldsymbol{X})\in\mathbb{C}^{PQ\times 1}$。

基于目标的稀疏先验信息，目标场景 $\boldsymbol{x}$ 可以转化为如下的稀疏优化问题进行求解

$$\min\ \|\boldsymbol{x}\|_0\quad \text{s.t.}\quad \|\boldsymbol{s}-\boldsymbol{\Phi}\boldsymbol{x}\|_{\mathrm{F}}^2\leqslant\xi \tag{7-30}$$

式中：$\|\boldsymbol{x}\|_0$ 表示 L_0 范数；$\|\ \|_{\mathrm{F}}$ 表示 Frobenius 范数；ξ 为与噪声水平有关的常量。

假设回波矩阵的维度为 256×256，此时 $\boldsymbol{\Phi}$ 的维度为 $256^2\times512^2$，与此同时，$\boldsymbol{x}$ 的维度达到 512^2。对于如此庞大的矩阵，常规计算机已经无法处理。因此 7.3.2 节给出一种新的基于矩阵填充理论的稀疏信号恢复方法。

7.3.2　基于 MC 的稀疏高分辨成像方法

1）回波数据低秩特性分析

对于 MC 理论，其前提条件为数据矩阵必须具有低秩特性以及稀疏回波具

有随机性。在 7.3.1 节的分析中可以看出，回波稀疏位置满足随机性分布，为此此处分析了回波数据矩阵的低秩性质。

不失一般性，我们首先考虑只有一个强散射点的情况。此时，式(7-25)可以表示为

$$\boldsymbol{S}_1 = \begin{bmatrix} s(1,1) & s(1,2) & \cdots & s(1,\mathrm{Na}) \\ s(2,1) & s(2,2) & \cdots & s(2,\mathrm{Na}) \\ \vdots & \vdots & & \vdots \\ s(N,1) & s(N,2) & \cdots & s(1,\mathrm{Na}) \end{bmatrix} = \sigma \begin{bmatrix} a_1 \\ a_2 \\ \vdots \\ a_N \end{bmatrix} [b_1 \quad b_2 \quad \cdots \quad b_{\mathrm{Na}}] \tag{7-31}$$

式中：$a_n = \exp(-\mathrm{j}4\pi(n-1)\Delta fy/c)$，$b_2 = \exp(\mathrm{j}2\pi f_0 x\omega n_{\mathrm{a}} nT_{\mathrm{r}}/c)$。

实际上，目标是由 K 个强散射点组合而成的，因此包含有多个散射点的回波信号可以表示为

$$\boldsymbol{S} = \sum_{k=1}^{K} \boldsymbol{S}_k = \sum_{k=1}^{K} \delta_k \begin{bmatrix} a_{1,k} \\ a_{2,k} \\ \vdots \\ a_{N,k} \end{bmatrix} [b_{1,k} \quad b_{2,k} \quad \cdots \quad b_{\mathrm{Na},k}] \tag{7-32}$$

式中：$a_{n,k} = \exp(-\mathrm{j}4\pi n\Delta fy_k/c)$，$b_{2,k} = \exp(\mathrm{j}2\pi f_0 x_k \omega n_{\mathrm{a}} NT_{\mathrm{r}}/c)$。

根据低秩矩阵的特性，回波矩阵的秩满足

$$\mathrm{rank}(\boldsymbol{S}) = \mathrm{rank}\left(\sum_{k=1}^{K} \boldsymbol{S}_k\right) \leqslant \sum_{k=1}^{K} \mathrm{rank}(\boldsymbol{S}_k) = K \tag{7-33}$$

显然，上述不等式表示回波矩阵的秩小于目标散射点个数 K，也验证了回波数据具有低秩特性。

2）基于 MC 的稀疏重构模型

假设 $\boldsymbol{\Gamma}$ 表示回波信号 $\boldsymbol{S}$ 中接收信号位置的索引，此时接收的稀疏回波数据 $\boldsymbol{Y}_{\Gamma}$ 可以表示为

$$\boldsymbol{Y}_{\Gamma} = \begin{cases} S_{i,j}, & (i,j) \in \Gamma \\ 0, & \text{其他} \end{cases} \tag{7-34}$$

基于 MC 理论，根据回波数据的低秩特性，对于缺数数据的恢复问题可以转化为如下的秩最小化问题进行求解，即

$$\min_{S} \quad \mathrm{rank}(\boldsymbol{Y}) \quad \mathrm{s.t.} \quad \boldsymbol{Y}_{\Gamma} = \boldsymbol{S}_{\Gamma} \tag{7-35}$$

由于式(7-35)中的最小化问题为一个 NP 难问题，在实际中往往无法求解。为此可以将其松弛为如下的核范数优化问题进行求解，即

$$\min_{S} \quad \|\boldsymbol{Y}\|_* \quad \mathrm{s.t.} \quad \|\boldsymbol{Y}_{\Gamma} - \boldsymbol{S}_{\Gamma}\|_{\mathrm{F}}^2 \leqslant \delta \tag{7-36}$$

式中：$\|\cdot\|_*$表示核范数；$\|\cdot\|_F^2$表示F-范数；δ为与噪声有关的常数。

对于上述最小化问题，则可以利用相应的优化算法进行优化，如SVT算法、ADMiRA算法以及SVP算法等。由于SVT算法具有优化速度快、重构精度高等优势，因此本节采用SVT算法进行全数据的恢复，相应的算法实现过程可以参考文献[16]。

对于上述恢复的全数据回波矩阵，可以利用CS算法进行矩阵形式的二维成像处理。实际上，我们可以直接利用二维FFT即可得出最终的高分辨ISAR成像结果。最后给出本节所提方法的实现流程图如图7-8所示。

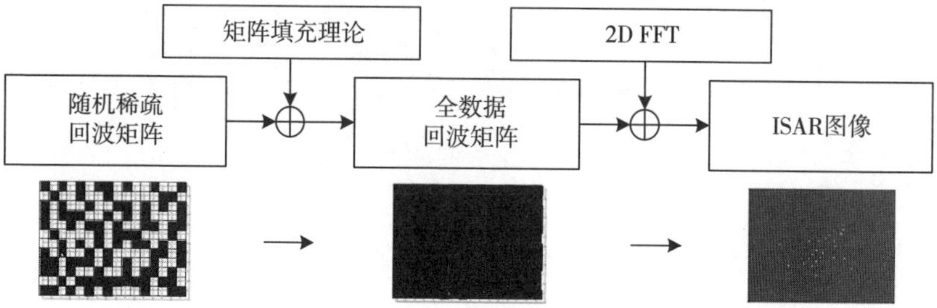

图7-8 所提方法实现流程示意图

7.3.3 实验验证与分析

进一步利用实测坦克T-72数据来进行验证，该数据为步进频率数据，数据维度为221×79，其实物原型以及全数据条件下的成像结果如图7-9所示。仍然假设用ρ表示回波的采样率，此时的计算方法为$\alpha = L/N\mathrm{Na}$，其中，L为所有接收到的子脉冲采样点个数。在对目标场景进行网格划分是假设$P = 2N$以及$Q=2\mathrm{Na}$。由于向量化CS方法要求的内存容量巨大，普通计算机根本无法实现，因此此处没有给出其相应的计算结果，只给出了传统RD算法以及矩阵形式CS处理的结果作为对比，其中，矩阵CS方法直接利用稀疏数据进行处理，且采用的是2D-SL0算法。图7-10为不同采样率条件下不同算法的成像结果。

从图7-10的结果可以看出：在回波随机稀疏条件下，传统RD算法出现很多虚假的重构点，使得重构图像不能很好地聚焦。利用CS方法进行重构时，由于在进行矩阵维直接处理时无法根据数据的随机稀疏设置对应的距离、方位二维稀疏基字典，因此导致最终的重构结果出现较多的虚假点。另外由于2D-SL0算法在重构时只得到目标较强的散射点，丢失了很多目标细节信息，与原图像相比，重构图像存在明显的失真。而本节所提基于MC的重构方法，首先可以根据数据低秩特征恢复出全数据，然后再利用二维FFT得到最终的成像结果，从结果可以看出相比于其他两种方法成像结果最好，具有明显的优势。

（a）目标实际图像

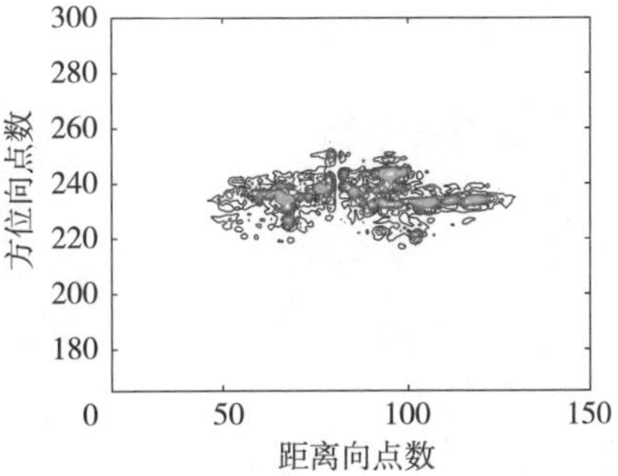

（b）全数据条件下的成像结果

图 7-9 实测数据示意图

为进一步说明本节方法的有效性，图 7-11 中给出了不同采样率以及不同信噪比条件下的重构结果误差（Er）曲线，其中，研究不同采样率条件下的重构性能时，固定信噪比为 10dB 不变，同样的对于不同信噪比下的重构误差仿真，其采样率设置为 0.5 不变。RMSE 表示输入图像与参考图像的均方误差，其计算公式可以写为

$$\mathrm{Er}=\frac{\|\boldsymbol{X}-\hat{\boldsymbol{X}}\|_{\mathrm{F}}^{2}}{\|\boldsymbol{X}\|_{\mathrm{F}}^{2}} \tag{7-37}$$

式中：$\boldsymbol{X}$ 和 $\hat{\boldsymbol{X}}$ 分别表示全数据下以及稀疏数据条件下重构结果对应的矩阵。因此，RMSE 越大，对应的重构效果越差。

从图 7-9 中也可以看出，由于矩阵维直接处理的 CS 方法没有根据数据随机稀疏位置设置稀疏基，从而存在模型失配的问题，因此在不同条件下重构误差最大。而本节方法由于进行全数据恢复，因此其重构误差明显小于直接进行 RD 处理的误差，上述结果也进一步验证了本节方法的有效性。

本节提出一种新的二维稀疏 SF ISAR 高分辨成像方法。利用观测数据矩阵的低秩性质，用 MC 方法首先估计出完整的数据矩阵。在恢复数据的基础上，直接利用二维 FFT 得出最终的高分辨率图像。与其他方法相比，该方法在低采样率和低信噪比条件下可以有效地抑制虚假重构，获得高分辨率图像，具有简单易实现的优势，最后的实测数据实验验证了该方法的有效性。另外，在实际雷达工作中，不可避免会出现强干扰等恶劣情况，由于干扰的存在，使得传统矩阵填充方法性能下降，因此研究强干扰下的稀疏恢复问题将是下一步研究的重点。

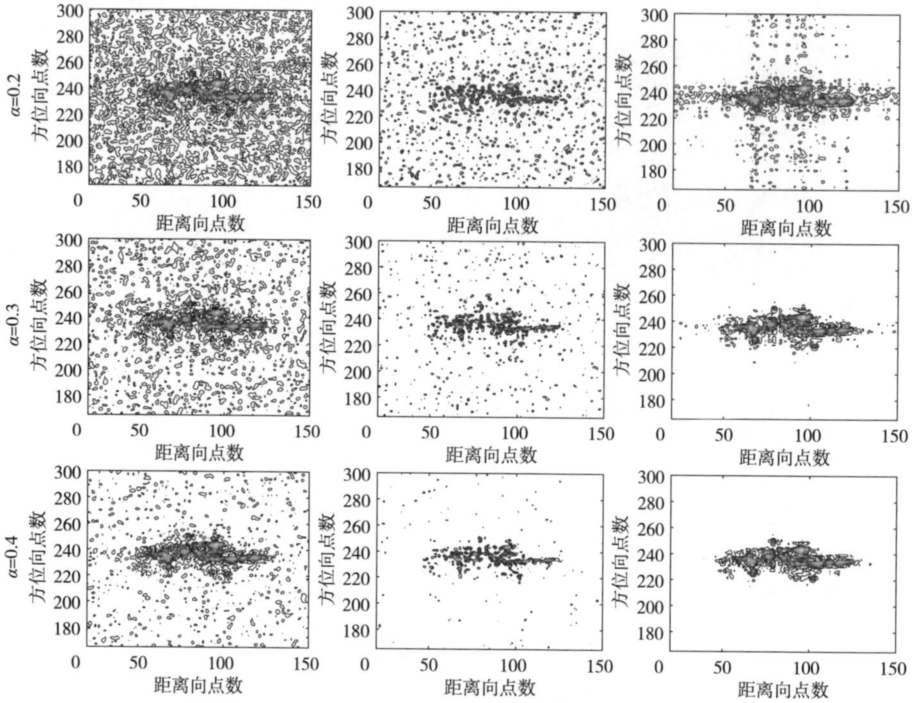

（a）RD算法　（b）CS方法　（c）MC方法

图 7-10　不同采样率条件下的成像结果对比

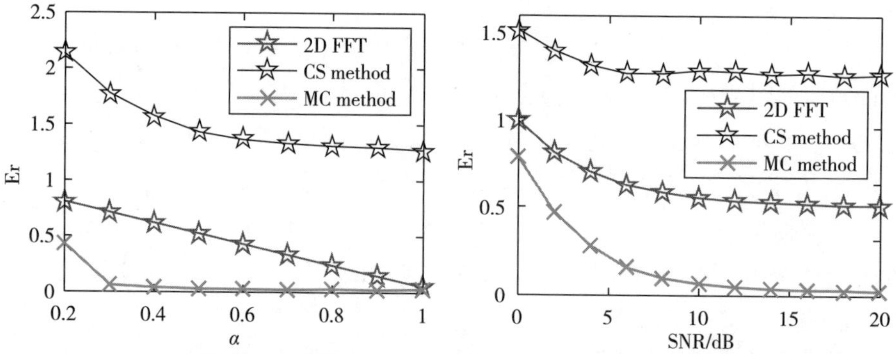

（a）不同采样率下的性能曲线　（b）不同信噪比下的性能曲线

图 7-11　不同条件下的成像结果误差对比曲线

7.4　基于联合自聚焦与二维成像的高分辨 SF ISAR 成像

精确的运动补偿是实现高分辨率 ISAR 成像的前提，在实际处理中运动补偿通常分为包络对齐与相位聚焦两个步骤。如果目标运动没有得到精确补偿，则残余运动将导致剩余的相位误差出现,从而使得成像结果的散焦。此外,一些其他因素,如系统误差等,会进一步恶化成像质量。因此,相位聚焦是高分辨率成像的关键步骤。然而,大多数依赖于不同脉冲之间高相干性的自聚焦算法并不适用于不完整的数据,因此信号的稀疏将会削弱脉冲之间的相干性。事实上,相比于 LFM ISAR 只有方位向脉组间存在相位误差,SF ISAR 需要将距离向发射的脉冲串合成得到高分辨距离像,因此在运动补偿后,所有子脉冲之间均存在相位误差。因此,本节针对存在相位误差的 SF ISAR 成像问题,提出了一种二维成像与自聚焦联合处理的高分辨 SF ISAR 成像方法。

7.4.1 二维稀疏回波模型

我们假设回波数据为二维稀疏回波,其回波信号可以表示为

$$s(\hat{t},n,n_{\mathrm{a}}) = \sum_{k=1}^{K}\sigma_k \mathrm{rect}\left(\frac{\hat{t}-2R_k(t)/c}{T}\right)\exp[\mathrm{j}2\pi(f_0+(n-1)\Delta f)(\hat{t}-2R_k(t)/c)] \tag{7-38}$$

式中:$n=[0,1,\cdots,N-1]$;$n_{\mathrm{a}}=[0,1,\cdots,\mathrm{Na}-1]$。$\mathrm{rect}(\cdot)$ 表示矩形窗;$\hat{t}$ 和 t 分别表示快慢时间;$\sigma_k(k=1,2,\cdots,K)$ 表示第 k 个散射点的强度;f_0 为中心频率;Δf 为载频步进量;$R_k(t)$ 为第 k 个散射点在 t 时刻与雷达之间的距离。在"走-停"模式下,通过补偿后的距离 $R_k(t)$ 可以表示为

$$R_k(t) \approx y_k + x_k\omega(nT_{\mathrm{r}}+n_{\mathrm{a}}NT_{\mathrm{r}}) \tag{7-39}$$

将式(7-39)代入式(7-38)中可以得到

$$s(n,n_{\mathrm{a}}) = \mathrm{e}^{\mathrm{j}\varphi(n,n_{\mathrm{a}})}\sum_{k=1}^{K}\sigma_k \exp[-\mathrm{j}2\pi(f_0+(n-1)\Delta f)(y_k+x_k\omega(nT_{\mathrm{r}}+n_{\mathrm{a}}NT_{\mathrm{r}}))/c] \tag{7-40}$$

式中:$\varphi(n,n_{\mathrm{a}})$ 表示由于补偿精度不够而带来的二维随机误差。进一步,式(7-40)可以转换为式(7-41)的矩阵形式,即

$$\boldsymbol{Y}=\boldsymbol{E}\odot[\boldsymbol{\Phi}_{\mathrm{r}}\boldsymbol{X}\boldsymbol{\Phi}_{\mathrm{a}}^{\mathrm{T}}]+\boldsymbol{W} \tag{7-41}$$

式中:$s(n,n_{\mathrm{a}})$ 可以表示为 $\boldsymbol{Y}\in\mathbb{C}^{M\times H}$;$\boldsymbol{\Phi}_{\mathrm{r}}\in\mathbb{C}^{M\times N}(N>M)$;$\boldsymbol{\Phi}_{\mathrm{a}}\in\mathbb{C}^{H\times \mathrm{Na}}(\mathrm{Na}>H)$ 分别表示距离方位向的字典矩阵;$\odot$ 表示 Hadamard 乘积;$\boldsymbol{W}$ 为噪声矩阵。$\boldsymbol{X}\in\mathbb{C}^{N\times \mathrm{Na}}$ 表示需要恢复的稀疏场景。$\boldsymbol{E}\in\mathbb{C}^{M\times H}$ 代表二维误差,可以表示为

$$
\boldsymbol{E}=\begin{bmatrix} e^{j\varphi(1,1)} & e^{j\varphi(1,2)} & \cdots & e^{j\varphi(1,H)} \\ e^{j\varphi(2,1)} & e^{j\varphi(2,2)} & \cdots & e^{j\varphi(2,H)} \\ \vdots & \vdots & & \vdots \\ e^{j\varphi(M,1)} & e^{j\varphi(M,2)} & \cdots & e^{j\varphi(M,H)} \end{bmatrix}_{M\times H} \tag{7-42}
$$

为了重构上述模型,经过行列堆栈,可以得到向量化的重构模型为

$$
\boldsymbol{y}=\boldsymbol{e}(\boldsymbol{\Phi}_{\mathrm{a}}\otimes\boldsymbol{\Phi}_{\mathrm{r}})\boldsymbol{x}+\boldsymbol{w}=\boldsymbol{efx}+\boldsymbol{w} \tag{7-43}
$$

式中:Vec(·)表示向量化操作; ⊗ 为 Kronecker 积; $\boldsymbol{y}=\mathrm{Vec}(\boldsymbol{Y})\in\mathbb{C}^{MH\times1}$; $\boldsymbol{x}=\mathrm{Vec}(\boldsymbol{X})\in\mathbb{C}^{N\mathrm{Na}\times1}$; $\boldsymbol{w}=\mathrm{Vec}(\boldsymbol{W})\in\mathbb{C}^{MH\times1}$; $\boldsymbol{e}\in\mathbb{C}^{MH\times MH}$可以表示为

$$
\boldsymbol{e}=\mathrm{diag}\{e^{j\phi_{1,1}},\cdots,e^{j\phi_{M,1}},e^{j\phi_{1,2}},\cdots,e^{j\phi_{M,H}}\}=\begin{bmatrix} e^{j\phi_{1,1}} & & & 0 \\ & e^{j\phi_{2,2}} & & \\ & & \ddots & \\ 0 & & & e^{j\phi_{M,H}} \end{bmatrix}_{MH\times MH} \tag{7-44}
$$

为求解上述模型,根据稀疏重构原理,可以将其转化为如下的 l_1 范数优化问题,即

$$
\hat{\boldsymbol{x}}=\arg\min_{\boldsymbol{e},\boldsymbol{x}}\quad \lambda\ \|\boldsymbol{x}\|_1+\frac{1}{2}\|\boldsymbol{y}-\boldsymbol{efx}\|_2^2 \tag{7-45}
$$

式中: λ 为正则化参数; $\|\cdot\|_p$ 表示矩阵的 l_p 范数。此时重构任务转换为从存在相位误差和噪声的二维降采样回波数据中获得高质量的成像结果。尽管许多算法可以解决上述稀疏优化问题,但大多数算法没有考虑二维误差的影响,影响了成像质量的提高。

7.4.2 基于 2D ADMM 的联合自聚焦与二维成像算法

对于上述问题,实际上有两个优化问题,即误差矩阵 $\boldsymbol{E}$ 以及二维重构结果 $\boldsymbol{X}$ 的优化。因此,我们可以将其转化为两个问题的交替优化问题来求解,即先固定 $\boldsymbol{E}$,获得优化的 $\boldsymbol{X}$ 结果;在 $\boldsymbol{X}$ 结果的基础上,再次优化更新误差矩阵 $\boldsymbol{E}$。上述过程可以表示为

$$
\begin{cases} \hat{\boldsymbol{x}}_{l+1}=\arg\min\limits_{\boldsymbol{x}}\quad \lambda\ \|\boldsymbol{x}_l\|_1+\dfrac{1}{2}\|\boldsymbol{y}-\boldsymbol{e}_l\boldsymbol{fx}_l\|_2^2 \\ \hat{\boldsymbol{e}}_{l+1}=\arg\min\limits_{\boldsymbol{e}}\quad \|\boldsymbol{y}-\boldsymbol{e}_l\boldsymbol{fx}_{l+1}\|_2^2 \end{cases} \tag{7-46}
$$

式中: l 表示第 l 次迭代。

1)二维成像处理过程

对于第一个 $\boldsymbol{X}$ 优化问题,可以借助于 2D-ADMM 模型来处理,为此借助于

辅助变量 $\boldsymbol{v}$,第一个优化问题可以转换为

$$J(\hat{\boldsymbol{x}},\hat{\boldsymbol{v}},\hat{\boldsymbol{a}}) = \frac{1}{2}\ \|\boldsymbol{y} - \boldsymbol{efx}\|_2^2 + \lambda\ \|\boldsymbol{v}\|_1 + \langle \boldsymbol{ax} - \boldsymbol{v}\rangle + \frac{\delta}{2}\ \|\boldsymbol{x} - \boldsymbol{v}\|_2^2 \tag{7-47}$$

式中:$\boldsymbol{a}$ 为拉格朗日乘子;δ 为惩罚参数;$\langle , \rangle$ 表示内积。

基于 ADMM 处理过程,可以基于式(7-48)来进行交替迭代更新,即

$$\begin{cases} \boldsymbol{x}_{p+1} = \arg\min\limits_{\boldsymbol{x}}\quad \frac{1}{2}\ \|\boldsymbol{y} - \boldsymbol{efx}_p\|_2^2 + \langle \boldsymbol{a}_p, \boldsymbol{x}_p - \boldsymbol{v}_p\rangle + \frac{\delta}{2}\ \|\boldsymbol{x}_p - \boldsymbol{v}_p\|_2^2 \\ \boldsymbol{v}_{p+1} = \arg\min\limits_{\boldsymbol{b}}\quad \lambda\ \|\boldsymbol{v}_p\|_1 + \langle \boldsymbol{a}_p, \boldsymbol{x}_{p+1} - \boldsymbol{v}_p\rangle + \frac{\delta}{2}\ \|\boldsymbol{x}_{p+1} - \boldsymbol{v}_p\|_2^2 \\ \boldsymbol{a}_{p+1} = \boldsymbol{a}_p + \delta(\boldsymbol{x}_{p+1} - \boldsymbol{v}_{p+1}) \end{cases} \tag{7-48}$$

进一步,上述迭代可以获得如下的处理结果:

$$\begin{cases} \boldsymbol{x}_{p+1} = \left(\boldsymbol{v}_p - \frac{1}{\delta}\boldsymbol{a}_p\right) - \frac{1}{1+\delta}\boldsymbol{f}^{\mathrm{H}}\left(\boldsymbol{f}\left(\boldsymbol{v}_p - \frac{1}{\delta}\boldsymbol{a}_p\right) - \boldsymbol{e}^{\mathrm{H}}\boldsymbol{y}\right) \\ \boldsymbol{v}_{p+1} = Z(\boldsymbol{x}_{p+1} + \boldsymbol{a}_p/\delta; \lambda/\delta) \\ \boldsymbol{a}_{p+1} = \boldsymbol{a}_p + \delta(\boldsymbol{x}_{p+1} - \boldsymbol{v}_{p+1}) \end{cases} \tag{7-49}$$

式中:$Z(\cdot)$表示收缩函数。

由于上述求解过程是基于向量化处理结果进行处理,为降低运算量,我们首先对其进行矩阵化变形,其中的第一个子式可以表示为

$$\boldsymbol{f}^{\mathrm{H}}\left(\boldsymbol{f}\left(\boldsymbol{v} - \frac{1}{\delta}\boldsymbol{a}\right) - \boldsymbol{e}^{\mathrm{H}}\boldsymbol{y}\right) = \boldsymbol{f}^{\mathrm{H}}\boldsymbol{f}\left(\boldsymbol{v} - \frac{1}{\delta}\boldsymbol{a}\right) - \boldsymbol{f}^{\mathrm{H}}\boldsymbol{e}^{\mathrm{H}}\boldsymbol{y} =$$

$$(\boldsymbol{\Phi}_{\mathrm{r}}^{\mathrm{H}}\boldsymbol{\Phi}_{\mathrm{r}}) \otimes (\boldsymbol{\Phi}_{\mathrm{a}}^{\mathrm{H}}\boldsymbol{\Phi}_{\mathrm{a}})\mathrm{Vec}\left(\boldsymbol{V} - \frac{1}{\delta}\boldsymbol{A}\right) - (\boldsymbol{\Phi}_{\mathrm{r}}^{\mathrm{H}} \otimes \boldsymbol{\Phi}_{\mathrm{a}}^{\mathrm{H}})(\Xi(\boldsymbol{E}^{\mathrm{H}}) \odot \mathrm{Vec}(\boldsymbol{Y})) =$$

$$\mathrm{Vec}\left(\boldsymbol{\Phi}_{\mathrm{a}}^{\mathrm{H}}\left(\boldsymbol{\Phi}_{\mathrm{a}}\left(\boldsymbol{V} - \frac{1}{\delta}\boldsymbol{A}\right)\boldsymbol{\Phi}_{\mathrm{r}}^{\mathrm{T}} - \boldsymbol{U}\right)\boldsymbol{\Phi}_{\mathrm{r}}^{*}\right) \tag{7-50}$$

式中:$\boldsymbol{v} = \mathrm{Vec}(\boldsymbol{V})$;$\boldsymbol{a} = \mathrm{Vec}(\boldsymbol{A})$;$(\cdot)^*$ 表示卷积;$\Xi(\boldsymbol{E}^{\mathrm{H}})$ 表示将向量 $\boldsymbol{e}^{\mathrm{H}}$ 转化为矩阵 $\boldsymbol{E}^{\mathrm{H}}$ 的对角线元素的操作;$\boldsymbol{U} = \Xi(\boldsymbol{E}^{\mathrm{H}}) \odot \mathrm{vec}(\boldsymbol{Y})$。因此,第一个子式可以表示为

$$\boldsymbol{X}_{p+1} = \left(\boldsymbol{V}_p - \frac{1}{\delta}\boldsymbol{A}_p\right) - \frac{1}{1+\delta}\boldsymbol{\Phi}_{\mathrm{a}}^{\mathrm{H}}\left(\boldsymbol{\Phi}_{\mathrm{a}}\left(\boldsymbol{V}_p - \frac{1}{\delta}\boldsymbol{A}_p\right)\boldsymbol{\Phi}_{\mathrm{r}}^{\mathrm{T}} - \boldsymbol{U}_p\right)\boldsymbol{\Phi}_{\mathrm{r}}^{*} \tag{7-51}$$

相似的,我们可以得到其他两个式子的矩阵化形式为

$$\boldsymbol{V}_{p+1} = \mathrm{Z}(\boldsymbol{X}_{p+1} + \boldsymbol{A}_p/\delta, \lambda/\delta) \tag{7-52}$$

$$\boldsymbol{A}_{p+1} = \boldsymbol{A}_p + \delta(\boldsymbol{X}_{p+1} - \boldsymbol{V}_{p+1}) \tag{7-53}$$

2)相位自聚焦处理过程

对于第二个优化问题,即随机相位误差 $\boldsymbol{E}$ 的优化,我们可以利用式(7-54)来获得:

$$\arg\min_{X} \sum_{m=1}^{M}\sum_{h=1}^{H} \| \boldsymbol{Y}_{m,h} - \mathrm{e}^{\mathrm{j}\phi_{m,h}^{p+1}} (\boldsymbol{\Phi}_{\mathrm{r}} (\boldsymbol{X}_{p+1}\boldsymbol{\Phi}_{\mathrm{a}}^{\mathrm{T}})_{\cdot,h})_{m,\cdot} \|_2^2 \tag{7-54}$$

式中:$(\cdot)_{m,\cdot}$ 和 $(\cdot)_{\cdot,h}$ 分别表示矩阵的第 m 行和第 h 列。对于 $\boldsymbol{E}$ 的第 h 列,其优化结果可以写为

$$\arg\min_{X} \| \boldsymbol{Y}_{\cdot,h} - \hat{\boldsymbol{E}}_{p+1}^{h}(\boldsymbol{\Phi}_{\mathrm{r}} (\boldsymbol{X}_{p+1}\boldsymbol{\Phi}_{\mathrm{a}}^{\mathrm{T}})_{\cdot,h}) \|_2^2 \quad h = 1,2,\cdots,H \tag{7-55}$$

式中:$\hat{\boldsymbol{E}}_{p+1}^{h}$ 是一个对角矩阵,且 $\hat{\boldsymbol{E}}_{p+1}^{h} = \mathrm{diag}[\mathrm{e}^{\mathrm{j}\phi_{1,h}^{p+1}},\mathrm{e}^{\mathrm{j}\phi_{2,h}^{p+1}},\cdots,\mathrm{e}^{\mathrm{j}\phi_{M,h}^{p+1}}]_{M\times M}$。对式(7-55)求导后,其最优解可以表示为

$$\frac{\partial}{\partial \hat{\boldsymbol{E}}_{p+1}^{h}} \| \boldsymbol{Y}_{\cdot,h} - \hat{\boldsymbol{E}}_{p+1}^{h}(\boldsymbol{\Phi}_{\mathrm{r}} (\boldsymbol{X}_{p+1}\boldsymbol{\Phi}_{\mathrm{a}}^{\mathrm{T}})_{\cdot,h}) \|_2^2 = 0$$

$$\Rightarrow \hat{\boldsymbol{E}}_{p+1}^{h} = \mathrm{diag}\{\exp\{\mathrm{j}\cdot[\mathrm{angle}[\boldsymbol{Y}_{\cdot,h}\cdot((\boldsymbol{\Phi}_{\mathrm{r}} (\boldsymbol{X}_{p+1}\boldsymbol{\Phi}_{\mathrm{a}}^{\mathrm{T}})_{\cdot,h}))^{\mathrm{H}}]]\}\} \tag{7-56}$$

式中:angle$(\cdot)$ 表示取相位运算。那么最终的优化 $\boldsymbol{E}_{l+1}$ 可以表示为

$$\boldsymbol{E}_{p+1} = [\Xi\{\hat{\boldsymbol{E}}_{p+1}^{1}\},\Xi\{\hat{\boldsymbol{E}}_{p+1}^{2}\},\cdots,\Xi\{\hat{\boldsymbol{E}}_{p+1}^{H}\}] \tag{7-57}$$

当获得更新后的 $\boldsymbol{E}$ 后,可以继续对 $\boldsymbol{X}$ 进行更新,因此可以总结出在存在二维相位误差情况下的稀疏高分辨成像算法,如表 7-3 所列。

表 7-3 联合 ISAR 成像与自聚焦方法算法 1

算法 1 基于 2D-ADMM 算法的 ISAR 成像与自聚焦方法(2D-ADIA)
输入: $\boldsymbol{Y} \in \mathbb{C}^{M\times H}$ **初始化:** $\boldsymbol{V}_0,\boldsymbol{A}_0,\boldsymbol{E}_0,p=1,i=1$。 /最大循环次数 P /最大循环次数 I (1)基于(7-51)更新 $\boldsymbol{X}_{i+1}$; (2)基于(7-52)更新 $\boldsymbol{V}_{i+1}$; (3)基于(7-53)更新 $\boldsymbol{A}_{i+1}$; (4) $i = i + 1$ /结束 (5)基于式(7-56)与式(7-57)更新 $\boldsymbol{E}_{p+1}$; (6) $p = p + 1$; /结束 **输出:** $\boldsymbol{X},\boldsymbol{E}$

在上述算法实现过程中,(1)~(4)步骤可以称为内循环,通过 P 次循环后,获得更新后的 $\boldsymbol{X}$ 值。在此基础上,再对 $\boldsymbol{E}$ 进行更新。其中,初始值 $\boldsymbol{V}_0,\boldsymbol{A}_0$ 均设置为全 0 矩阵,初始二维误差矩阵 $\boldsymbol{E}_0$ 可以设置为全 1 矩阵。参数 λ 可以设置为 1, δ 与噪声水平有关,一般可以设置为 $\mu \cdot \|\boldsymbol{U}\|_F$, 其中, μ 可以设置在 0001~0005。可以看出,算法存在两层循环,其中的终止条件可以设置为达到最大的迭代个数。根据经验值,一般设置最大内层循环次数为 100,最大外层循环次数为 10。此外,还可以设置为依据误差精度来停止迭代,相应的误差精度可以设置为 $\|\boldsymbol{X}^{i+1}-\boldsymbol{X}^{i}\|_F^2/\|\boldsymbol{X}^{i}\|_F^2 \leqslant 10^{-5}$, $\|\boldsymbol{E}^{p+1}-\boldsymbol{E}^{p}\|_F^2/\|\boldsymbol{E}^{p}\|_F^2 \leqslant 10^{-5}$ 。

实际上,上述算法在更新 $\boldsymbol{E}$ 时,需要通过内循环获得更新后的 $\boldsymbol{X}$ 值,这样的处理过程较为繁琐与耗时。实际上,每次更新 $\boldsymbol{E}$ 时,并不需要通过多次内循环获得较为精确的 $\boldsymbol{X}$ 值。在实践操作中,通过一次内循环获得的 $\boldsymbol{X}$ 值足以确保 $\boldsymbol{E}$ 值更新的要求,为此在算法 1 的基础上,可以进一步获得精简的二维联合自聚焦与 ISAR 成像处理算法,称之为非精确的基于 2D-ADMM 的相位误差修正与高分辨成像算法(2D-IADIA),如表 7-4 所列。与算法 1 相似,其迭代停止条件同样可以依据最大迭代次数以及重构误差大小,此处不再赘述。

表 7-4　联合 ISAR 成像与自聚焦方法算法 2

算法 2:基于 2D-ADMM 的相位误差修正与高分辨成像算法(2D-IADIA)
输入:$\boldsymbol{Y} \in \mathbb{C}^{M\times H}$ 初始化:$\boldsymbol{V}_0,\boldsymbol{A}_0,\boldsymbol{E}_0,p=1$。 /最大循环次数 P (7)基于(7-51)更新 $\boldsymbol{X}_{p+1}$; (8)基于(7-52)更新 $\boldsymbol{V}_{p+1}$; (9)基于(7-53)更新 $\boldsymbol{A}_{p+1}$; (10)基于式(7-56) 与式(7-57)更新 $\boldsymbol{E}_{p+1}$; (11) $p=p+1$; /结束 输出:$\boldsymbol{X}$

3)算法复杂度分析

最后,进一步分析所提方法的计算复杂度。在 2D-ADIA 和 2D-IADIA 中,主要的计算负担来自式(7-51)~式(7-53)以及式(7-56)~式(7-57)的循环更新。对于式(7-51),主要耗时的运算来自四个矩阵乘法,而这刚好类似于 FFT 和 IFFT 运算,因此对应的计算复杂度可以表示为 $O(2MP\log M + 2\mathrm{Na}Q\log \mathrm{Na})$ 。对于式(7-51)、式(7-52)和式(7-57),只进行了一些矩阵加法运算,因此计算复杂度可以忽略。对于式(7-56),主要包含三个矩阵乘法,其计

算复杂度为 $O(HM^2)+O(H(MP\log M+\mathrm{Na}Q\log \mathrm{Na}))$。假设内部最大迭代次数和外部迭代次数分别为 I 和 L。对应的 2D-ADIA 和 2D-IADIA 的总计算复杂度可以表示为 $O(L((HM^2+H(2MP\log M+2\mathrm{Na}Q\log \mathrm{Na}))+IH(2MP\log M+2\mathrm{Na}Q\log \mathrm{Na})))$ 以及 $O(I(HM^2+H(3MP\log M+3\mathrm{Na}Q\log \mathrm{Na})))$。显然,在相同的迭代次数条件下,2D-IADIA 的复杂度低于 2D-ADIA。此外,2D-ADMM 可以在几十次迭代内收敛到所需的精度,因此,所提出的方法在实际应用中具有相当高的计算效率。

7.4.3 实验验证与分析

在本节中,分别使用仿真数据和实测数据来验证所提方法在不同相位误差、采样率(SPR)和信噪比(SNR)条件下的性能。所有实验均在一台配备 Inter-CoreTM i7 CPU、16GB RAM 的电脑上运行得到。为了获取二维稀疏回波信号,实验中从完整数据中随机抽取子脉冲和脉组。此外,图像熵(IE)和目标背景比(TBR)用于评估不同方法的成像性能。为了便于比较,在接下来的实验中也给出了利用 2D-ADMM 和 2D Untrained ADMM-Net(2D-UADN)算法获得的成像结果。

1)仿真数据分析

首先使用仿真数据来验证所提方法性能。仿真信号为 X 波段步进频率雷达,其关键参数如表 7-5 所列。目标模型由总共 34 个独立的散射点组成,利用 2D-ADMM 算法获得的成像结果如图 7-12 所示,在处理时,所有回波参与重构且没有添加相位误差。

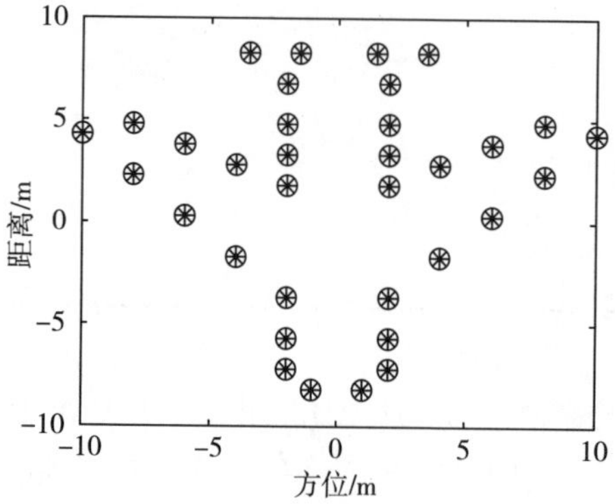

(a)散射点模型

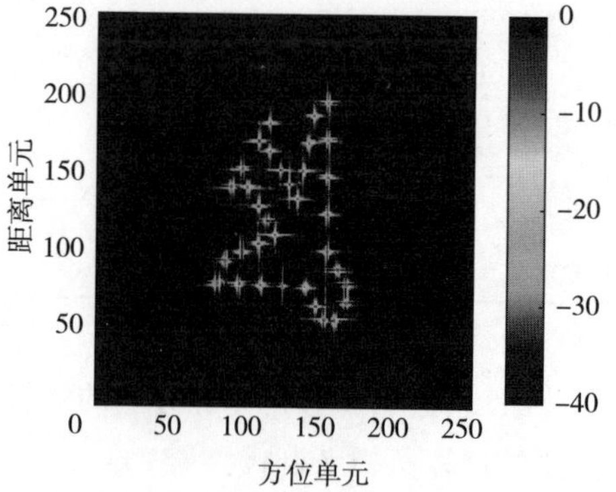

(b)全数据条件下成像结果

图 7-12　仿真数据散射点成像结果示意

表 7-5　仿真雷达关键参数

雷达参数	数值	雷达参数	数值
初始频率(f_0)/GHz	10	合成总带宽 ($N\Delta f$)/MHz	640
子脉冲个数 (N)/个	256	总的脉组个数 (Na)/个	256
载频步进量 (Δf)/MHz	25	旋转角速度 (ω)/rad/s	0.015

在上述参数条件下,给原始回波信号添加三种不同的二维相位误差类型,即随机、线性和混合(随机+线性),并利用不同算法进行成像实验,以验证所提出方法的二维相位误差估计能力。具体地说,混合相位误差是由随机误差和线性误差的平均值获得,相加的相位误差幅度方差为 π。此外,信噪比设置为 20dB。图 7-13 所示的为采样率为(0.7,0.7)时,四种方法获得的重建结果,其中,第一列为添加的二维相位误差示意图,第二、第三、第四和第五列分别给出了 2D-ADMM、2D-UADN 和所提 2D-ADIA、2D-IADIA 算法获得的最终成像结果。

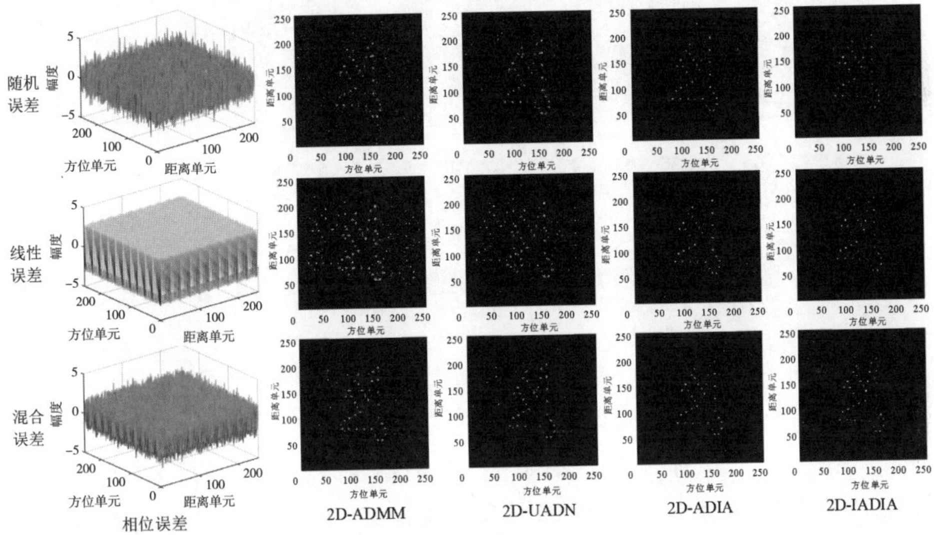

图 7-13　采样率为(0.7,0.7)条件下,分别添加随机、线性以及混合相位误差时的成像结果

从图 7-13 中可以看出,在所有给定的相位误差类型下,2D-ADMM 获得的图像均被大量的虚假散射点所污染,主要原因是 2D-ADMM 不具有估计和补偿相位误差的能力。对于 2D-UADN,它可以估计方位向上存在的相位误差,但对距离向上的相位误差没有估计能力。因此,所获得的成像结果虽然比 2D-ADMM 有很大程度的改善,但仍然存在一些虚假散射点和噪声基底。相反,所提出的 2D-ADIA 和 2D-IADIA 可以在所有给定相位误差条件下获得干净和聚焦的图像,这验证了其对不同相位误差的稳健性。特别是,在线性相位误差的情况下,用 2D-ADMM 和 2D-UADN 获得的图像具有很多的重影图像,而所提

出的两种算法仍然获得了较好的结果,表明所提方法比其他方法具有更好的性能。此外,通过分析 2D-ADIA 和 2D-IADIA 获得的两幅图像较为接近,也表示出两者相似的重构性能。

为了进一步验证所提方法在不同 SPR 条件下的性能,进一步给出了采样率为(0.5,0.5)以及(0.3,0.3)情况下不同算法成像,分别如图 7-14 和图 7-15 所示。其中,图中前四列显示了四种方法的成像结果,第五列给出了相应的图像熵值变化情况。此外,SNR 设置为 20dB,由于 2D-ADIA 存在内循环与外循环,因此 2D-ADIA 对应的熵值曲线是最后一次外循环的结果。

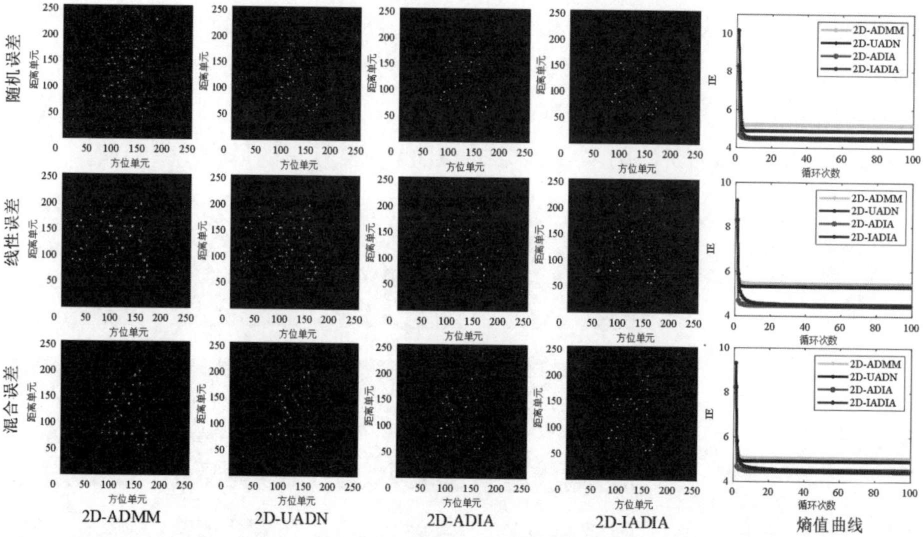

图 7-14　采样率为(0.5,0.5)条件下,分别添加随机、线性以及混合相位误差时的成像结果

从上述两个对比图中可以看出,四种方法都可以快速收敛到低的图像熵值位置并保持稳定。具体地,2D-ADMM 在所有给定条件下具有最大的图像熵,并且 2D-UADN 具有比 2D-ADMM 更低的图像熵。图 7-14 和图 7-15 第一列和第二列的成像结果也表明,与 2D-ADMM 相比,2D-UADN 可以提高成像质量,但两种方法的成像结果都受到 SPR 和不同相位误差的影响。相反,在所有给定的 SPR 和相位误差条件下,所提 2D-ADIA 和 2D-IADIA 比 2D-ADMM 和 2D-UADN 具有最低的图像熵,反映了它们最好的自聚焦能力和成像性能。通过比较 2D-ADIA 和 2D-IADIA 获得的图像,可以发现,2D-IADI 与 2D-ADIA 具有相似的聚焦图像,存在较少的虚假散射点和最低的噪声基底。仅在采样率为(0.3,0.3)的情况下,2D-IADIA 的估计性能略有下降。因此,上述实验进一步验证了所提方法相对于其他两种方法的优越性能。

进一步比较不同噪声条件下,所提方法的成像与误差校正性能。由于上一

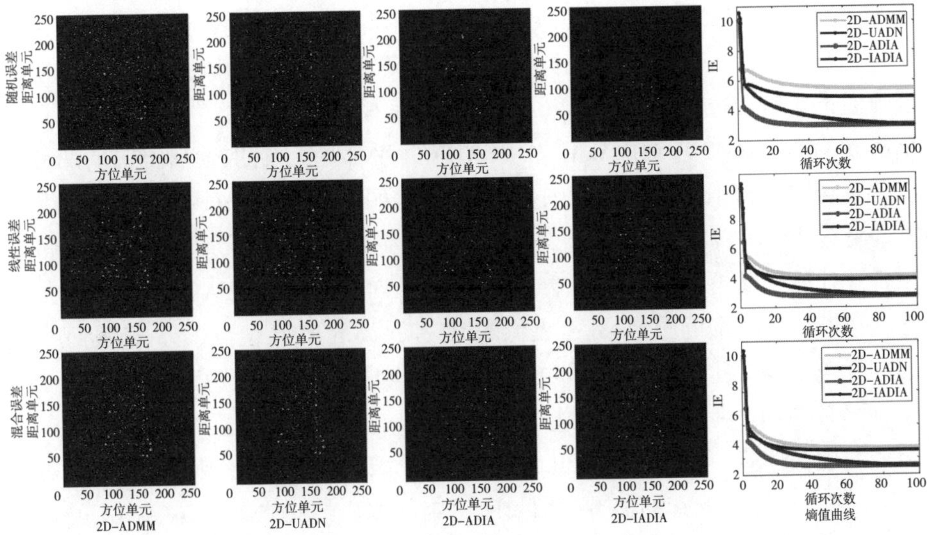

图 7-15　采样率为(0.3,0.3)条件下,分别添加随机、线性以及混合相位误差时的成像结果

实验已经验证了所提方法对不同相位误差的稳健性能,因此本实验只给出添加二维随机相位误差时的成像结果。将采样率设置为(0.5,0.5),即从完整数据中随机选择 128 个子脉冲和 128 个脉组,且 SNR 分别设置为 0dB、5dB 和 10dB,图 7-16 给出了上述四种方法获得的图像结果。与图 7-15 相似,图中的五列图像分别显示了不同算法的 ISAR 成像结果和相应的图像熵变化情况。

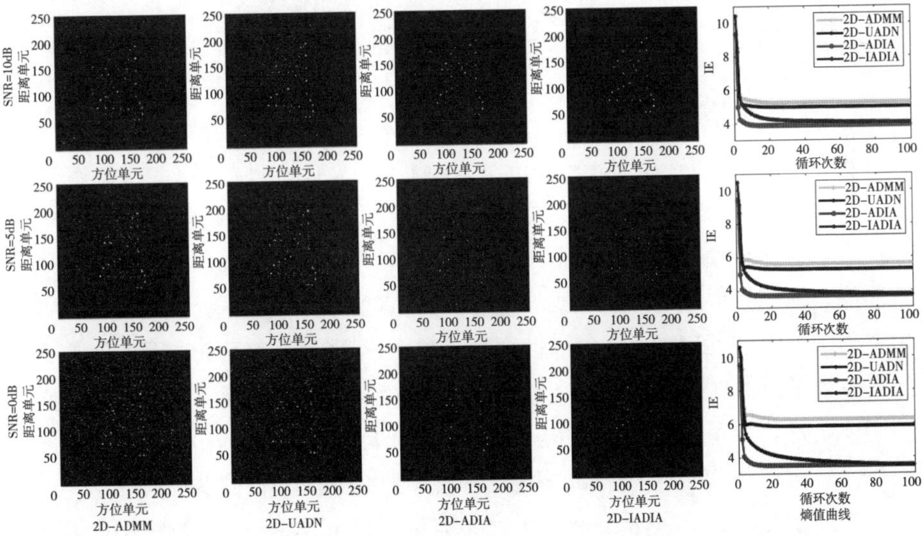

图 7-16　采样率为(0.5,0.5)时,不同信噪比条件下不同算法成像结果对比示意图

类似地,可以看出,在所有给定的 SNR 下,所提出的 2D-ADIA 和 2D-IADIA 获得了最低的图像熵和最佳的聚焦图像,而 2D-ADMM 重构结果具有较

高的噪声基底，与之对应的是最大的图像熵和较差的成像结果。尽管 2D-UADN 具有估计方位向相位误差的能力，但其成像性能受到低信噪比和 2D 相位误差的影响，在成像过程中会引入较多的虚假散射点和噪声基底。特别是当信噪比为 0dB 时，2D-ADMM 和 2D-UADN 几乎都是无效的，而所提出的两种方法仍然可以获得干净和聚焦的图像，进一步表明了所提算法对噪声的稳健性。

此外，图 7-17 进一步给出了这四种方法在 IE、TBR 以及计算时间方面的定量性能比较。从这些曲线可以看出，与 2D-ADMM 和 2D-UADN 相比，所提算法可以获得更精细的图像，具有更低的 IE 和更高的 TBR 值，这进一步验证了它们的优越性能。此外，所提两种方法在高信噪比条件下具有相似的 IE 和 TBR 值，而 2D-ADIA 在低信噪比情况下具有稍大的 TBR 值。但总的来说，它们具有相似的成像性能。对于处理时间，2D-ADIA 和 2D-IADIA 比 2D-ADMM 消耗更长的时间，这是由于它们需要估计 2D 相位误差。相比之下，2D-ADIA 的计算效率最低，因为它利用两层迭代的方式来完成重建任务，而 2D-IADIA 则只有一层。因此，上述结果表明，2D-IADIA 可以在保持高成像性能的同时降低计算复杂度，更加适用于实际应用场合。

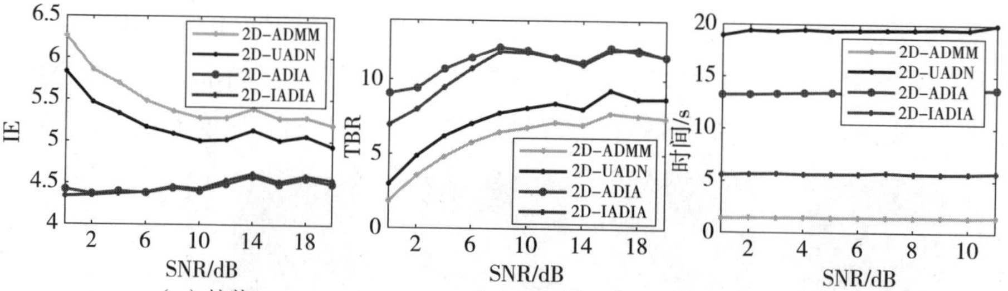

（a）熵值　（b）TBR值　（c）时间

图 7-17　不同信噪比条件下，不同算法熵值、TBR 值以及时间变化对比示意图

2）实测数据分析

本节进一步使用两组实测数据，即 Yak-42 和 Boeing-727，来验证所提方法的性能。对于第一组 Yak-42 数据，其由一部 X 波段雷达记录，该雷达发射载波频率为 10GHz 的 LFM 信号。总带宽为 400MHz。数据已经经过距离对齐和相位聚焦处理，回波数据大小为 256×256。此外，为模拟步进频率信号，在处理前，沿距离向进行傅里叶逆变换，以获得在距离向上具有 256 个采样点的等效步进频率信号。此外，额外添加二维相位误差，其振幅的方差设置为 $\pi/2$。

为便于比较，图 7-18 中给出了完整数据条件下 Yak-42 飞机模型以及相应的 ISAR 成像结果，从图 7-18（b）可以看出，残余相位误差会导致重建图像存在模糊的现象。在回波数据中添加高斯噪声，以生成 20dB 的信噪比。另外，为获得二维稀疏数据，从完整的数据矩阵中随机抽取部分数据，分别生成二维采样率为(0.4,0.4)、(0.6,0.6)和(0.8,0.8)稀疏数据矩阵,对应的不同算法获得的成像结果如图 7-19 所示,其中,第一列给出了传统 RD 方法获得的成像结果,其余列则显示了其他四种方法获得的相应成像结果。

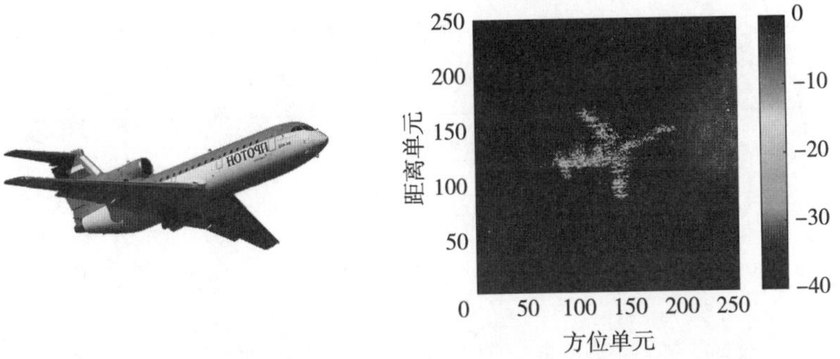

（a）Yak-42飞机模型　　（b）全数据条件下的成像结果

图 7-18　全数据条件下 Yak-42 数据成像结果

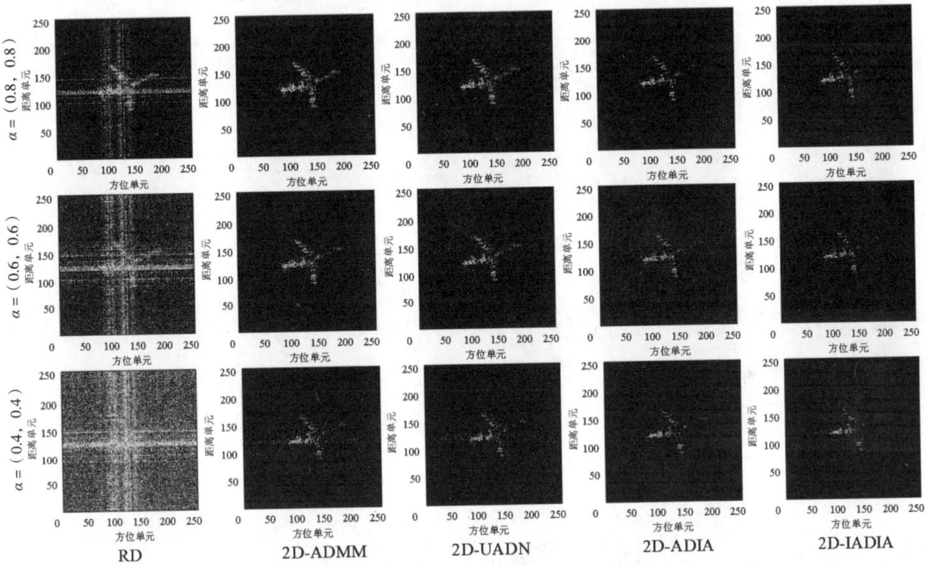

图 7-19　不同采样率条件下成像结果对比

从图 7-19 可以看出,所提方法在所有给定的 SPR 条件下都具有最佳的成像质量。由于二维稀疏和相位误差的影响,RD 方法的成像结果最差。相反,在低 SPR 条件下,通过其他算法(即 2D-ADMM 和 2D-UADN)获得的图像具有一些虚假散射点和较高的噪声基底。更值得注意的是,在 SPR 为(0.4,0.4)的情况下,2D-ADMM 几乎无效,而 2D-ADIA 和 2D-IADIA 仍然可以获得干净且聚焦的图像。此外,表 7-6 中给出了四种方法成像结果的评价指标对比结果。通过对这些结果的比较可以看出,2D-ADIA 和 2D-IADIA 成像结果在所有采样率条件下均具有最小的 IE 值和最大的 TBR 值,显示出较好的成像性能。对于运行时间,由于数据维度相同,四种方法的处理时间与仿真数据的处理时间相似。此外,2D-IADIA 的重建速度比 2D-ADMM 慢,但比 2D-UADN 和 2D-ADIA 快。事实上,由于全矩阵形式的处理且仅具有一层迭代,2D-IADIA 具有可接受的计算效率,即在 10s 以内即可获得大小为 256×256 的精细成像结果。

表 7-6 不同采样率条件下成像结果评价指标对比

采样率	方法	IE	TBR	时间/s
$\alpha=(0.8,0.8)$	2D-ADMM	57134	82488	16819
	2D-UADN	54624	95371	189987
	2D-ADIA	50158	131203	133731
	2D-IADIA	48192	130176	82786
$\alpha=(0.6,0.6)$	2D-ADMM	56191	83343	16631
	2D-UADN	53733	96413	189700
	2D-ADIA	48449	143050	132063
	2D-IADIA	46522	143554	72786
$\alpha=(0.4,0.4)$	2D-ADMM	54586	77830	16676
	2D-UADN	51842	91920	191083
	2D-ADIA	45133	144375	130262
	2D-IADIA	45553	142501	62503

最后,进一步利用实测 Boeing-727 数据进行验证实验。该数据集是由带宽为 150MHz 的步进频率雷达获得,每个脉冲串中具有 128 个子脉冲,并且脉冲串的个数是 128。此外,为便于比较,图 7-20 给出了 Boeing-727 模型和传统 RD 方法获得的成像结果。类似地,通过从完整数据矩阵中抽取部分子脉冲和脉冲串,从而获得二维稀疏回波数据矩阵。图 7-21 中给出了五种不同方法在采样率为(0.5,0.5)、(0.7,0.7)和(0.9,0.9)时的成像结果。另外,由于原始数据 SNR 较低(约为 7.8dB),因此回波数据中没有添加额外的噪声。

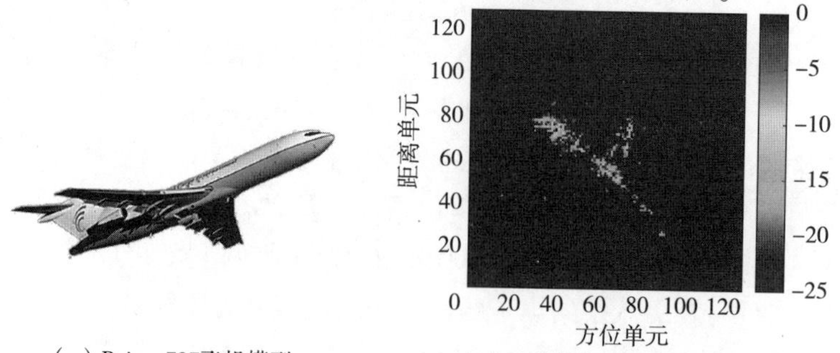

(a) Being-727飞机模型　(b) 全数据条件下的成像结果

图 7-20 全数据条件下 Being-727 数据成像结果

类似地，RD 方法在所有 SPR 条件下成像结果都较差。而通过所提 2D-ADIA 和 2D-IADIA 算法获得的 ISAR 图像在大多数情况下均具有可接受的成像结果，其比通过 2D-ADMM 获得的成像结果更加清晰且噪声基底更低。与 2D-ADMM 相比，2D-UADN 可以去除一些虚假散射点，提高成像质量。然而，与所提算法相比，2D-UADN 获得的图像仍然存在较多的虚假散射点，特别是在 SPR 为(0.5,0.5)的情况下，2D-ADIA 和 2D-IADIA 仍然可以获得教的聚焦 ISAR 图像。表 7-7 中的评估结果进一步验证了所提出方法的优越性能和较好的计算效率。

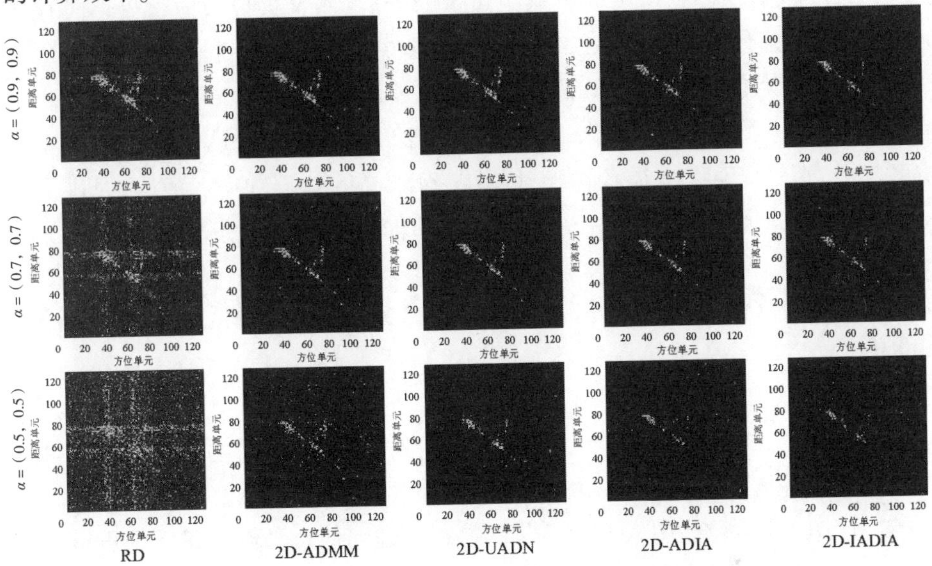

图 7-21　不同采样率条件下 Boeing-727 成像结果对比

表 7-7　不同采样率条件下不同算法成像结果评价指标对比

采样率	方法	IE	TBR	时间/s
α = (0.9,0.9)	2D-ADMM	69106	08120	03087
	2D-UADN	66246	16495	31859
	2D-ADIA	51876	55639	21873
	2D-IADIA	56148	47793	07519
α = (0.7,0.7)	2D-ADMM	66529	08924	03118
	2D-UADN	64235	16567	31849
	2D-ADIA	51843	50971	21884
	2D-IADIA	55625	43156	07229

(续)

采样率	方法	IE	TBR	时间/s
α = (0.5,0.5)	2D-ADMM	65381	01214	03262
	2D-UADN	63257	03619	29173
	2D-ADIA	52661	30277	22248
	2D-IADIA	55036	29415	07203

本节提出了一种基于 SF-ISAR 的联合自聚焦与成像方法。由于回波数据中存在二维相位误差,这不仅影响距离像的合成,而且会导致方位聚焦时存在虚假重构。为有效获得存在二维相位误差条件下聚焦的二维成像结果,提出了一种将相位误差校正集成到二维 ISAR 成像过程中,并基于二维 ADMM 算法框架来解决这一复合问题。此外,所提出的方法,特别是 2D-IADIA,由于避免了向量化操作且仅有一层循环操作,因此具有较高的处理效率。最后,通过仿真和实测数据验证了所提方法在不同条件下的优越性能。

7.5 基于深度展开网络的联合自聚焦与二维高分辨 ISAR 成像

值得注意的是,由于 7.4 节所提算法在处理过程中,需要对算法参数进行人为设置,因此算法参数的最优化选取仍然是值得研究优化的问题。如今,深度学习(DL)技术已经引入 ISAR 成像领域,并证明通过训练大量数据集设计深度网络,可以有效地获取高分辨率图像。它也称为一种数据驱动方法。最常见的基于深度学习的成像方法一般是利用在计算机视觉等领域广泛应用的传统神经网络结构实现低分辨图像到高分辨图像的转变。因此,将卷积神经网络(CNN)、全连接 CNN(FCNN)和 UNet 等典型的神经网络应用于 ISAR 成像,获得了优于传统方法的高分辨率结果。另一种是将稀疏驱动算法与数据驱动方法相结合,即将稀疏重建算法展开为多层深度网络。与传统的神经网络结构相比,它可以被解释,从而可以通过学习获得适当的网络参数。因此,常见的迭代算法,包括近似消息传递(AMP)、迭代收缩和阈值算法(ISTA)和 ADMM 等,已经被展开为网络形式,并且在成像质量和效率方面都比传统的基于 CS 的方法具有更好的性能。

为实现对二维稀疏数据的高性能自聚焦与 ISAR 成像,本节将 7.4 节提出的基于 2D-ADMM 框架的联合相位误差估计与成像方法进一步展开为深度网络形式,称为 2D-IADIANet。通过在复数域使用仿真数据集并利用反向传播算法进行网络训练,可以自学习算法中每层的可调参数。最后,通过实验验证所提网络可以仅通过少量仿真样本训练,即可获得泛化能力强的网络,并可直接运用至实测数据的处理。另外,2D-IADIANet 仅具有较少的网络层数,仍然比其他现有算法具有更好的成像性能,可以满足不同应用的要求。

7.5.1 基于深度重构网络的二维稀疏成像方法

1)网络模型搭建

与传统稀疏重构算法不同的是,基于深度学习网络的成像方法可以实现对参数的自学习。这种思想可以很好地解决传统稀疏重构算法中的参数需要人为设置且不可以及时更新的缺点。为此,根据 7.4 节所提的在二维相位误差存在情况下的二维稀疏成像算法,即 2D-IADIA 算法,我们将其展开为一个如图 7-22所示的深度重构网络,命名为 2D-IADIANet。

可以看出,网络的层数为 L 层,每一层代表着 2D-IADIA 算法的一个迭代过程,且在每一层中 $\mathrm{X}(\boldsymbol{V}_l,\boldsymbol{A}_l,\boldsymbol{E}_l;\boldsymbol{\lambda}_l,\delta_l)$ 表示 $\boldsymbol{X}$ 的重构结构,$\mathrm{Z}(\boldsymbol{X}_l,\boldsymbol{A}_l;\boldsymbol{\lambda}_l,\delta_l)$ 表示收缩函数,$A(\boldsymbol{X}_l,\boldsymbol{V}_l;\delta_l)$ 和 $E(\boldsymbol{X}_l)$ 均对应着算法中的每一个迭代计算。特别的,每一层均含有两个参数,即 λ_l 和 δ_l。且在每一层中均可以设置为不同的参数值,我们的目的就是通过训练来获取每一层中最优化的参数。

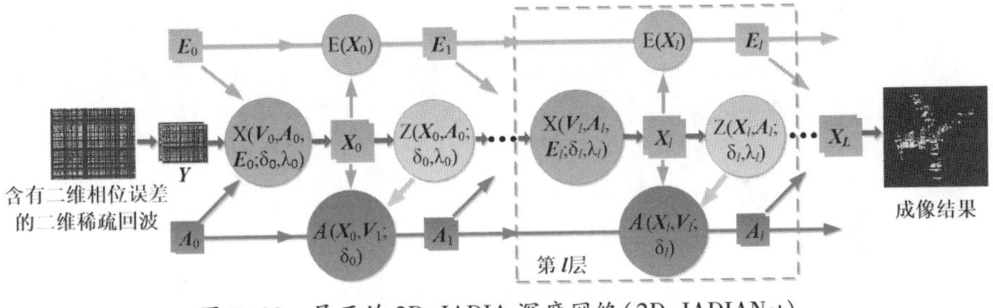

图 7-22 展开的 2D-IADIA 深度网络(2D-IADIANet)

2)网络结构说明

对于每一层,其具体的实现结构如图 7-23 所示。

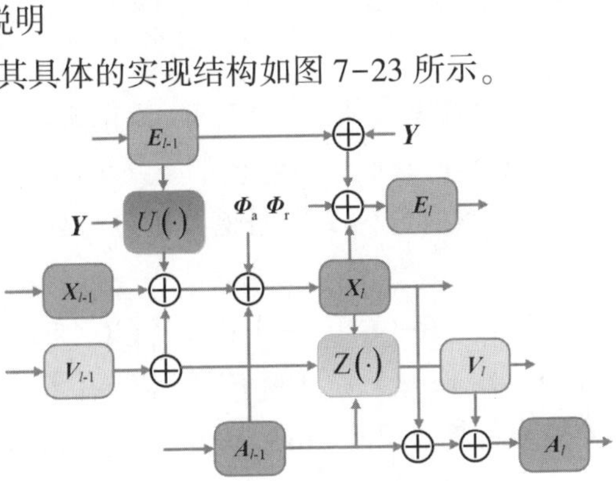

图 7-23 网络每一层结构示意图

其中，$U(\cdot)$ 模块用来产生 $\boldsymbol{U}_l$，其具体的实现操作为

$$\boldsymbol{U}_l = \Xi(\boldsymbol{E}_{l-1}^{\mathrm{H}}) \odot \mathrm{vec}(\boldsymbol{Y}) \tag{7-58}$$

可以看出 $U(\cdot)$ 模块可以根据更新后的 $\boldsymbol{E}_{l-1}$ 来优化输入值 $\boldsymbol{Y}$。另外，对于第一层，初始 $\boldsymbol{E}_0$ 可以设置为一个单位对角矩阵，初始 $\boldsymbol{V}_0$ 和 $\boldsymbol{A}_0$ 可以设置为全 0 矩阵，且 $\boldsymbol{X}_0$ 可以表示为

$$\boldsymbol{X}_0 = \frac{1}{1+\delta_0}\boldsymbol{\Phi}_a^{\mathrm{H}}\boldsymbol{Y}\boldsymbol{\Phi}_r^* \tag{7-59}$$

对于 $\mathrm{Z}(\cdot)$ 模块，用来更新 $\boldsymbol{V}_l$，模块的输出可以表示为

$$\boldsymbol{V}_l = \mathrm{sign}\left(\boldsymbol{X}_l + \frac{\boldsymbol{A}_{l-1}}{\delta_{l-1}}\right)\max\left\{\left|\boldsymbol{X}_l + \frac{\boldsymbol{A}_{l-1}}{\delta_{l-1}}\right| - \frac{\boldsymbol{\lambda}_{l-1}}{\delta_{l-1}}, 0\right\} \tag{7-60}$$

在深度网络中，ReLU 激活函数具有与收缩函数相似的功能，因此式(7-60)可以用 ReLU 激活函数来具体实现，可以表示为

$$\boldsymbol{V}_l(z_l;\gamma_l) = \mathrm{sign}(z_l)\mathrm{ReLU}\{|z_l| - \gamma_l, 0\} \tag{7-61}$$

在获得 $\boldsymbol{X}_l$ 和 $\boldsymbol{V}_l$ 后，拉格朗日矩阵 $\boldsymbol{A}_l$ 可以由式(7-62)进行更新：

$$\boldsymbol{A}_l = \boldsymbol{A}_{l-1} + \delta_{l-1}(\boldsymbol{X}_l - \boldsymbol{V}_l) \tag{7-62}$$

3)损失函数

深度学习方法在优化参数时，一般是通过使重构误差最小来获得最优的参数。那么这个评价标准可以称为损失函数。一般的，方向传播算法可以将优化误差反馈至整个网络从而实现对参数的继续更新。在本节中，我们利用式(7-63)作为损失函数，即

$$H(\boldsymbol{\Theta}) = \frac{1}{Q}\sum_{q=1}^{Q}\frac{\|\hat{\boldsymbol{X}}_q(\boldsymbol{V},\boldsymbol{A},\boldsymbol{E};\boldsymbol{\Theta}) - \boldsymbol{X}^{li}\|_{\mathrm{F}}^2}{\|\boldsymbol{X}^{li}\|_{\mathrm{F}}^2} \tag{7-63}$$

式中：Q 为训练集中训练数据的个数；$\hat{\boldsymbol{X}}_q(\boldsymbol{V},\boldsymbol{A},\boldsymbol{E};\boldsymbol{\Theta})$ 表示第 q 个数据的重构结果；$\boldsymbol{X}^{li}$ 为标签结果；$\boldsymbol{\Theta} = \{\lambda_l, \delta_l\}$ 表示需要优化的参数。

4)复数化操作

深度学习网络一般用来处理实信号，而 ISAR 成像所需的数据均是复数形式。要实现对复数信号的处理，我们可以经过如下简单的操作来实现。即将复数信号拆解为实部和虚部，然后分为 2 个通道分别进行处理，此时对应的矩阵乘法可以表示为

$$\begin{bmatrix}\mathrm{Re}(\boldsymbol{Y})\\ \mathrm{Im}(\boldsymbol{Y})\end{bmatrix} = \begin{bmatrix}\mathrm{Re}(\boldsymbol{F}) & -\mathrm{Im}(\boldsymbol{F})\\ \mathrm{Im}(\boldsymbol{F}) & \mathrm{Re}(\boldsymbol{F})\end{bmatrix}\begin{bmatrix}\mathrm{Re}(\boldsymbol{X})\\ \mathrm{Im}(\boldsymbol{X})\end{bmatrix} \tag{7-64}$$

式中：矩阵 $\boldsymbol{Y}$、$\boldsymbol{F}$ 和 $\boldsymbol{X}$ 均表示复数矩阵；$\mathrm{Re}(\cdot)$ 和 $\mathrm{Im}(\cdot)$ 表示实部和虚部。

5）训练数据

大量的训练数据是模型训练成功的保证。由于 ISAR 成像实测数据较少，因此在本节所提模型中，我们基于仿真数据来生成数据集。其中，我们生成位置与强度均随机分布的散射点图像，然后获得回波数据。用这些数据对模型进行训练后，再用训练好的模型来处理实测数据。从实验结果来看，通过仿真数据训练的模型不仅可以用来处理仿真数据，且对于实测数据来说，同样可以获得较好的重构结果。

7.5.2 实验验证与分析

在本节中，我们通过几个实验来验证 2D-IADIA 以及 2D-IADIANet 在不同二维采样率（2D SPR）和信噪比（SNR）条件下的有效性。为了进行比较，还采用了 Fully CNN（FCNN）和 2D-ADNet 的方法进行对比。具体来说，2D-IADIA 的最大迭代次数被设置为 150。

为了较合理地评价图像增强处理性能，除了 RMSE、IE、IC 以及 TBR，本节再增加峰值信噪比（Peak Signal-to-Noise Ratio，PSNR）和结构相似性（Structural Similarity，SSIM）这两个指标。其中，IE 和 IC 不需要参考图像，属于无参考图像质量评价指标；RMSE、TBR、PSNR 和 SSIM 需要参考图像，属于全参考图像质量评价指标。对于聚焦良好的图像，期望获得低 RMSE 以及高 SSIM 和 PSNR 值。假设待处理的成像结果 $\boldsymbol{X}$ 取模、最大值归一化后记为 $\tilde{\boldsymbol{X}} \in \mathbb{R}^{N\times \mathrm{Na}}$，且 $\tilde{\boldsymbol{X}} = (\tilde{x}_{nn_\mathrm{a}})_{N\times \mathrm{Na}}$，其参考图像记为 $\bar{\boldsymbol{X}} \in \mathbb{R}^{N\times \mathrm{Na}}$，且 $\bar{\boldsymbol{X}} = (\bar{x}_{nn_\mathrm{a}})_{N\times \mathrm{Na}}$。其中，PSNR 表征了输入图像与参考图像的失真和噪声水平变化情况，PSNR 越大，图像保真性越好，其定义为

$$\mathrm{PSNR} = 10\log_{10}\left(\frac{L^2}{\mathrm{MSE}}\right) \tag{7-65}$$

式中：L 为图像像素强度的动态范围，考虑到成像结果归一化为［0,1］，则 $L=1$；MSE 表示输入图像与参考图像的均方误差，即

$$\mathrm{MSE} = \frac{1}{N\mathrm{Na}}\sum_{n=1}^{N}\sum_{n_\mathrm{a}=1}^{\mathrm{Na}}(\tilde{x}_{nn_\mathrm{a}} - \bar{x}_{nn_\mathrm{a}})^2 \tag{7-66}$$

SSIM 从亮度、对比度和结构三个方面表征了输入图像与参考图像的相似性，SSIM 越大，与参考图像越相似，其定义为

$$\mathrm{SSIM} = \frac{(2\mu_{\tilde{X}}\mu_{\bar{X}} + c_1)(2\sigma_{\tilde{X}\bar{X}} + c_2)}{(\mu_{\tilde{X}}^2 + \mu_{\bar{X}}^2 + c_1)(\sigma_{\tilde{X}}^2 + \sigma_{\bar{X}}^2 + c_2)} \tag{7-67}$$

式中：$\mu_{\tilde{X}}$ 和 $\mu_{\bar{X}}$ 分别为 $\tilde{\boldsymbol{X}}$ 和 $\bar{\boldsymbol{X}}$ 的均值；$\sigma_{\tilde{X}}^2$ 和 $\sigma_{\bar{X}}^2$ 分别为 $\tilde{\boldsymbol{X}}$ 和 $\bar{\boldsymbol{X}}$ 的方差；$\sigma_{\tilde{X}\bar{X}}$ 为 $\tilde{\boldsymbol{X}}$ 和 $\bar{\boldsymbol{X}}$ 的协方差，$c_1 = (0.01L)^2$，$c_2 = (0.03L)^2$。

1)仿真数据成像结果对比

首先,我们使用仿真数据比较不同方法在不同 2D SPR 条件下的成像性能。需要注意的是,所提出的 2D IADIANet 和 2D ADNet、FCNN 都是预先在其相应的模拟数据集上经过相应的训练。

特别地,2D IADIANet 和 2D ADNet 使用相同的训练数据集。利用 7.4 节训练数据产生方法,产生 $Q=40$ 个场景,每个场景中随机产生 100~500 个散射点,且散射点强度服从高斯随机分布,场景的大小为 128×128。通过场景数据反推得到回波数据,并添加二维随机相位误差。另外,前 20 组数据用来训练模型,后 20 组数据用来测试训练的模型。初始 ρ_0 和 δ_0 设置为 0.5 和 1,批处理大小设置为 5。所有实验均在 AMD Ryzen 9 4900H CPU,16GB 内存的机器上处理,网络训练的层数设置为 $L=10$。另外,2D-IADIA、2D-ADN 以及 FCNN 被用来作为对比算法。其中,2D-IADIA 算法的循环次数设置为 150 次,2D-ADN 也是一种深度稀疏重构网络,但是这个网络只能处理包含方位向误差的二维成像模型;而 FCNN 是一个"图像对图像"的训练网络,只有在得到初始的 ISAR 成像结果的基础上,然后再利用网络对这些初始图像进行训练,通过网络来增强图像的质量。因此,需要另外生成训练数据集。本节利用传统 RD 算法获得初始的 ISAR 成像图像,生成 1000 个仿真原始图像对作为输入数据集和标签图像,600 个场景用于网络训练,其余 400 个场景属于测试集。

(1)不同采样率下的成像性能。

在训练好的模型上,我们利用仿真数据进行测试。测试数据的原始标签如图 7-24(a)所示。在测试数据中添加二维随机相位误差,并将稀疏率设置为(0.9,0.9),利用传统 RD 算法获得的成像结果如图 7-24(b)所示。显然,成像图像被大量虚假重建点覆盖,很难实现准确的目标识别。

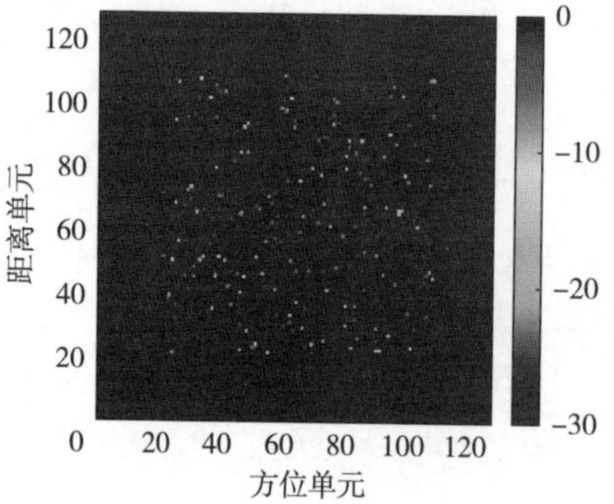

(a)测试数据标签

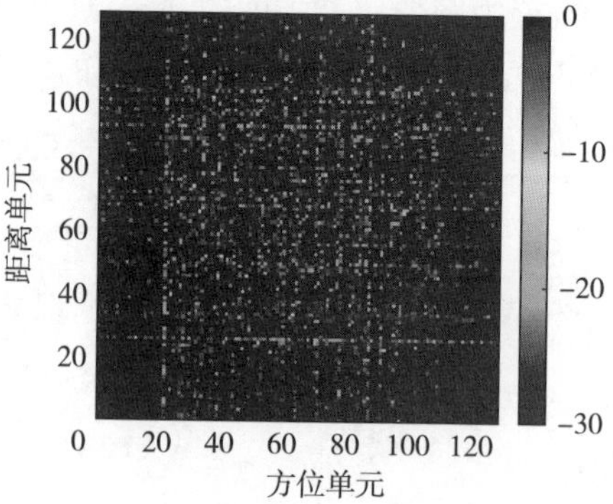

(b)利用RD算法获得成像结果

图 7-24 测试数据成像结果示意图

对于图 7-24 中的仿真测试数据添加二维随机相位误差，SNR 设置为 10dB。使用上述四种不同方法对 2D SPR 分别为(0.4,0.4)、(0.6,0.6)和(0.8,0.8)的数据进行成像处理，结果如图 7-25 所示。此外，相应的评估指标如表 7-8 所列。

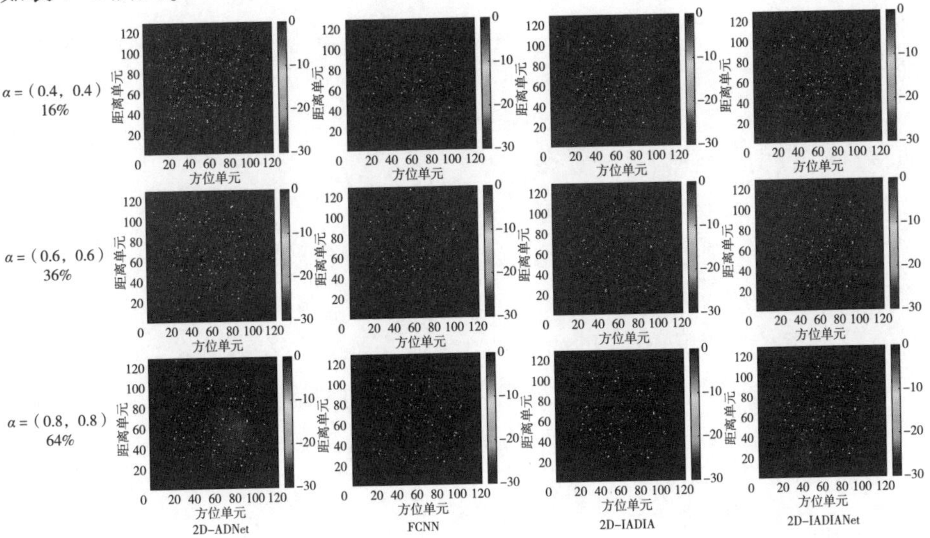

图 7-25 信噪比为 10dB 时使用不同方法在不同 2D SPR 条件下的成像结果

表 7-8 不同 2D SPR 条件下仿真数据成像结果性能评价指标

SPR	方法	RMSE	SSIM	PSNR	时间/s
16%	2D-ADNet	05886	08039	279225	02824
	FCNN	05076	08153	304666	01225
	2D-IADIA	03001	09287	321863	12277
	2D-IADIANet	02061	09772	360877	02017
64%	2D-ADNet	03177	09073	359098	02901
	FCNN	02094	09877	383184	01215
	2D-IADIA	01371	09765	399540	12941
	2D-IADIANet	01045	09915	419838	02221

在图 7-25 中，每列给出的是不同方法的成像结果，每行是相同 2D SPR 条件下的相应结果。可以看出，在给定的三个采样率下，2D-ADNet 获得的图像具有许多虚假散射点。这是因为该网络只能处理方位向随机相位误差，而对于二维相位误差，重建性能将受到显著影响。对于 FCNN 来说，它似乎具有良好的成像质量和干净的背景。但与真实图像相比，可以发现 FCNN 生成的图像丢失了大量的弱散射点，尤其是在低采样率的情况下。尽管 2D-IADIA 和 2D-IADI-

ANet 的成像质量随着采样率的降低而逐渐恶化,但与其他算法相比,它们的虚假散射点较少,表明它们具有良好的重建性能。相比之下,得益于通过训练过程学习的自适应和分层优化参数,2D-IADIANet 可以进一步提高成像性能。表 7-8所列的评估指标也验证了所提出的基于网络的方法在给定的低采样率条件下的优越性能。此外,计算时间的比较表明,基于网络的方法通常具有较高的处理效率。特别是传统网络,即 FCNN,处理时间最短。作为 2D-IADIA 的一种网络展开形式,2D-IADINet 也极大地提高了计算效率,并实现了类似的性能,表明了在实时处理上的潜力。

(2)不同信噪比下的成像性能。

我们进一步测试 SNR 对所提出的深度网络成像性能的影响。将回波数据的采样率保持在(0.7,0.7),即大约 49%的回波数据可用。使用不同方法在不同的噪声条件下的成像结果如图 7-26 所示。为了直观地比较成像结果,表 7-9显示了四种方法在信噪比分别为 5dB 和 0dB 时的相应评估指标。

表 7-9 不同 SNR 条件下仿真数据成像结果性能指标对比

SNR	方法	RMSE	SSIM	PSNR	时间/s
5dB	2D-ADNet	0. 3436	0. 9159	32. 6017	0. 3011
	FCNN	0. 2849	0. 9215	34. 3150	0. 1175
	2D-IADIA	0. 2520	0. 9348	34. 1424	1. 2288
	2D-IADIANet	0. 2003	0. 9690	34. 7528	0. 2151
0dB	2D-ADNet	0. 6094	0. 6635	26. 5153	0. 3102
	FCNN	0. 3506	0. 8081	30. 4626	0. 1196
	2D-IADIA	04030	07670	30. 3422	1. 3346
	2D-IADIANet	03204	09386	32. 2506	0. 2218

如图 7-26 所示,2D-ADNet 无法处理 2D 相位误差,其成像质量最差,尤其是在低信噪比(SNR=0dB)的情况下。表 7-9 中的指标也验证了上述结论。FCNN 可以实现良好的自动聚焦性能,但存在许多散射点缺失和大量伪弱散射点。可能的原因是,FCNN 没有相应的相位误差校正网络,只建立了标签图像和测试图像之间的内部映射关系,很容易删除真实的弱散射点,保留虚假的散射点。相反,2D-IADIA 及其网络扩展形式可以获得聚焦良好的图像。这是因为它们具有特殊的 2D 相位误差自校正操作。与 2D-IADIA 相比,2D-IADIANet 通过网络学习而不是人工设置来获得最优参数,并且具有更好的噪声适应性。特别地,当信噪比为 0dB 时,基于网络方法的性能显著提高。表 7-9 中的评估指标进一步揭示了所提出的基于网络的方法的优势。

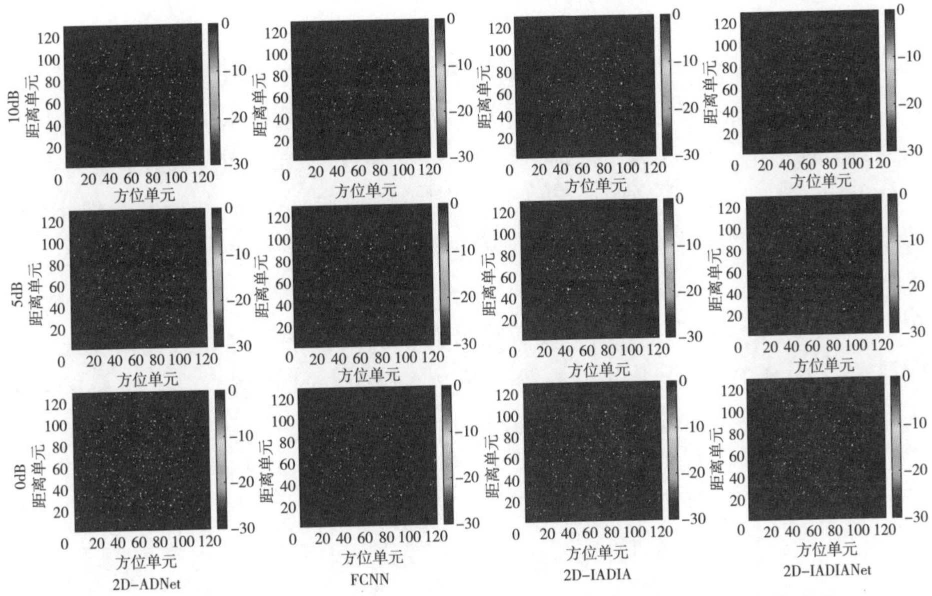

图 7-26　2D SPR 为(07,07)时,不同方法在不同 SNR 条件下的成像结果

2)实测数据成像结果对比

(1)Yak-42 数据成像结果分析。

在本节中,我们利用实测 Yak-42 飞机数据来测试所提网络的性能。需要指出的是,所提网络已经经过仿真数据的训练,以进一步验证所提出方法的泛化性能。由于原始实测数据具有高信噪比,因此假设实测数据没有噪声,且数据维度为 128×128。为了便于比较,给出在数据完整且没有 2D 相位误差的情况下,传统的 RD 成像结果如图 7-27(a)所示,图 7-27(a)结果也可以作为标签图像。此外,图 7-27(b)给出了添加 2D 相位误差的不完整数据的成像结果。从图 7-27(b)可以看出,成像结果模糊且难以识别。

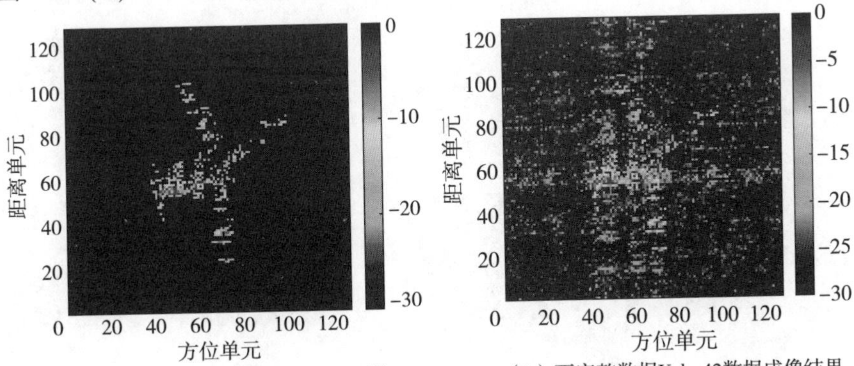

(a)实测Yak-42飞机数据的标签图像　(b)不完整数据Yak-42数据成像结果

图 7-27　具有 2D 相位误差的不完整数据 Yak-42 数据成像结果

图 7-28 所示的是采样率分别为(0.4,0.4)、(0.6,0.6)、(0.8,0.8)时,通过四种不同方法获得的图像结果,其中 SNR 分别设置为 10dB。

同样的,2D-ADNet 的成像性能最差,尤其是在低采样率的情况下,生成的图像具有大量的噪声背景。特别是当 2D SPR 为(0.4,0.4)时,FCNN 损失了大部分目标。随着采样率的增加,大部分散射点被保留。然而,与标签图像相比,可以发现 FCNN 方法获得的图像增强了弱散射点,使重建结果的对比度更高。这就是为什么 FCNN 具有最小的 SSIM 值(如表 7-10 所列)。然而,2D-IADIA 和 2D-IADIANet 都可以在几乎没有噪声背景的情况下获得精细的成像结果。特别是在 2D SPR 为(0.4,0.4)的情况下,2D-IADIANet 仍然获得了令人满意的结果,表明其对测量数据具有良好的泛化性能。

表 7-10 不同 2D SPR 下 Yak-42 飞机成像结果性能评价指标

SPR	方法	RMSE	SSIM	PSNR	时间/s
16%	2D-ADNet	0.8551	0.5485	25.4297	0.2991
	FCNN	0.8332	0.4598	27.3403	0.1106
	2D-IADIA	0.6786	0.6155	28.4510	1.4128
	2D-IADIANet	0.5306	0.8685	30.4789	0.2124
64%	2D-ADNet	0.4435	0.8693	28.0250	0.3100
	FCNN	0.5019	0.8533	32.8480	0.1112
	2D-IADIA	0.3826	0.8921	34.1014	1.5101
	2D-IADIANet	02502	09612	377902	0.2312

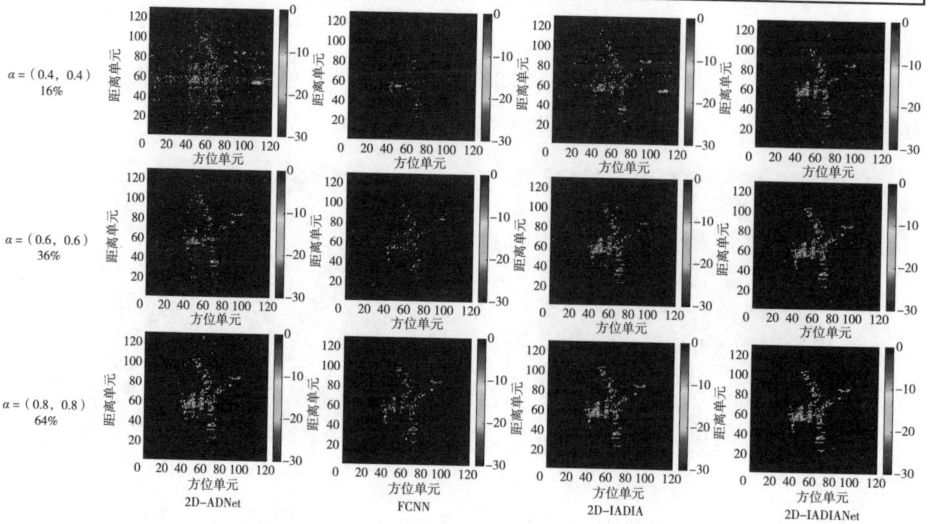

图 7-28 SNR 为 10dB 时,使用不同方法在不同 2D SPR 条件下 Yak-42 飞机的成像结果

此外,当采样率固定为(0.7,0.7),通过四种不同方法获得的图像结果如

图 7-29所示，其中 SNR 分别设置为 10dB、5dB 和 0dB，相应的评价指标如表 7-11所列。

表 7-11　不同 SNR 条件下 YAK-42 飞机成像结果评价指标对比

SNR	方法	RMSE	SSIM	PSNR	时间/s
5dB	2D-ADNet	0.5532	0.7931	30.8968	0.2889
	FCNN	0.6693	0.6707	29.2428	0.1143
	2D-IADIA	0.4314	0.8953	31.0583	1.3086
	2D-IADIANet	0.4143	0.9142	33.0001	0.2297
0dB	2D-ADNet	0.6906	0.6511	28.6035	0.2908
	FCNN	0.7119	0.6368	28.7067	0.1075
	2D-IADIA	0.6182	0.7567	29.5213	1.5136
	2D-IADIANet	0.5205	0.8773	30.2600	0.2257

从图 7-29 可以看出，随着信噪比的降低，2D-ADNet 的性能急剧恶化。对于 FCNN，随着信噪比的降低，许多图像细节丢失，这也导致 RMSE 值的增加。因此，表 7-11 中 FCNN 的 RMSE 值是所有方法中最大的。根据表 7-11 中的其他评估指标，所提网络在所有信噪比下仍然具有最小的 RMSE、最大的 SSIM 和 PSNR 值，显示出其优越的抗噪声性能。

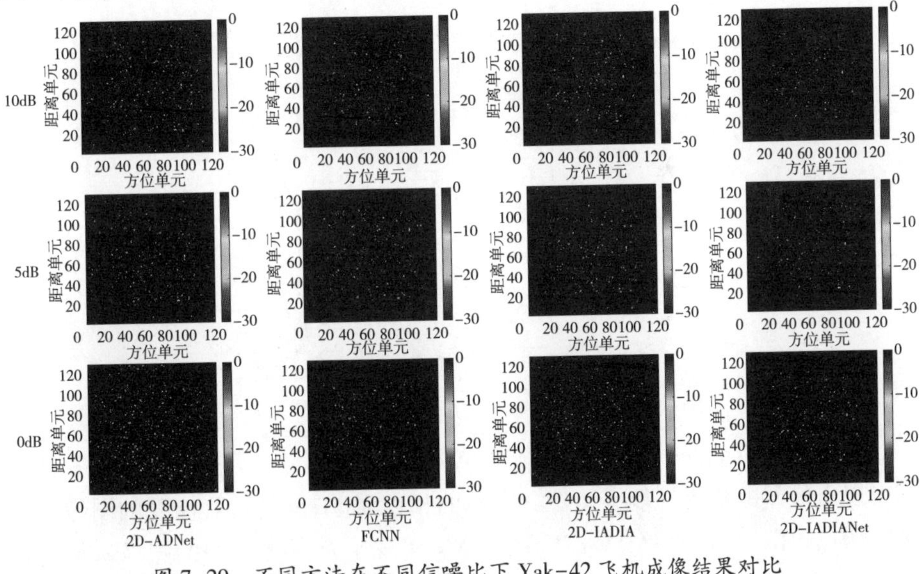

图 7-29　不同方法在不同信噪比下 Yak-42 飞机成像结果对比

(2) Boeing-727 数据成像结果分析。

为了进一步验证所提网络的有效性，我们利用另一组 Boeing-727 实测数据进行实验。相似的是，在不同的 2D SPR 条件下，四种不同方法的成像结果如

图 7-30所示。此外,由于 Boeing-727 数据的信噪比较低,我们无法获得准确的目标图像。因此,所使用的 RMSE、SSIM 和 PSNR 指标不适用于该测量数据。因此,使用图像熵(IE)和图像对比度(IC)来评估成像质量,表 7-12 中列出了相应的评价指标。

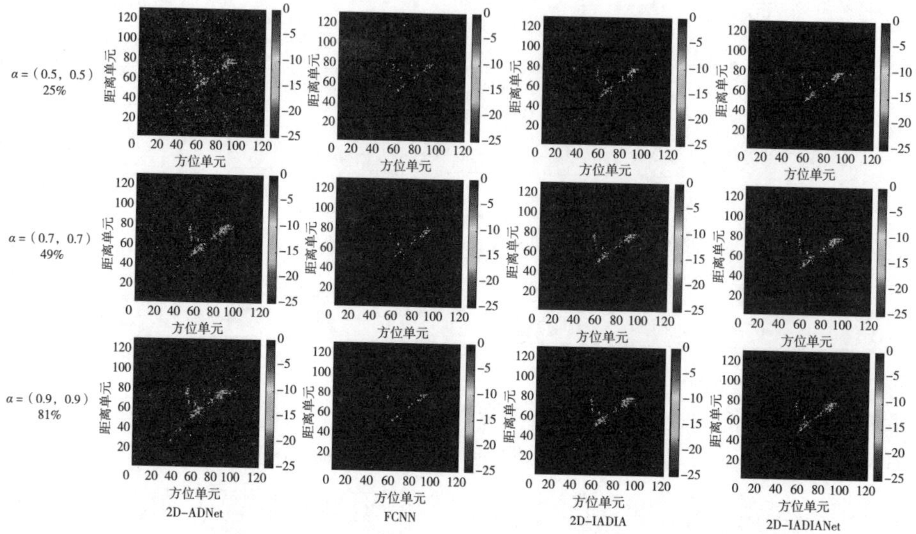

图 7-30　不同方法在不同 2D SPR 条件下 Boeing-727 飞机成像结果对比

表 7-12　不同 2D SPR 条件下 Boeing-727 飞机成像性能评价指标

SPR	方法	IE	IC	时间/s
25%	2D-ADNet	6.5393	10.4946	0.3024
	FCNN	5.1065	11.5111	0.1143
	2D-IADIA	5.5177	12.3113	1.4821
	2D-IADIANet	5.5309	12.9998	0.2117
49%	2D-ADNet	6.4440	12.1942	0.3212
	FCNN	3.3167	20.4366	0.1262
	2D-IADIA	5.4118	13.7367	1.5019
	2D-IADIANet	5.2314	14.3851	0.2217

对于基于 Boeing-727 数据的成像结果,2D-ADNet 在所有三种采样条件下都表现出最差的成像性能。由于其微弱的相位误差补偿能力,恢复的图像被大量的伪点包围。与 2D-ADNet 相比,FCNN 实现了背景更干净的图像。尽管成像结果具有较低的 IE 和较高的 IC 值,但仅保留了强散射点,并且丢失了许多弱散射点,这不利于目标识别。与其他两种方法相比,2D-IADIA 和 2DIADIANet 可以在所有条件下获得相似且最佳的成像结果。与模拟数据和 Yak-42 数据类似,2D IADIANet 可以提前减少时间消耗,此外,由于参数自学习能力和层数较

少,2D-IADIANet 可以进一步提高计算效率,验证了所提出网络的有效性。

7.6 小 结

本章主要对 SF ISAR 二维高分辨成像方法进行研究,主要研究内容如下。

(1)为实现 SF ISAR 二维联合高分辨成像,提出了一种距离-方位联合 ISAR 超分辨成像算法。该方法将 SF ISAR 成像过程建模为二维联合稀疏表示模型,采用 2D SL0 算法直接在矩阵域进行距离-方位联合超分辨成像,避免了行列堆叠处理,具有更快的成像处理速度与更高的成像质量。

(2)为解决回波信号随机采样模式下的高分辨成像,提出了一种基于矩阵填充理论的二维稀疏高分辨 SF ISAR 成像方法。该方法利用矩阵填充技术,在矩阵域将随机采样模式下的二维稀疏重构问题转换为核范数优化问题进行求解,解决了向量化操作导致的运算量大的问题。

(3)为解决二维成像模型中由剩余相位误差导致的成像质量下降问题,提出了一种联合二维成像与自聚焦的高分辨 SF ISAR 成像方法。该方法构建了包含二维相位误差的 SF ISAR 稀疏重构模型,基于此模型提出了 2 种处理算法,可以同时实现二维相位误差校正与高分辨成像,有效解决了剩余相位误差对高分辨成像的影响。

(4)在存在相位误差成像模型求解算法基础上,进一步提出了一种基于深度展开网络的联合自聚焦与二维高分辨成像方法,通过将算法展开为网络形式,利用网络学习获得算法最优参数,实现了算法性能和效率的进一步提升。

参考文献

[1]LIU Q H,LIU H B,LONG T. Estimation of stepped frequency radar missing echo pulses[C]. Radar Conference,2009:IET international Radar Conference,Guilin. April 20-22,2009.
[2]刘记红. 基于压缩感知的ISAR成像技术研究[D]. 湖南:国防科学技术大学,2012.
[3]YANG J G,THOMPSON J,HUANG X T,et al. Random-Frequency SAR Imaging Based on Compressed Sensing[J]. IEEE Transactions on Geoscience and Remote Sensing,2013,51(2):983-994.
[4]KIM K T. Focusing of high range resolution profiles of moving targets using stepped frequency waveforms[J]. IET Radar Sonar Navigation,2010,4(4):564-575.
[5]李少东,陈文峰,杨军,等. 任意稀疏结构的多量测向量快速稀疏重构算法研究[J]. 电子学报,2015,43(4):708-715.
[6]EFTEKHARI A,BABAIE M,MOGHADDAM H A. Two-dimensional random projection[J]. Signal Processing,2011,91(7):1589-1603.
[7]李龙珍,姚旭日,刘雪峰,等. 基于压缩感知超分辨鬼成像[J]. 物理学报. 2014,22(63):224201(1-7).
[8]ALBERT F J,LIAO W J. Coherence pattern-guided compressive sensing with unresolved grids[J]. Siam Journal on Imaging Sciences,2012,5177(1):179-202.
[9]LIU J H,XU S K,GAO X Z,et al. Novel imaging methods of stepped frequency radar based on compressed sensing[J]. Journal of Systems Engineering and Electronics,2012,23(1):47-56.
[10]MOHIMANI H,BABAIE Z M,GORODNIITSY I,et al. Sparse recovery using smoothed L0 (SL0):convergence analysis[J/OL]. (2010-1-28)[2015-08-15]. arXiv:1001. 5073
[11]ZHU F,ZHANG Q,LEI Q,et al. Reconstruction of moving target's HRRP using sparse frequency-stepped chirp signal [J]. IEEE Sensors Journal,2011,11(10):2327-2334.
[12]吴敏,邢孟道,张磊. 基于压缩感知的二维联合超分辨ISAR成像算法[J]. 电子与信息学报,2014,36(1):187-193.
[13]QIU W,ZHAO H,ZHOU J,et al. High-resolution fully polarimetric ISAR imaging based on compressive sensing[J]. IEEE Trans. Geosci. Remote Sens.,2014,52(10):6119-6131.
[14]CANDE'S E AND PLAN Y. Matrix Completion with Noise[C]. in Proc. IEEE,2010,98(6):925-936.
[15]LIU Q,DAVOINE F,YANG J,et al. A fast and accurate matrix completion method based on QR decomposition and L2,1-norm minimization[J]. IEEE Trans. Neural Netw. Learn. Syst.,2019,30(3):803-817.
[16]CAI J F,CANDÈS E J,SHEN Z. A singular value thresholding algorithm for matrix completion[J]. SIAM J. Optim.,2010,20(4):1956-1982.

第八章　总结与展望

8.1　工作总结

本书对步进频率波形相关理论以及在雷达高分辨成像中的应用技术进行了研究与总结，将稀疏表示理论与步进频率波形相结合，重点针对步进频率波形的概述、参数设计、波形设计以及运动补偿、一维距离像合成、二维ISAR成像等重难点问题，目的在于解决各种不利条件下（低信噪比、低欠采样率等）的波形设计、运动补偿、一维/二维成像问题。本书的研究内容对于总结步进频率波形技术基础、解决步进频率波形在高分辨雷达成像中的应用具有一定的指导，对于提升高分辨雷达系统的观测性能乃至后续装备的研制、应用等均具有重要的军事价值与现实意义。全书的主要工作和成果可以概括如下。

（1）本书首先总结了步进频率技术的发展概况，给出了步进频率波形的分类，总结了步进频率波形的优缺点、传统处理过程并对步进频率的关键参数进行了解析。在此基础上，分析了步进频率波形的模糊函数，对步进频率波形的距离、多普勒二维分辨率进行了分析。最后，总结并对比了常用步进频率波形距离像合成方法。上述总结内容为后续步进频率波形的波形设计、一维/二维成像方法研究奠定了基础。

（2）针对步进频率波形的参数设计问题，利用稀疏表示理论，构建步进频率波形的稀疏重构模型，在此基础上对步进频率波形参数的设计性能进行分析，得出相应的参数设计结论。即在目标运动的条件下，RSF信号具有比传统LSF信号更好的稀疏重构性能；在目标静止的条件下，RSF信号与传统LSF信号具有相同的稀疏重构性能；在相同的合成带宽条件下，子脉冲个数越多，步进频率波形的稀疏重构性能越好；RSF信号与LSF信号的稀疏重构性能均与稀疏度有关，当稀疏度越大时，两种信号的稀疏重构误差均相应增加。这些结论对于实际中步进频率波形参数的设计使用具有重要的指导意义。

（3）针对步进频率波形设计问题，给出了随机步进频率波形以及非线性频率步进波形的设计方法。对于随机步进频率波形,通过对传统基于AF的波形设计方法与基于压缩感知理论的稀疏波形设计方法内在联系的充分挖掘,将稀疏波形感知矩阵设计问题转化为传统AF的旁瓣设计问题,进一步拓展了基于压缩感知理论的稀疏波形设计方法范畴,且具有物理意义明确、实现简单等优势。针对传统步进频率波形只设计载频步进方式、子脉冲个数等,提出一种子脉冲载频非线性步进设计方法,通过改变脉间载频的线性步进间隔,使信号的能量在频谱上的分布由载频线性步进时的均匀分布变为不再均匀,从而克服传统步进频率波形(包括RSF波形)存在的周期性距离栅瓣问题。为降低脉间载频的非线性分布造成的旁瓣水平显著提升问题,提出一种NSF波形距离合成性能提升方法,通过遗传算法对NSF波形子脉冲载频步进量进行设计,达到了提升波形稀疏重构性能的目的。

(4)运动补偿是步进频率波形距离像合成前的关键一步。针对波形稀疏导致的传统运动补偿方法补偿精度低乃至失效的问题,提出了一种基于全局最小熵的步进频率稀疏波形运动补偿方法。该方法首先通过全局包络对齐方法实现波形稀疏条件下的包络对齐,然后利用全局最小熵实现相位校正。同时,采样黄金分割法实现快速的参数搜索,减少了运动补偿的运算量。由于运用了回波信号全局数据信息,不仅可以实现波形稀疏条件下的运动补偿,而且提高了低信噪比条件下的运动参数估计精度。

(5)针对步进频率波形距离合成,提出了4种不同的合成方法。首先,针对传统距离像合成方法在信号稀疏条件下合成精度不高且存在参数设置的紧约束条件限制等问题,提出一种基于压缩感知理论的距离像抗混叠合成方法。该方法将RSF信号看作具有等效带宽的LFM信号随机发射的子段信号,将RSF信号视为LFM信号进行处理,通过压缩感知稀疏重构方法重构出高精度的一维距离像。其次,为充分利用回波信号距离向的联合稀疏信息,提出了一种基于分布式压缩感知的距离像合成方法。通过构建距离向联合稀疏模型并利用分布式压缩感知算法实现了低信噪比、距离向低采样率条件下的稀疏高分辨距离像合成。再次,针对传统离散化压缩感知方法在网格失配条件下一维距离合成性能下降的问题,提出一种基于连续压缩感知的高分辨距离成像方法。通过构建基于原子范数的无网格距离向稀疏表示模型,将一维距离合成问题转化为原子范数最小化优化问题。由于避免了网格离散化处理,因此可以实现网格失配、低采样率条件下的高分辨距离像合成。最后,为进一步利用步进频率波形距离向回波具有的联合稀疏特征,构建了基于多量测向量模型的原子范数最小化高分辨距离像合成方法。该方法不仅可以克服网格失配问题,且可以进一步提升距离像合成性能。

(6)为实现低信噪比、低采样率条件下的步进频率 ISAR 高分辨成像,研究了相应的高分辨成像方法,主要有以下四个方面工作。一是研究了一种适用于稀疏频率步进波形的距离-方位联合 ISAR 超分辨成像算法。该方法将 SF ISAR 距离像合成以及方位向聚焦过程建模为二维联合稀疏表示模型,采用二维联合算法(2D SL0)在矩阵域直接对回波数据矩阵进行距离-方位联合超分辨成像,避免了常规距离-方位联合成像时的行列堆叠过程,具有更好的成像性能和更快的处理速度。二是为解决实际回波信号存在的随机采样模式,即由于子脉冲稀疏位置的随机分布导致无法直接构建相应的矩阵化联合稀疏重构模型问题。提出一种基于矩阵填充理论的二维稀疏高分辨 SF ISAR 成像方法。该方法基于矩阵填充技术,在矩阵域将随机采样模式下的二维稀疏重构问题转换为核范数优化问题进行求解,避免了向量化操作导致的运算量大的问题。三是考虑由运动补偿精度不足引入的剩余相位误差导致的成像质量下降问题,进一步构建包含二维相位误差的 SF ISAR 稀疏重构模型,基于该模型提出一种联合二维成像与自聚焦的高分辨 SF ISAR 成像方法。该方法可以在存在二维相位误差的情况下实现二维高分辨成像,有效解决了剩余相位误差对高分辨成像的影响。四是在上述存在相位误差成像模型求解算法基础上,进一步提出了一种基于深度展开网络的联合自聚焦与二维高分辨成像方法,通过将算法展开为网络形式,利用网络学习获得算法最优参数,实现了算法性能和效率的进一步提升。

8.2 研究展望

步进频率技术具有波形设计灵活、合成带宽大以及实现简单等优势,将步进频率技术与宽带雷达相结合,对于解决宽带雷达系统存在的现实问题以及新型高分辨雷达系统设计等具有重要的理论研究以及实际应用价值。本书主要针对步进频率波形以及基于步进频率波形的高分辨雷达成像相关技术进行研究,致力于为步进频率高分辨雷达的工程实践提供相应的理论支撑以及算法研究。随着新型高分辨雷达的不断发展以及稀疏高分辨成像研究的不断深入,仍然面临很多问题需要持续深入地开展研究,结合作者对该领域研究过程中的感悟,将下一步值得研究的内容做以下总结。

1)认知步进频率波形设计问题

本书结合对基于压缩感知的 SF 雷达稀疏波形进行了设计。但是在实际雷达观测中,如何根据目标以及所属环境的变化,不断动态更新雷达发射信号的参数以及稀疏重构方法,始终以最优的观测手段以及处理手段与观测目标保持高度匹配,具有巨大的潜力可挖。实际上,这种动态优化过程可以认为是认知波形设计的概念,通过对目标场景的感知,自适应的改变发射波形参数。相比于其他波形,步进频率波形由于其参数较多,设计的灵活度将会更高,如步进频率波形的载频步进序列、子脉冲调制规律等,从而改善目标稀疏恢复性能。目前关于认知波形的研究已有相关的成果,但是对于 SF 雷达系统来说,如何充分结合参数与目标的特点,通过对目标以及波形参数的共同认知,进一步提高观测性能值得加以研究解决。

2)步进频率波形远距离探测问题

对于传统的步进频率波形,其观测距离由子脉冲重频决定,但是低的脉冲重复频率将会导致处理时间变长,信号的运动补偿难度加大。毛二可院士提出的多周期脉内步进频率信号体制通过将一组子脉冲信号进行连续发射,可以实现对远距离目标的探测。但是该信号体制却存在较大的近距离盲区,因此对新体制步进频率波形的研究具有较大的实际意义。

3)复杂运动条件下的补偿问题

本书在研究步进频率雷达运动补偿以及成像方法时,只考虑了对存在速度、加速度的目标,对于目标的高速、机动、方位向非均匀转动以及存在高阶等运动状态并没有深入分析。但是随着武器装备的不断升级,高速、高机动已成为新型打击武器具有的普遍运动特征,加之雷达平台存在的不规则运动,加大了复杂运动条件下 SF 雷达的运动补偿以及后续成像难度。因此对复杂条件下的 SF 雷达运动补偿及成像方法进行研究具有重要的实际意义。

4)步进频率雷达任务规划问题

步进频率波形通过多个子脉冲合成大带宽的独特结构,相比于传统波形,更有利于多任务规划设计,通过对现代相控阵雷达资源的调控,容易实现雷达的多模工作方式,同时实现对多目标的联合探测、跟踪、成像及识别等多重任务。该想法已经在相关文献中得到研究,相信在不久的将来可以在实际装备上获得应用。

5)步进频率波形扩展应用问题

传统步进频率波形在应用时通常通过天线连续发射子脉冲信号,在接收端实现合成处理。这种在时间上分布的子脉冲更多考虑的是简化硬件实现难度。而目前较为流行的频控阵结构(频率分集阵列雷达或者频控阵雷达(Frequency Diversity Array,FDA)),这种实现结构不但继承了相控阵的所有功能,通过不同天线发射不同载频的脉冲信号,而且可以同时对空-时-频进行调制,使形成的波束更加灵活可控,可以视为一种新型的步进频率波形实现方式。随着信号处理技术的不断发展提升,相信凭借步进频率波形独特的优势,在未来将会得到更为广泛的应用。

最后,由于学术科研水平有限,因此文中研究内容难免出现不足与疑问甚至错误的地方,恳请各位同行以及专家批评指正。